北京理工大学“双一流”建设精品出版工程

Fundamentals of Engineering Mechanics: Theoretical Mechanics

工程力学基础——理论力学

张 强 水小平◎编著

U0403684

北京理工大学出版社
BEIJING INSTITUTE OF TECHNOLOGY PRESS

版权专有 侵权必究

图书在版编目（CIP）数据

工程力学基础. 理论力学 / 张强，水小平编著.
北京：北京理工大学出版社，2025. 3.
ISBN 978-7-5763-5208-5

Ⅰ. TB12

中国国家版本馆 CIP 数据核字第 2025K26X66 号

责任编辑：钟　博　　**文案编辑**：钟　博
责任校对：周瑞红　　**责任印制**：李志强

出版发行 / 北京理工大学出版社有限责任公司
社　　址 / 北京市丰台区四合庄路 6 号
邮　　编 / 100070
电　　话 /（010）68944439（学术售后服务热线）
网　　址 / http://www.bitpress.com.cn

版 印 次 / 2025 年 3 月第 1 版第 1 次印刷
印　　刷 / 廊坊市印艺阁数字科技有限公司
开　　本 / 787 mm × 1092 mm　1/16
印　　张 / 12.25
字　　数 / 288 千字
定　　价 / 49.00 元

图书出现印装质量问题，请拨打售后服务热线，负责调换

前言

PREFACE

本书是为满足非机械类工科专业学生学习基础力学知识要求而编写的教材。通过对本书的学习，学生能够了解工程力学的基本知识，掌握工程力学中的静力学、运动学和动力学，并能应用基本原理完成工程力学问题的分析和计算，具备相应专业所必需的基础理论、专业知识和技能，成为应用型人才。

本书根据非机械类工科专业培养目标和培养对象的认知水平及学习特点编写，对教学内容进行整合优化和深度融合，在内容编排上重点介绍力学基础知识的运用，很好地体现了基础性和实用性，具有专业知识和技能培养的针对性。

本书由张强、水小平编著，水小平教授做了大量的补充和修改工作。在本书的编写过程中，韩斌、白若阳和刘广彦提供了大力的支持和有价值的建议，在此表示衷心的感谢。此外，本书在编写过程中参考了相关文献资料，在此谨向所引用文献资料的原作者表示谢意。

由于编者水平有限，书中难免存在不足之处，敬请读者批评指正。

编　者

目 录
CONTENTS

绪　　论

力学是研究物体机械运动的科学。力是物体间的相互机械作用。机械运动是指物体在空间的位置随时间的变化，是众多物体运动中最基本的形式。力学涉及工程的各个领域，如土木工程、机械工程、交通工程、航空航天工程等。工程力学则是研究自然界以及各种工程中机械运动最普遍、最基本的规律，以指导人们认识自然界、科学地从事工程技术工作。力作用于物体时，可以使物体的运动状态发生改变，这种作用效应称为运动效应或外效应；也可以使物体的形状发生改变，这种作用效应称为变形效应或内效应。人们正是通过力的这两种作用效应来研究力学的。

根据力的两种作用效应和不同的研究目标，对力学中的研究对象可建立不同的力学模型。

在研究力的运动效应时，可忽略物体的变形，将实际物体抽象化（或理想化）为相应的力学模型，这类模型包括质点、质点系和刚体、刚体系。质点是具有质量而其尺寸可忽略不计的点；质点系是质点的集合；刚体是特殊的质点系，其上任意两点之间的距离保持不变；多个刚体相互连接组成的系统称为刚体系，或称为物系。在具体研究中，一个物体应被视为质点还被视为刚体，并不取决于其尺寸和形状，而主要取决于所研究问题的性质。例如，研究地球绕太阳公转时地球被可视为质点，而研究地球自转时地球则可被视为刚体。对于机器中运转的小尺寸零件，在研究其转动时都必须将其视为刚体。研究物体在力的作用下所产生的运动效应而形成的知识体系称为理论力学。因此，理论力学是研究物体机械运动一般规律的一门学科。

在研究力的变形效应时，则建立变形体模型，如杆（一个方向的尺度远大于两另外两个方向的尺度的物体）在各种形式的力作用下的伸长（或压缩）、扭转、弯曲等。研究物体在力的作用下所产生的变形而形成的知识体系称为材料力学。

工程力学涵盖“理论力学”和“材料力学”的最基础部分，是后续力学体系的必不可少的部分。本书包含理论力学的基础知识。

理论力学包括静力学、运动学和动力学三个部分。静力学是研究物体在力系作用下平衡（机械运动的一种特殊形式）规律的科学；运动学是研究物体运动的几何性质的科学，用于描述物体的运动和建立非独立运动与独立运动之间的关系；动力学是研究物体运动状态的改变与其所受作用力之间关系的科学。

“工程力学”课程是一门重要的技术基础课程，在基础课和专业课之间起到桥梁作用，它为“机械设计基础”“机械制造”等后续课程提供必要的力学基础，也为机械工程中的有关问题提供力学分析的基本方法，同时能够培养学习者的抽象思维能力、逻辑思维能力和分析解决实际问题的能力，从而有助于学习者树立辩证唯物主义的世界观和掌握其方法论。

学习“工程力学”课程，要求深刻理解该课程的基本概念、基本知识、基本理论，熟练掌握力学定理和计算公式的应用，了解处理工程中相关基本力学问题的思路和方法，培养正确分析和解决实际力学问题的基本能力。因此，认真钻研教材，独立完成一定数量的习题，并注意将所学的理论与实际应用结合，是学好“工程力学”课程的重要途径。

静　力　学

静力学是研究物体或物体系统在力系作用下平衡规律的科学。

力系是指作用于刚体上的一群力。平衡是指刚体相对于惯性参考系保持静止或做匀速直线平移（其上各点做相同的匀速直线运动），它是物体的机械运动的一种特殊形式，在工程中，一般是指物体相对于地球保持静止。能够使刚体保持平衡状态的力系是**平衡力系**。在研究刚体平衡或运动状态改变时，首先需要对刚体所受的力进行分析，获得其全部受力情况，然后需要寻求简单的力系来等效代替复杂力系的作用效应，以便研究力系的特征量。用一个简单的力系等效代替一个复杂的力系的过程称为**力系的简化**。于是，一个复杂的力系是否为平衡力系可根据与其等效的、简单的力系是否为平衡力系来判断。

由上所述，静力学主要研究以下三个问题：①刚体的受力分析；②力系的简化；③力系的平衡条件及其应用。其中，刚体的受力分析及力系的简化也是后续动力学研究的必要基础。静力学内容在“材料力学”“机械原理”“机械设计”等课程中扮演着重要角色。同时，静力学的理论和研究方法在许多实际工程技术问题中有着广泛的应用。

第 1 章

静力学的基本概念

本章内容包括力和力偶的概念、静力学的基本原理以及由静力学的基本原理推出的一些定理或结论、约束和约束力以及刚体的受力分析，这些是静力学的基础知识。

1.1 力和力偶

首先介绍组成力系的基本要素——力和力偶的概念，为以后研究复杂力系奠定基础。

1.1.1 力和力矢

1. 力的定义

力是物体间的相互机械作用，具有使物体的运动状态发生改变的运动效应（或外效应），或使物体的形状发生改变的变形效应（或内效应）。静力学研究不变形的物体——刚体，因此只研究力的运动效应。

2. 力的三要素

力对物体的作用效应取决于**力的大小、力的方向和力的作用点**，它们称为力的三要素。对可变形的物体而言，力是一个**定位矢量**，即为由其作用点画出的具有大小和方向的物理量。通过力的作用点沿着力的方向的直线称为**力的作用线**。实践证明，力的作用点沿着其作用线移动并不会改变其对刚体的作用效应。因此，对于刚体而言，力的三要素变为**力的大小、力的方向和力的作用线**，即作用于刚体上的力是一个滑移矢量。

3. 力矢

力的大小和方向可用数学中的矢量一并表示，称为**力矢**。在动力学中将证明，力矢与其作用的物体的移动效应相关。力矢是自由矢量。按国家标准《物理科学和技术中使用的数学符号》GB 3102.11—93，本书中单个字母表示的矢量（如力或力矢），用黑斜体（如 $\boldsymbol{F}$）表示；而用两个字母表示的矢量，在其上方加一箭头表示，如由点 A 指向点 B 的矢径用$\overrightarrow{AB}$表示；矢量的大小用相应的白斜体字母表示（如 F 和 AB）。力的大小的国际单位为**牛**［顿］（N）。

1.1.2 力对点（轴）之矩

力对某点（轴）之矩是力使刚体绕该点（轴）转动的运动效应的度量。

1. 力对点之矩

选定空间某一参考点 O，由点 O 引出一矢径 $\boldsymbol{r}$ 至力 $\boldsymbol{F}$ 的作用点 A，并从点 O 向力 $\boldsymbol{F}$

的作用线作垂线段，交点为 B，记 OB 的长度为 d，如图 1-1 所示。定义 $\boldsymbol{F}$ 力对点 O 之矩为

$$\boldsymbol{M}_O(\boldsymbol{F})=\boldsymbol{r}\times\boldsymbol{F} \tag{1-1}$$

称点 O 为**矩心**，距离 d 为**力臂**。根据矢量积的定义，$\boldsymbol{M}_O(\boldsymbol{F})$ 为一垂直于由 $\boldsymbol{r}$ 与 $\boldsymbol{F}$ 所确定的平面的矢量，$\boldsymbol{M}_O(\boldsymbol{F})$ 的大小为

$$M_O(\boldsymbol{F})=Fr\sin\alpha=Fd \tag{1-2}$$

即其大小为以 $\boldsymbol{r}$ 与 $\boldsymbol{F}$ 为邻边的平行四边形的面积。力矩的单位为牛・米（N・m）。

考虑到 $\overrightarrow{OB}$ 与 $\boldsymbol{F}$、$\boldsymbol{M}_O(\boldsymbol{F})$ 都垂直，矢量 $\overrightarrow{OB}$ 的大小为 d，其单位矢量为 $\boldsymbol{\xi}^\circ=\dfrac{\boldsymbol{F}\times\boldsymbol{M}_O(\boldsymbol{F})}{F\cdot M_O(\boldsymbol{F})}$，则矢量 $\overrightarrow{OB}$ 可表示为

$$\overrightarrow{OB}=d\cdot\boldsymbol{\xi}^\circ=d\cdot\frac{\boldsymbol{F}\times\boldsymbol{M}_O(\boldsymbol{F})}{F\cdot M_O(\boldsymbol{F})}=\frac{\boldsymbol{F}\times\boldsymbol{M}_O(\boldsymbol{F})}{F^2} \tag{1-3}$$

即点 B 可由力矢 $\boldsymbol{F}$ 和力对点 O 之矩 $\boldsymbol{M}_O(\boldsymbol{F})$ 方便地唯一确定，结合力矢 $\boldsymbol{F}$ 的方向，力 $\boldsymbol{F}$ 的作用线也就唯一确定了。

力对点之矩使刚体产生绕该点的转动或具有的转动趋势可用右手法则表示。如图 1-1 所示，右手拇指指向矢量 $\boldsymbol{M}_O(\boldsymbol{F})$ 的方向，则其余四指弯曲的转向即刚体转动或具有的转动趋势的转向。

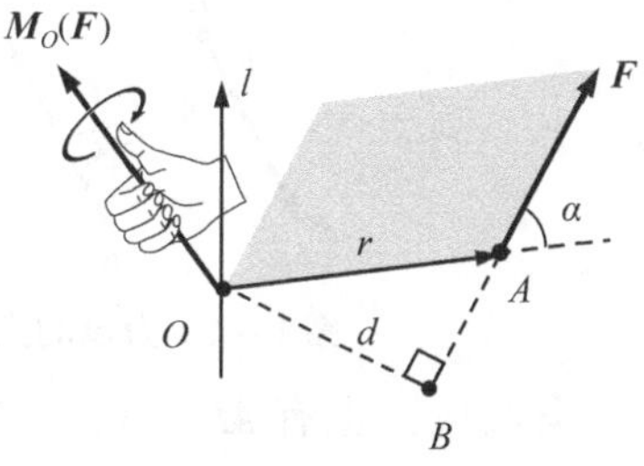

图 1-1　力矢与力对点之矩

由上所述，对刚体而言，力矢和力对点之矩两个矢量完全确定了一个力的三要素，也完全可以描述一个力对刚体作用所产生的移动和绕某点转动两个基本运动的运动效应。进一步地，一个力系的作用效应可以由该力系的所有力矢的矢量和（称为该**力系的主矢**）以及对某点之矩的矢量和（称为该**力系对该点之主矩**）所确定。分别以 $\boldsymbol{F}_{\mathrm{R}}$，$\boldsymbol{M}_O$ 表示力系的主矢和力系对点 O 之主矩，则有

$$\begin{cases}\boldsymbol{F}_{\mathrm{R}}=\sum\boldsymbol{F}_i\\ \boldsymbol{M}_O=\sum\boldsymbol{M}_O(\boldsymbol{F}_i)\end{cases} \tag{1-4}$$

力系的主矢和力系对某点之主矩称为**力系的特征量**，应用在力系简化以及动力学问题的研究中。

2. 力对轴之矩

力 $\boldsymbol{F}$ 对点 O 之矩 $\boldsymbol{M}_O(\boldsymbol{F})$ 在过点 O 的某轴上的投影称为力对该轴之矩。设 l 为过点 O 的任意轴，$\boldsymbol{l}^\circ$ 为 l 轴方向的单位矢量，则力 $\boldsymbol{F}$ 对该轴之矩可表示为

$$M_l(\boldsymbol{F})=\boldsymbol{M}_O(\boldsymbol{F})\cdot\boldsymbol{l}^\circ \tag{1-5}$$

力对轴之矩是标量，是力使刚体产生绕该轴转动的运动效应的度量。生活中开门或关门，以及使用扳手拧螺母都是力对轴之矩的作用效应的实际应用。

1.1.3　力偶和力偶矩

1. 力偶的定义

等值、反向、不共线的两个力所组成的特殊力系称为**力偶**，如图 1-2 所示。力偶中的

两个力的力矢满足 $\boldsymbol{F}=-\boldsymbol{F}'$；两个力的作用线所组成的平面称为**力偶的作用面**；两个力的作用线之间的垂直距离称为**力偶臂**。

2. 力偶矩

如前所述，力系的性质可以由该力系的主矢和对某点的主矩确定。据此，可得力偶的以下两条性质。

（1）力偶的主矢恒为零。

（2）力偶对任一点的主矩不为零，且与该点的位置无关。

第一条性质由力偶的定义即可得到。现证明第二条性质。如图 1-3 所示，取任意一点 O，从点 O 分别引矢径到力偶的两个力的作用点，则有

$$\boldsymbol{M}_O=\boldsymbol{M}_O(\boldsymbol{F})+\boldsymbol{M}_O(\boldsymbol{F}')=\boldsymbol{r}_A\times\boldsymbol{F}+\boldsymbol{r}_B\times\boldsymbol{F}'=\boldsymbol{r}_A\times\boldsymbol{F}-\boldsymbol{r}_B\times\boldsymbol{F}=\overrightarrow{BA}\times\boldsymbol{F}=\boldsymbol{M}_B(\boldsymbol{F}) \quad (1-6)$$

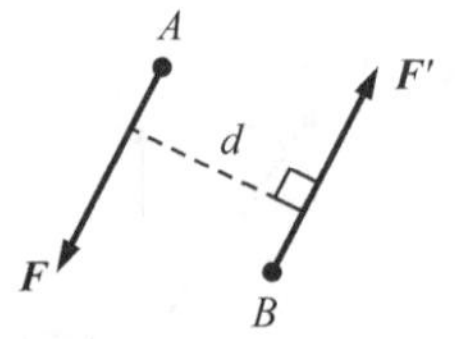

图 1-2　力偶的定义

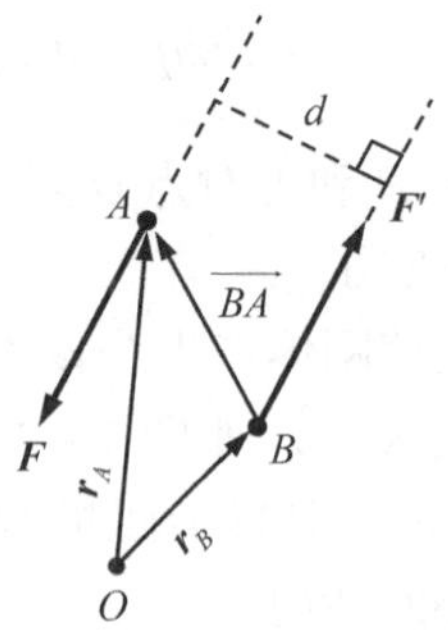

图 1-3　力偶矩的计算

类似地，也有 $\boldsymbol{M}_O=\boldsymbol{r}_A\times\boldsymbol{F}+\boldsymbol{r}_B\times\boldsymbol{F}'=\boldsymbol{r}_A\times(-\boldsymbol{F}')+\boldsymbol{r}_B\times\boldsymbol{F}'=(\boldsymbol{r}_B-\boldsymbol{r}_A)\times\boldsymbol{F}'=\overrightarrow{AB}\times\boldsymbol{F}'=\boldsymbol{M}_A(\boldsymbol{F}')$，即**力偶中两个力对任一点之主矩等于其中一个力对另一个力的作用点之矩**，称为力偶的**力偶矩**。力偶矩与矩心的位置无关，可用 $\boldsymbol{M}$ 表示，其大小 $M=F\cdot d$。由于力偶的两个力系的主矢为零，所以力偶对刚体的作用效应完全取决于力偶的力偶矩矢量，常表示为 $\boldsymbol{M}$。

力偶对刚体的作用效应是使刚体产生转动或具有转动趋势。生活中双手共同作用使自行车的车把发生转动是典型的力偶的作用效应的例子。

1.1.4　直角坐标系中力、力矩与力偶矩的表达和计算

为了完成力和力对点（轴）之矩的计算，需要给出矢量的具体表达形式。下面给出最常用的直角坐标系中的力和力对点（轴）之矩的表达方法。

1. 力的投影

如图 1-4 所示，设矢量 $\boldsymbol{F}$ 与 x 轴的正向夹角为 φ，x 轴的单位矢量为 $\boldsymbol{i}$，则 $\boldsymbol{F}$ 在 x 轴上的投影为

$$F_x=\boldsymbol{F}\cdot\boldsymbol{i}=F\cos\varphi,\begin{cases}F_x>0, & \varphi<\pi/2\\ F_y=0, & \varphi=\pi/2\\ F_z<0, & \varphi>\pi/2\end{cases} \quad (1-7)$$

其大小对应于矢量 $\boldsymbol{F}$ 的两端点向 x 轴作垂线所得的两个垂足之间的距离。

2. 直角坐标系中力、力矩与力偶矩的表达

如图 1-5 所示，以空间点 O 为原点，建立 $Oxyz$ 直角坐标系，$\boldsymbol{i}$，$\boldsymbol{j}$，$\boldsymbol{k}$ 分别为 x，y，z

轴的单位矢量，力 $\boldsymbol{F}$ 的作用点为点 A，其坐标为(x,y,z)，F_x，F_y，F_z 为力 $\boldsymbol{F}$ 在 x，y，z 轴上的投影，则有

$$\boldsymbol{r} = x\boldsymbol{i} + y\boldsymbol{j} + z\boldsymbol{k} \tag{1-8}$$

$$\boldsymbol{F} = F_x\boldsymbol{i} + F_y\boldsymbol{j} + F_z\boldsymbol{k} \tag{1-9}$$

$$F = \sqrt{F_x^2 + F_y^2 + F_z^2} \tag{1-10}$$

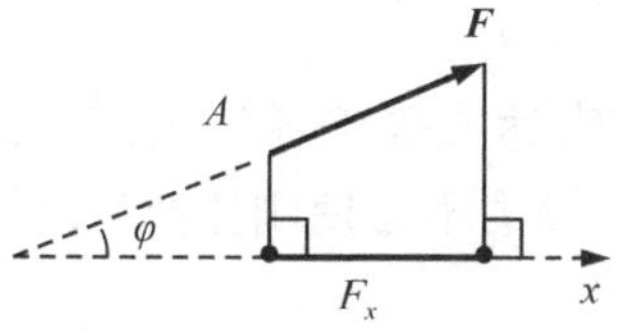

图1-4　力的投影

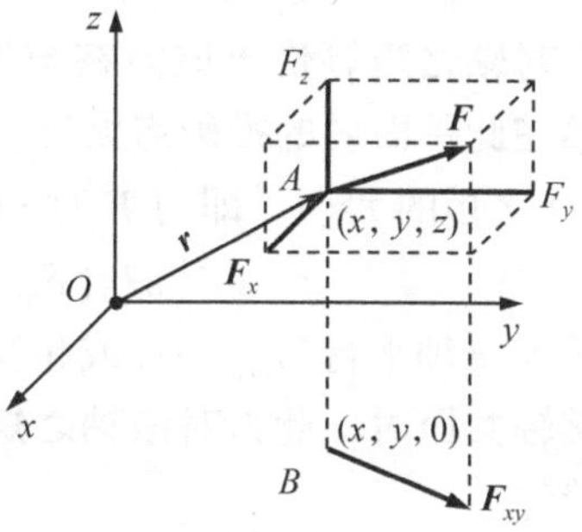

图1-5　力在直角坐标系中表示

根据矢量积的定义，力 $\boldsymbol{F}$ 对点 O 之矩为

$$\boldsymbol{M}_O(\boldsymbol{F}) = \boldsymbol{r}\times\boldsymbol{F} = \begin{vmatrix} \boldsymbol{i} & \boldsymbol{j} & \boldsymbol{k} \\ x & y & z \\ F_x & F_y & F_z \end{vmatrix}$$

$$= (yF_z - zF_y)\boldsymbol{i} + (zF_x - xF_z)\boldsymbol{j} + (xF_y - yF_x)\boldsymbol{k} \tag{1-11}$$

$\boldsymbol{M}_O(\boldsymbol{F})$在坐标轴上的投影分别记为

$$\begin{cases} M_{Ox}(\boldsymbol{F}) = \boldsymbol{M}_O(\boldsymbol{F})\cdot\boldsymbol{i} = yF_z - zF_y \\ M_{Oy}(\boldsymbol{F}) = \boldsymbol{M}_O(\boldsymbol{F})\cdot\boldsymbol{j} = zF_x - xF_z \\ M_{Oz}(\boldsymbol{F}) = \boldsymbol{M}_O(\boldsymbol{F})\cdot\boldsymbol{k} = xF_y - yF_x \end{cases} \tag{1-12}$$

即有

$$\boldsymbol{M}_O(\boldsymbol{F}) = M_{Ox}(\boldsymbol{F})\boldsymbol{i} + M_{Oy}(\boldsymbol{F})\boldsymbol{j} + M_{Oz}(\boldsymbol{F})\boldsymbol{k} \tag{1-13}$$

考察 $M_{Oz}(\boldsymbol{F}) = xF_y - yF_x$，可以发现该表达式与点 O 在 z 轴上的位置无关，即该表达式实际为力对 z 轴之矩。同样，$M_{Ox}(\boldsymbol{F})$，$M_{Oy}(\boldsymbol{F})$分别与点 O 在 x 轴、y 轴上的位置无关，因此，式（1-12）可表示为

$$\begin{cases} M_x(\boldsymbol{F}) = yF_z - zF_y \\ M_y(\boldsymbol{F}) = zF_x - xF_z \\ M_z(\boldsymbol{F}) = xF_y - yF_x \end{cases} \tag{1-14}$$

$M_x(\boldsymbol{F})$，$M_y(\boldsymbol{F})$，$M_z(\boldsymbol{F})$分别为力 $\boldsymbol{F}$ 对 x，y，z 轴之矩。显然有

$$\begin{cases} M_x(\boldsymbol{F}) = \boldsymbol{M}_O(\boldsymbol{F})\cdot\boldsymbol{i} \\ M_y(\boldsymbol{F}) = \boldsymbol{M}_O(\boldsymbol{F})\cdot\boldsymbol{j} \\ M_z(\boldsymbol{F}) = \boldsymbol{M}_O(\boldsymbol{F})\cdot\boldsymbol{k} \end{cases} \tag{1-15}$$

这与力对轴之矩的定义式（1-5）吻合。

将力 $\boldsymbol{F}$ 及其作用点 A 向 Oxy 平面投影可得矢量 $\boldsymbol{F}_{xy}$ 以及点 B，则点 B 的坐标为$(x,y,0)$，

如图 1-5 所示。可视 $\boldsymbol{F}_{xy}$ 为位于 Oxy 平面内、作用于点 B 的一个力，如图1-6 所示，有$\boldsymbol{F}_{xy}=F_x\boldsymbol{i}+F_y\boldsymbol{k}$，且记其大小为 F_{xy}，点 O 至 $\boldsymbol{F}_{xy}$的力臂为 d。于是，有

$$\boldsymbol{M}_O(\boldsymbol{F}_{xy})=(x\boldsymbol{i}+y\boldsymbol{j})\times(F_x\boldsymbol{i}+F_y\boldsymbol{j})=(xF_y-yF_x)\boldsymbol{k} \tag{1-16}$$

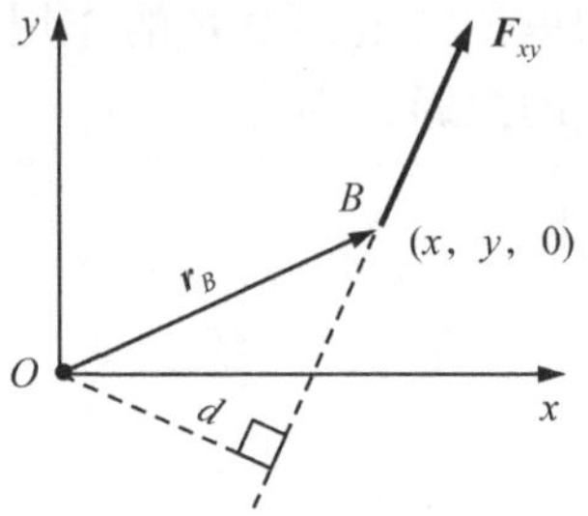

图1-6　力对轴之矩的一种定义

对比式（1-16）与式（1-14）中第三个式子，可得如下结论：**力对轴之矩等价于该力在与该轴垂直的平面内的投影对该轴在此平面内的投影点之矩。**

$\boldsymbol{F}_{xy}$对点 O 之矩的大小（即力 $\boldsymbol{F}$ 对 z 轴之矩）又可表示为

$$|\boldsymbol{M}_O(\boldsymbol{F}_{xy})|=M_z(\boldsymbol{F})=F_{xy}\cdot d \tag{1-17}$$

因此，当力 $\boldsymbol{F}$ 与 z 轴平行($F_{xy}=0$)或相交($d=0$)时，该表达式等于零。换言之，**当一个力的作用线与某轴共面时，此力对该轴之矩等于零。**此时，该力不会使刚体产生绕该轴的转动或具有转动趋势。

根据力偶矩的定义可知力偶的力偶矩等于其中一个力对另一个力的作用点之矩，其在直角坐标系中表示很容易计算得到。

例1-1　长方体边长为 a，b，c，在顶点 A 上作用一力 $\boldsymbol{F}$，已知其大小为 F，方向如图 1-7 所示，试求：（1）$\boldsymbol{F}$ 在 x，y，z 轴上的投影；（2）$\boldsymbol{F}$ 对点 O 之矩；（3）$\boldsymbol{F}$ 对 x，y，z 轴及$\overrightarrow{OB}$轴之矩。

解：（1）$\boldsymbol{F}$ 在 x，y，z 轴上的投影。根据矢量投影方法可得力 $\boldsymbol{F}$ 在三个坐标轴上的投影：

$$F_x=-F\cos\alpha\cdot\sin\beta,\ F_y=-F\cos\alpha\cdot\cos\beta,\ F_z=F\sin\alpha$$

即有 $\boldsymbol{F}=-F\cos\alpha\cdot\sin\beta\boldsymbol{i}-F\cos\alpha\cdot\cos\beta\boldsymbol{j}+F\sin\alpha\boldsymbol{k}$，且 $\boldsymbol{r}=a\boldsymbol{i}+b\boldsymbol{j}+c\boldsymbol{k}$。

（2）$\boldsymbol{F}$ 对点 O 之矩。由力对点之矩的定义，有

$$\begin{aligned}\boldsymbol{M}_O(\boldsymbol{F})&=\boldsymbol{r}\times\boldsymbol{F}\\&=\begin{vmatrix}\boldsymbol{i}&\boldsymbol{j}&\boldsymbol{k}\\a&b&c\\-F\cos\alpha\sin\beta&-F\cos\alpha\cos\beta&F\sin\alpha\end{vmatrix}\\&=F(b\sin\alpha+c\cos\alpha\cos\beta)\boldsymbol{i}-F(c\cos\alpha\sin\beta+a\sin\alpha)\boldsymbol{j}+F\cos\alpha(-a\cos\beta+b\sin\beta)\boldsymbol{k}\end{aligned}$$

（3）$\boldsymbol{F}$ 对 x，y，z 轴及$\overrightarrow{OB}$轴之矩。由（2）的结果可知

$$\begin{cases}M_x(\boldsymbol{F})=F(b\sin\alpha+c\cos\alpha\cos\beta)\\M_y(\boldsymbol{F})=-F(c\cos\alpha\sin\beta+a\sin\alpha)\\M_z(\boldsymbol{F})=F\cos\alpha(-a\cos\beta+b\sin\beta)\end{cases}$$

为了计算 $\boldsymbol{F}$ 对$\overrightarrow{OB}$轴之矩，需要确定$\overrightarrow{OB}$轴的单位矢量 $\boldsymbol{l}^\circ$，由图 1-7 可得

$$\boldsymbol{l}^\circ=\frac{1}{\sqrt{a^2+c^2}}(a\boldsymbol{i}+c\boldsymbol{k})$$

于是，由力对轴之矩的定义，即式（1-5），有

$$M_{\overrightarrow{OB}}(\boldsymbol{F})=\boldsymbol{M}_O(\boldsymbol{F})\cdot\boldsymbol{l}^\circ=\frac{Fb}{\sqrt{a^2+c^2}}(a\sin\alpha+c\cos\alpha\sin\beta)$$

例1-2　在图 1-8 所示 ΔABC 的平面内作用有力偶($\boldsymbol{F}_1,\boldsymbol{F}_2$)，其中 $\boldsymbol{F}_1$ 作用于点 C，沿

$\overrightarrow{CB}$方向，$\boldsymbol{F}_2$ 作用于点 A，试计算该力偶的力偶矩。已知 $OA=a$，$OB=b$，$OC=c$，$|\boldsymbol{F}_1|=|\boldsymbol{F}_2|=F$。

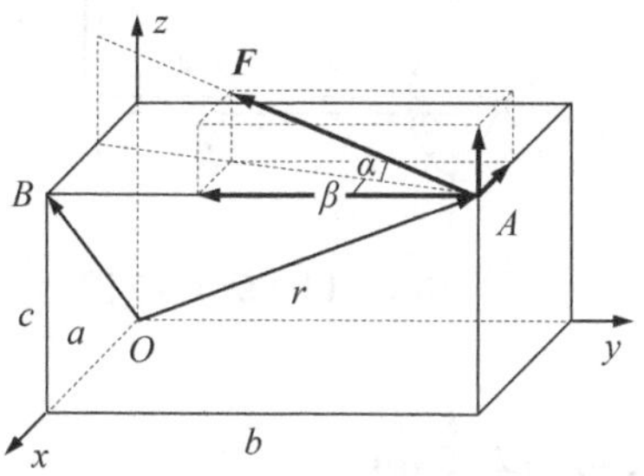

图 1-7　例 1-1 图

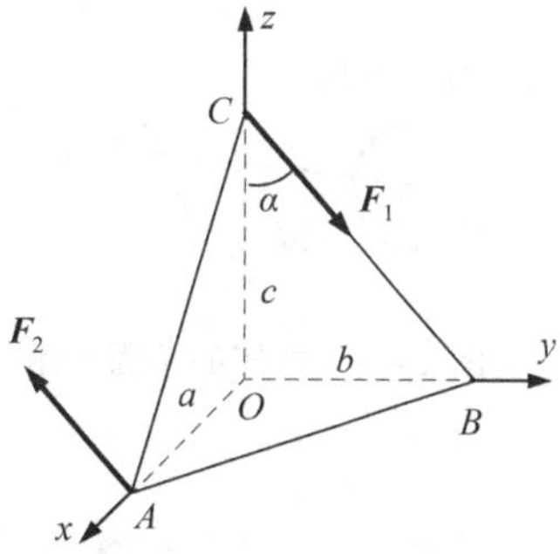

图 1-8　例 1-2 图

解：根据力偶矩的性质，只需要计算力偶中的一个力对另一个力的作用点之矩，即得到该力偶的力偶矩。根据图示关系，有

$$F_{1x}=0,\quad F_{1y}=F\sin\alpha=\frac{Fb}{\sqrt{b^2+c^2}},\quad F_{1z}=-F\cos\alpha=-\frac{Fc}{\sqrt{b^2+c^2}}$$

$$\overrightarrow{AC}=-a\boldsymbol{i}+c\boldsymbol{k}$$

则该力偶的力偶矩为

$$\begin{aligned}\boldsymbol{M}(\boldsymbol{F}_1,\boldsymbol{F}_2)&=\boldsymbol{M}_A(\boldsymbol{F}_1)=\overrightarrow{AC}\times\boldsymbol{F}_1\\&=\begin{vmatrix}\boldsymbol{i}&\boldsymbol{j}&\boldsymbol{k}\\-a&0&c\\0&\frac{Fb}{\sqrt{b^2+c^2}}&-\frac{Fc}{\sqrt{b^2+c^2}}\end{vmatrix}=-\frac{F}{\sqrt{b^2+c^2}}(bc\boldsymbol{i}+ac\boldsymbol{j}+ab\boldsymbol{k})\end{aligned}$$

1.1.5　力矩的平面表示方法

当研究的问题中所有的力均在同一平面内时,可不用矢量来描述力对点之矩。

假设力 $\boldsymbol{F}$ 在 Oxy 平面内,则力 $\boldsymbol{F}$ 对点 O 之矩为垂直于 Oxy 平面的矢量。根据右手法则,若右手拇指指向力 $\boldsymbol{F}$ 对点 O 之矩的方向,则可用其余四指在 Oxy 平面内的转向来表示该力矩。习惯上,以逆时针转向为正转向,并用有向弧线段来表示。如图 1-9 所示,$\boldsymbol{M}_O(\boldsymbol{F})$ 表示力 $\boldsymbol{F}$ 对点 O 之矩为逆时针转向，用图示有向弧线段表示。类似地，力偶或力偶矩可用平面内的有向弧线段表示，并在旁边标注 M 符号或其大小。

例 1-3　试计算图 1-10 所示直角杆件所受力的 $\boldsymbol{F}$ 对点 O 之矩。

解：如图 1-10 所示，延长力 $\boldsymbol{F}$ 的作用线，并从点 O 向该延长线作垂线，得到距离 d，则有

$$\begin{aligned}d&=OC\sin\theta\\&=(OB-CB)\sin\theta\\&=(a-b\cot\theta)\sin\theta\\&=a\sin\theta-b\cos\theta\end{aligned}$$

因此,$\boldsymbol{F}$ 对点 O 之矩的大小为

$$M_O(\boldsymbol{F})=F\cdot d=F(a\sin\theta-b\cos\theta)$$

转向为顺时针方向，如图 1 – 10 所示。

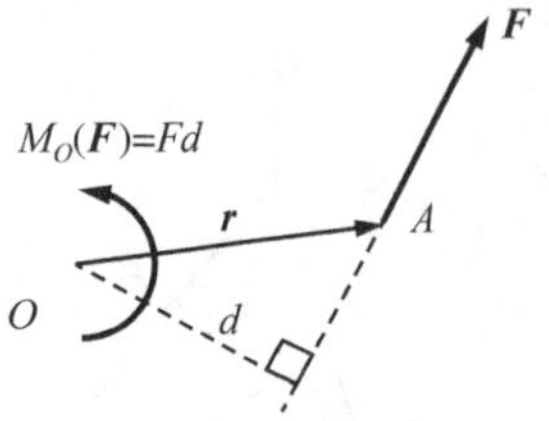

图 1 – 9　力矩的平面表示

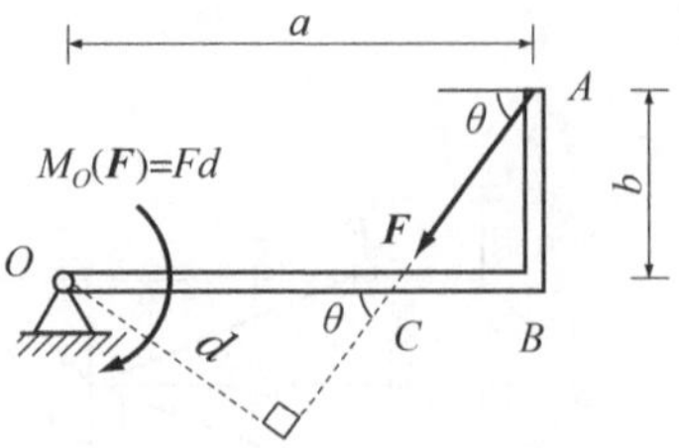

图 1 – 10　例 1 – 3 图

1.2　力系平衡的基本公理

欲研究刚体的平衡规律，需要研究力系的平衡性质。人们通过长期的观察总结得到的关于力系平衡的基本公理是进一步研究复杂力系的平衡性质的理论基础。

1. 二力平衡公理

二力平衡公理是指，**作用于刚体上的二力使刚体保持平衡的充分必要条件是：该二力的大小相等、方向相反、作用在同一条直线上（等值、反向、共线）**。考察此二力可以得出：该二力组成的力系的主矢和对任一点的主矩都为零。

该公理表明，一个刚体若只受两个力的作用而保持平衡，则这两个力的作用线必过它们的作用点。只受二力作用而保持平衡的刚体通常称为**二力体**或**二力构件**；对于直杆，通常称为**二力杆**。

需要指出，该公理只适用于刚体。对于变形体而言，等值、反向、共线的二力只是变形体保持平衡的必要条件，而非充分条件。

2. 加减平衡力系公理

加减平衡力系公理是指，**在已知力系作用的刚体上，加上或减去一个平衡力系，不会改变原力系对刚体的作用效应**。该公理也只适用于刚体。

3. 刚化原理

如果变形体在某力系作用下保持平衡，则此变形体可被视为一个刚体，其力系必满足该刚体的平衡条件，称为**变形体的刚化原理**。该原理为将一个刚体的平衡条件的理论应用于变形体或刚体系统的平衡问题提供了依据。

4. 作用力和反作用力定律

两个物体的相互作用力总是同时存在，它们的大小相等、方向相反、沿同一条直线分别作用于两个物体上，即牛顿第三定律。作用力与反作用力习惯用同一字母的不加撇和加撇的形式表示，如作用力 $\boldsymbol{F}$ 的反作用力记为 $\boldsymbol{F}'$。

1.3　力系等效的基本性质

基于力系平衡的基本公理，本节介绍简单力系之间等效的基本性质，这些性质将应用于复杂力系的简化。

1.3.1　力的等效性质

1. 力的可传性

作用于某一刚体上的力可以沿其作用线将其作用点任意滑移到该刚体上的其他点，不会改变该力对该刚体的作用效应。

证明：设某一刚体按图 1－11 所示的三种情况分别受到($\boldsymbol{F}_1$)，($\boldsymbol{F}_1,\boldsymbol{F}_2,\boldsymbol{F}_3$)和($\boldsymbol{F}_3$)三个力（系）作用，三个力（系）均分布在直线 AB 上，且 $\boldsymbol{F}_1=\boldsymbol{F}_3=-\boldsymbol{F}_2$。根据二力平衡公理，图 1－11（b）中的力系($\boldsymbol{F}_1,\boldsymbol{F}_2$)和($\boldsymbol{F}_2,\boldsymbol{F}_3$)均为平衡力系。于是，图 1－11（b）是图 1－11（a）加上一对平衡力($\boldsymbol{F}_2,\boldsymbol{F}_3$)的结果，图 1－11（c）是图 1－11（b）减去一对平衡力($\boldsymbol{F}_1,\boldsymbol{F}_2$)的结果，根据加减平衡力系公理，三者等效，证毕。

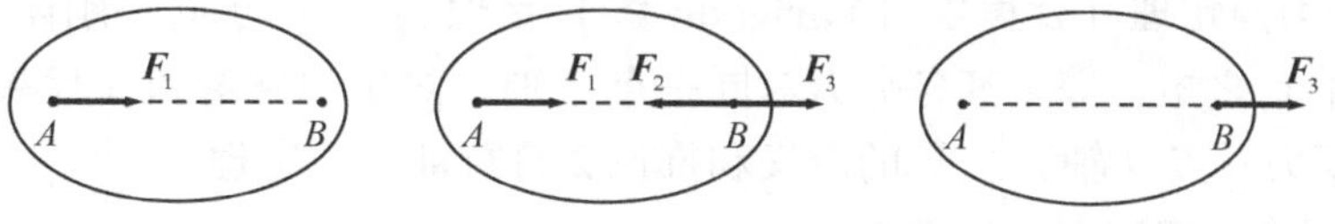

图 1－11　力的可传性

力的可传性说明，作用于刚体上的力是一个可以沿其作用线任意滑移的滑移矢量。正因为如此，对刚体而言，力的三要素中的作用点可由力的作用线代替。

2. 力的平行四边形法则

作用于刚体上同一点的两个力总可以等效为一个力，该力的作用点也在该点，其力矢由以这两个力为邻边构成的平行四边形的对角线确定。

由力的平行四边形法则可知，图 1－12 所示的刚体上作用于同一点 O 的二力 $\boldsymbol{F}_1$，$\boldsymbol{F}_2$ 总存在一个合力 $\boldsymbol{F}$，且合力的作用点也在点 O，合力的矢量等于二力的矢量和，即

$$\boldsymbol{F}=\boldsymbol{F}_1+\boldsymbol{F}_2 \tag{1-18}$$

力的平行四边形法则同样适用于变形体。

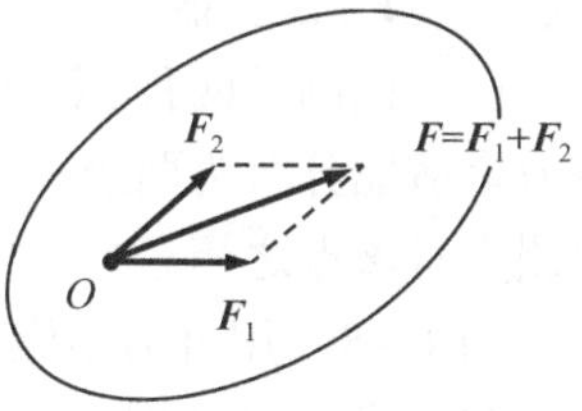

图 1－12　力的合成

如果一个力等效于作用于刚体上的一个力系，则称该力为该力系的**合力**，而该力系中的各力称为该力的**分力**。

推论 1　三力平衡汇交定理：作用于刚体上的三个力使刚体保持平衡时，若其中两个力的作用线相交于一点，则第三个力的作用线也必经过该交点，且必与这两个力的作用线共面。

证明：如图 1－13 所示，设某一刚体在三个力 $\boldsymbol{F}_1$，$\boldsymbol{F}_2$ 和 $\boldsymbol{F}_3$ 的作用下保持平衡且 $\boldsymbol{F}_1$ 和 $\boldsymbol{F}_2$ 的作用线交于点 O。根据力的可传性和力的平行四边形法则，力 $\boldsymbol{F}_1$ 和 $\boldsymbol{F}_2$ 的作用点沿各自作用线滑移至点 O，并合成为一个力 $\boldsymbol{F}_{1,2}=\boldsymbol{F}_1+\boldsymbol{F}_2$。于是，$\boldsymbol{F}_{1,2}$ 和 $\boldsymbol{F}_3$ 组成一个平衡力系，由二力平衡公理知，$\boldsymbol{F}_{1,2}$ 必和 $\boldsymbol{F}_3$ 共线。因此，$\boldsymbol{F}_3$ 必在 $\boldsymbol{F}_1$ 和 $\boldsymbol{F}_2$ 的作用线所决定的平面内，且作用线经过点 O。

若作用于同一刚体上的 n 个力 $\boldsymbol{F}_i(i=1,2,\cdots,n)$ 的作用线汇交于同一点，则这样的力系称为**汇交力系**。首先，根据力的可传性，可以将汇交力系中的各力滑移至汇交点；然后，$\boldsymbol{F}_1$ 和 $\boldsymbol{F}_2$ 合成为一个作用于汇交点的力 $\boldsymbol{F}_{1,2}$；$\boldsymbol{F}_{1,2}$ 和 $\boldsymbol{F}_3$ 继续合成为 $\boldsymbol{F}_{1,2,3}$，作用于汇交点；这样一直合成下去，直至 $\boldsymbol{F}_n$；最后，将得到一个力 $\boldsymbol{F}=\sum\limits_{i=1}^{n}\boldsymbol{F}_i$，作用于汇交点。于是，得到如下结论。

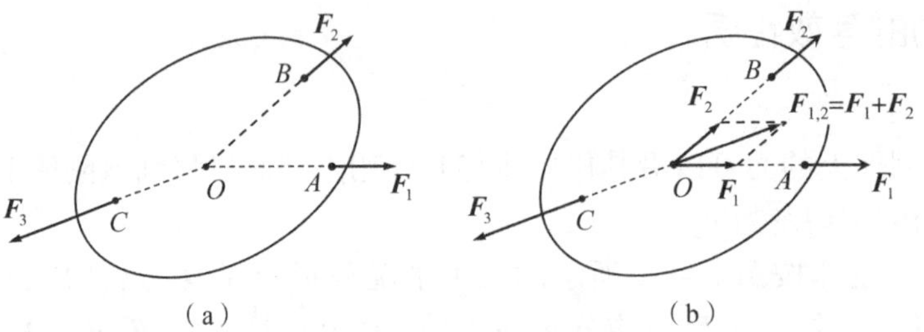

图 1-13　三力平衡汇交

推论 2　汇交力系存在合力定理：作用于同一刚体上的汇交力系，可以合成为一个合力，合力的作用点为汇交点，合力的力矢由该汇交力系各力矢的矢量和确定。

推论 3　合力矩定理［伐里农（Varignon P.）定理］：作用于同一刚体上的汇交力系的合力对某点（轴）之矩，等于其各分力对同一点（轴）之矩的矢量和（代数和）。

请读者根据力对点（轴）之矩的定义和推论 2 自行证明该定理。

例 1-4　用合力矩定理求解例 1-3。

解：将力 $\boldsymbol{F}$ 按图 1-14 所示正交分解为 $\boldsymbol{F}_x$ 和 $\boldsymbol{F}_y$，则

$$F_x = F\cos\theta,\ F_y = F\sin\theta$$

以逆时针方向为正来计算力矩。由合力矩定理，有

$$\begin{aligned} M_O(\boldsymbol{F}) &= M_O(\boldsymbol{F}_x) + M_O(\boldsymbol{F}_y) \\ &= F\cos\theta \cdot b - F\sin\theta \cdot a \\ &= -F\ (a\sin\theta - b\cos\theta) \end{aligned}$$

这里 $M_O(\boldsymbol{F})$是负值，表示其真实转向为顺时针方向，结果与例 1-3 相同。

比较该例的两种解法可以看到，当计算某力对某点之矩时，若力臂的确定较麻烦，则将该力合适地分解为两个分力，使各分力的力臂易于确定，求这两个分力对该点之矩的代数和即该力对该点之矩。

例 1-5　用合力矩定理计算例 1-1 中力 $\boldsymbol{F}$ 对三个直角坐标轴之矩。

解：将力 $\boldsymbol{F}$ 按图 1-15 所示正交分解为 $\boldsymbol{F}_x$，$\boldsymbol{F}_y$ 和 $\boldsymbol{F}_z$，则

$$F_x = -F\cos\alpha \cdot \sin\beta,\ F_y = -F\cos\alpha \cdot \cos\beta,\ F_z = F\sin\alpha$$

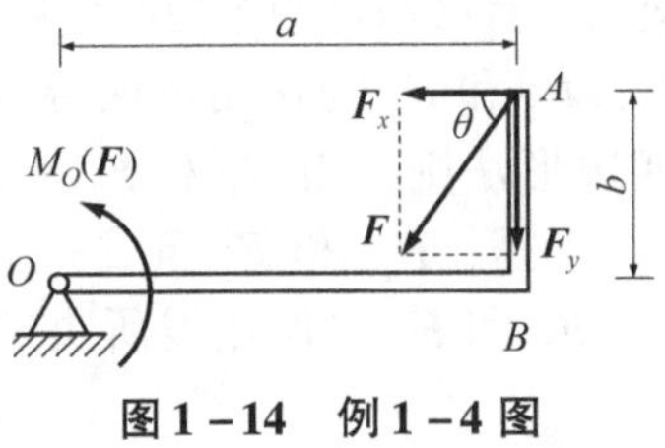

图 1-14　例 1-4 图

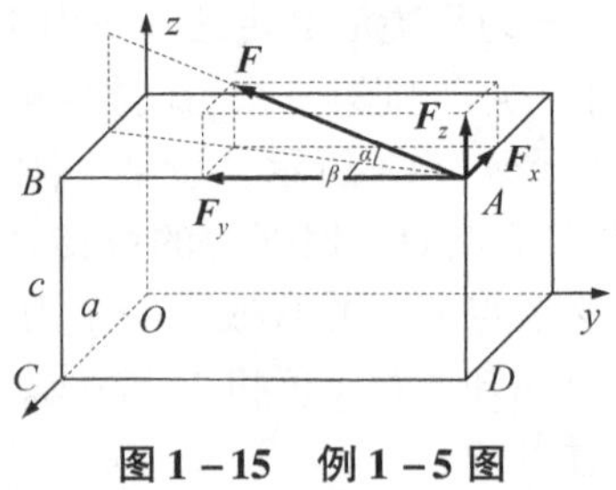

图 1-15　例 1-5 图

根据合力矩定理，力 $\boldsymbol{F}$ 对 x 轴之矩等于其三个分力 $\boldsymbol{F}_x$，$\boldsymbol{F}_y$ 和 $\boldsymbol{F}_z$ 对 x 轴之矩的代数和。注意到 $\boldsymbol{F}_x$ 与 x 轴共面，故 $M_x(\boldsymbol{F}_x)=0$；$\boldsymbol{F}_y$ 的作用线与 x 轴为异面垂直的关系，二者之间的距离为 c，$\boldsymbol{F}_y$ 对 x 轴之矩等价于在 $ABCD$ 平面中 $\boldsymbol{F}_y$ 对点 C 之矩，该矩的大小为 $|\boldsymbol{F}_y| \cdot c = F\cos\alpha \cdot \cos\beta \cdot c$，在 $ABCD$ 平面内的转向为逆时针，由右手法则可知 $\boldsymbol{F}_y$ 对点 C 之矩的矢量

沿 x 轴正向，因此，$\boldsymbol{F}_y$ 对 x 轴之矩即 $M_x(\boldsymbol{F}_y)=F\cos\alpha\cdot\cos\beta\cdot c$；$\boldsymbol{F}_z$ 的作用线与 x 轴也是异面垂直的关系，二者之间的距离为 b，其对 x 轴之矩的处理与 $\boldsymbol{F}_y$ 对 x 轴之矩的处理类似。于是

$$\begin{aligned}M_x(\boldsymbol{F})&=M_x(\boldsymbol{F}_x)+M_x(\boldsymbol{F}_y)+M_x(\boldsymbol{F}_z)\\&=0+|\boldsymbol{F}_y|\cdot c+|\boldsymbol{F}_z|\cdot b\\&=Fc\cos\alpha\cos\beta+Fb\sin\alpha\end{aligned}$$

同理，有

$$\begin{aligned}M_y(\boldsymbol{F})&=M_y(\boldsymbol{F}_x)+M_y(\boldsymbol{F}_y)+M_y(\boldsymbol{F}_z)\\&=-|\boldsymbol{F}_x|\cdot c+0-|\boldsymbol{F}_z|\cdot b\\&=-Fc\cos\alpha\sin\beta-Fa\sin\alpha\\M_z(\boldsymbol{F})&=M_z(\boldsymbol{F}_x)+M_z(\boldsymbol{F}_y)+M_z(\boldsymbol{F}_z)\\&=|\boldsymbol{F}_x|\cdot b-|\boldsymbol{F}_y|\cdot a+0\\&=Fb\cos\alpha\sin\beta-Fa\cos\alpha\cos\beta\end{aligned}$$

注意，$M_y(\boldsymbol{F}_x)$的方向是沿着 y 轴的负向，因此为负，$M_y(\boldsymbol{F}_z)$和 $M_z(\boldsymbol{F}_y)$亦为同样的情形，均为负值。以上结果与例 1－1 的结果相同。

推论 4　作用于同一刚体上的两个平行力，若力系的主矢不为零，则它们一定可以合成为一个合力，合力的力矢等于原来两个力矢的矢量和。

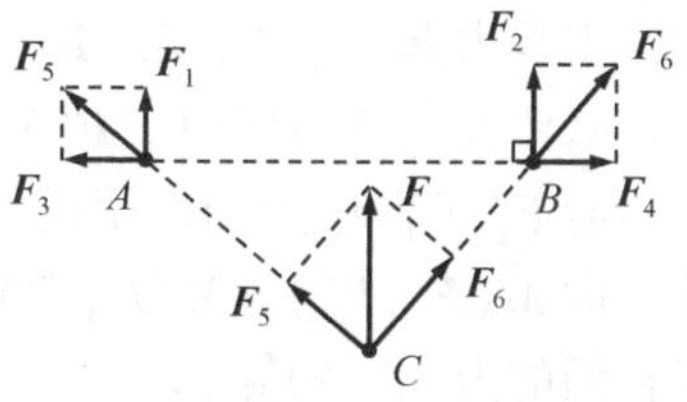

图 1－16　两个平行力的合成

证明：设 $\boldsymbol{F}_1$ 和 $\boldsymbol{F}_2$ 为两个平行力，根据力的可传性可使它们的作用点的连线与两力垂直，如图 1－16 所示，$\boldsymbol{F}_1$ 和 $\boldsymbol{F}_2$ 与 AB 连线垂直。沿 AB 连线分别在两个力的作用点 A 和 B 增加一对平衡力 $\boldsymbol{F}_3$ 和 $\boldsymbol{F}_4$，有 $\boldsymbol{F}_3=-\boldsymbol{F}_4$。如此，得到作用点分别在点 A 和点 B 的两个力系：$\boldsymbol{F}_1$ 和 $\boldsymbol{F}_3$ 以及 $\boldsymbol{F}_2$ 和 $\boldsymbol{F}_4$。根据力的平行四边形法则，它们可以分别合成为一个力，即有 $\boldsymbol{F}_5=\boldsymbol{F}_1+\boldsymbol{F}_3$ 和 $\boldsymbol{F}_6=\boldsymbol{F}_2+\boldsymbol{F}_4$。此时，$\boldsymbol{F}_5$ 和 $\boldsymbol{F}_6$ 不平行，延长各自的作用线可得交点 C，并将二者滑移至该点，则 $\boldsymbol{F}_5$ 和 $\boldsymbol{F}_6$ 可合成为一个合力 $\boldsymbol{F}$，且

$$\boldsymbol{F}=\boldsymbol{F}_5+\boldsymbol{F}_6=(\boldsymbol{F}_1+\boldsymbol{F}_3)+(\boldsymbol{F}_2+\boldsymbol{F}_4)=\boldsymbol{F}_1+\boldsymbol{F}_2 \tag{1-19}$$

证毕。

以上是两个平行力同向，其合力作用线在这两个平行力作用线之间的情形。若两个平行力反向，且其主矢不为零，则其合力的作用线在这两个平行力的作用线之外，而且在这两个平行力中数值较大的那个力的一侧，证明方法相同。

对推论 4 加以推广，便可得推论 5。

推论 5　主矢不为零的平行力系（各力的作用线相互平行的力系）一定可以合成为一个合力，合力的力矢等于原力系的主矢。

1.3.2　力偶的等效性质

1. 力偶等效定理

力偶等效定理：作用于同一刚体上的两个力偶等效的充要条件是这两个力偶的力偶矩相等。

对于该定理，首先证明它在两个力偶共面的情形下成立，然后说明不共面的力偶可以等

效转化为共面力偶的情形即可。

证明： 如图1－17所示，平面内有两个力偶$(\boldsymbol{F}_1,\boldsymbol{F}'_1)$和$(\boldsymbol{F}_2,\boldsymbol{F}'_2)$。$\boldsymbol{F}_1$和$\boldsymbol{F}_2$，$\boldsymbol{F}'_1$和$\boldsymbol{F}'_2$的作用线分别交于点$A$和点$B$。将$\boldsymbol{F}_2$和$\boldsymbol{F}'_2$的作用点分别滑移至点$A$和点$B$，并按照平行四边形法则分别沿$AB$和$\boldsymbol{F}_1$的作用线方向分解得到：$\boldsymbol{F}_2=\boldsymbol{F}+\boldsymbol{F}_3$，$\boldsymbol{F}'_2=\boldsymbol{F}'+\boldsymbol{F}'_3$。由图示几何关系易知$(\boldsymbol{F}_3,\boldsymbol{F}'_3)$为一对等值、反向和共线的力，由二力平衡公理知它们为平衡力系，而$(\boldsymbol{F},\boldsymbol{F}')$为一对等值、反向和不共线的力，它们组成一个力偶。根据加减平衡力系公理可知力偶$(\boldsymbol{F},\boldsymbol{F}')$与原力偶$(\boldsymbol{F}_2,\boldsymbol{F}'_2)$等效。根据合力矩定理可知

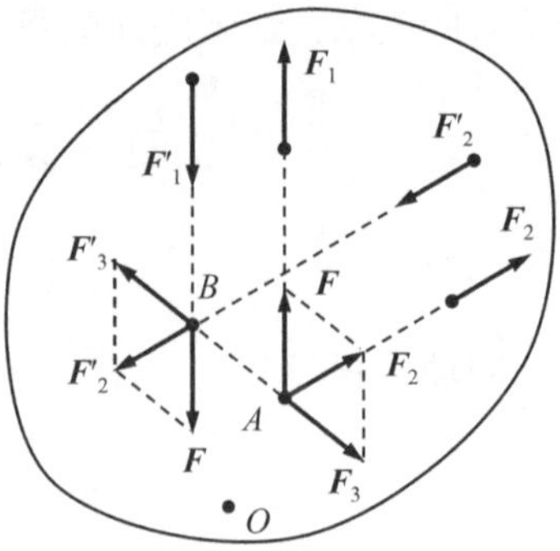

图1－17　力偶等效变换

$$\boldsymbol{M}_B(\boldsymbol{F}_2)=\boldsymbol{M}_B(\boldsymbol{F})+\boldsymbol{M}_B(\boldsymbol{F}_3)=\boldsymbol{M}_B(\boldsymbol{F})+0=\boldsymbol{M}_B(\boldsymbol{F}) \tag{1-20}$$

即力偶$(\boldsymbol{F},\boldsymbol{F}')$与原力偶$(\boldsymbol{F}_2,\boldsymbol{F}'_2)$的力偶矩相等，即$\boldsymbol{M}(\boldsymbol{F},\boldsymbol{F}')=\boldsymbol{M}(\boldsymbol{F}_2,\boldsymbol{F}'_2)$。

充分性：若$\boldsymbol{M}(\boldsymbol{F}_1,\boldsymbol{F}'_1)=\boldsymbol{M}(\boldsymbol{F}_2,\boldsymbol{F}'_2)$，即$\boldsymbol{M}(\boldsymbol{F}_1,\boldsymbol{F}'_1)=\boldsymbol{M}(\boldsymbol{F},\boldsymbol{F}')$，则意味着$\boldsymbol{F}=\boldsymbol{F}_1$，$\boldsymbol{F}'=\boldsymbol{F}'_1$，亦即力偶$(\boldsymbol{F},\boldsymbol{F}')$与$(\boldsymbol{F}_1,\boldsymbol{F}'_1)$中的力完全相同，其作用线也分别重合，因此它们等效，于是力偶$(\boldsymbol{F}_1,\boldsymbol{F}'_1)$和$(\boldsymbol{F}_2,\boldsymbol{F}'_2)$等效，从而得出两个力偶的力偶矩相等则它们等效。

必要性：若力偶$(\boldsymbol{F}_1,\boldsymbol{F}'_1)$和$(\boldsymbol{F}_2,\boldsymbol{F}'_2)$等效，即力偶$(\boldsymbol{F}_1,\boldsymbol{F}'_1)$和$(\boldsymbol{F},\boldsymbol{F}')$等效，而力偶$(\boldsymbol{F},\boldsymbol{F}')$与$(\boldsymbol{F}_1,\boldsymbol{F}'_1)$中力的作用线分别重合，则有$\boldsymbol{F}=\boldsymbol{F}_1$，$\boldsymbol{F}'=\boldsymbol{F}'_1$。因此，它们的力偶矩必然相等，即$\boldsymbol{M}(\boldsymbol{F}_1,\boldsymbol{F}'_1)=\boldsymbol{M}(\boldsymbol{F},\boldsymbol{F}')$，进而有$\boldsymbol{M}(\boldsymbol{F}_1,\boldsymbol{F}'_1)=\boldsymbol{M}(\boldsymbol{F}_2,\boldsymbol{F}'_2)$，于是得出两个力偶等效则它们的力偶矩相等。

综上两点，定理得证。

若两个力偶不共面，则它们的力偶矩相等要求它们的作用面相互平行，这时可根据加减平衡力系公理和平行力系存在合力定理，将其中一个力偶的作用面等效转到另一个力偶的作用面（具体过程可参见参考文献［1］），再用上述过程证明该定理。

根据上述证明过程，可以得出力偶的三个重要性质。

（1）任意力偶可在其作用面内任意转移（即力偶中的两个力的大小和力偶臂均不变时，同时改变两个力的方向和作用点），不会改变其对刚体的作用效应。

（2）在保持力偶矩不变的情况下，同时改变力偶中力的大小和力偶臂，不会改变力偶对刚体的作用效应。

（3）在保持力偶矩不变的情况下，平行移动力偶的作用面，不会改变力偶对刚体的作用效应。

由该定理可知：①**一个力偶不能与一个力等效，也不能与一个力平衡**；一个力偶和一个力一样是最基本的力系。②对于刚体而言，力偶的力偶矩是个**自由矢量**，其力偶矩完全确定了力偶对刚体的作用效应，因此力偶或力偶矩通常不加区分地表示。

对于平面力偶的情形，力偶对刚体的作用效应完全取决于力偶矩的大小及其在平面内的转向。因此，对于图1－18（a）所示的力偶$(\boldsymbol{F},\boldsymbol{F}')$，其力偶矩为逆时针转向，可以用图1－18（b）或（c）所示图形表示，并标出其力偶矩的大小，而不必标出其两个力的大小，甚至不必标出其两个力。

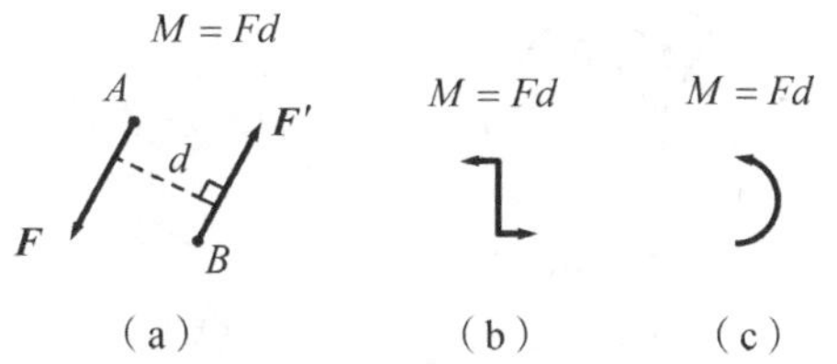

图 1-18　力偶的平面表示

2. 力偶的合成定理

力偶的合成定理：**作用于同一刚体上的两个力偶总可以合成为一个合力偶，合力偶的力偶矩等于两个分力偶的力偶矩的矢量和；作用于同一刚体上的力偶系（全由力偶组成的力系）总可以合成为一个合力偶，合力偶的力偶矩等于各分力偶的力偶矩的矢量和**（证明从略）。

1.3.3　力的平移定理

由前述力的可传性知，力可沿其作用线滑移作用点而不改变对刚体的作用效应，但若将力的作用线平移，则需要**力的平移定理**。

力的平移定理：在两个矢量相等的平行力中，如果其中一个力增加一个力偶矩为另一个力对其作用点之矩的力偶，则它们对刚体的作用效应相同。

证明：如图 1-19（a）所示，某刚体上有一作用于点 A 的力 $\boldsymbol{F}$。根据加减平衡力系原理，在力 $\boldsymbol{F}$ 的作用线外任意一点 O 处加上一对平衡力$(\boldsymbol{F}_1,\boldsymbol{F}_2)$，其中 $\boldsymbol{F}_1=\boldsymbol{F}=-\boldsymbol{F}_2$，如图 1-19（b）所示，与图 1-19（a）所示力系等效。此时，力系变为作用于点 O 的一个平行于点 A 的作用力 $\boldsymbol{F}$ 的力 $\boldsymbol{F}_1=\boldsymbol{F}$，和一个力偶$(\boldsymbol{F},\boldsymbol{F}_2)$，其力偶矩 $\boldsymbol{M}=\overrightarrow{OA}\times\boldsymbol{F}$，且有 $\boldsymbol{M}\perp\boldsymbol{F}$，如图 1-19（c）所示的力系，该力系与图 1-19（a）所示力系等效。得证。

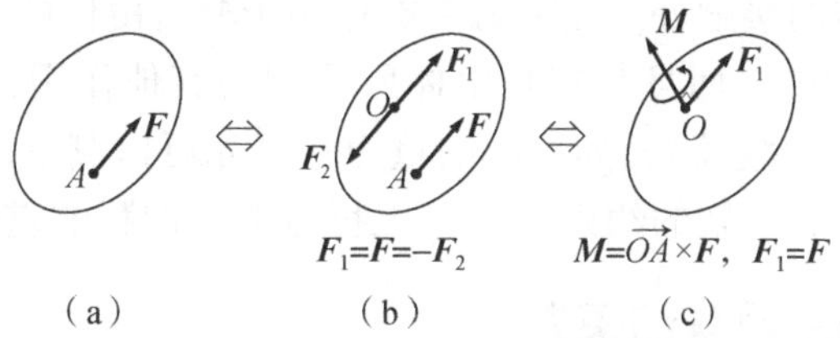

图 1-19　力的平移定理

上述证明过程是可逆的。如图 1-20（a）所示，如果某刚体上作用有一个力 $\boldsymbol{F}_1$ 和一个力偶 $\boldsymbol{M}$，且 $\boldsymbol{M}\perp\boldsymbol{F}_1$，则可等效简化为一个力 $\boldsymbol{F}$。设 $\boldsymbol{F}$ 和 $\boldsymbol{F}_1$ 的作用线间的距离为 $OB=d$，且有$\overrightarrow{OB}\perp\boldsymbol{F}$，如图 1-20（b）所示。图 1-20（a）和（b）所示的力系等效，则有 $\boldsymbol{M}=\overrightarrow{OB}\times\boldsymbol{F}$，即 $M=F\cdot d$，且$\overrightarrow{OB}\perp\boldsymbol{M}$。于是，$\overrightarrow{OB}$可由其大小和单位矢量相乘的形式唯一地确定：

$$\overrightarrow{OB}=d\cdot\frac{\boldsymbol{F}_1\times\boldsymbol{M}}{F_1\cdot M}=\frac{M}{F}\cdot\frac{\boldsymbol{F}_1\times\boldsymbol{M}}{F_1\cdot M}=\frac{\boldsymbol{F}_1\times\boldsymbol{M}}{F_1^2}\qquad(1-21)$$

该过程在力系简化中将有应用。

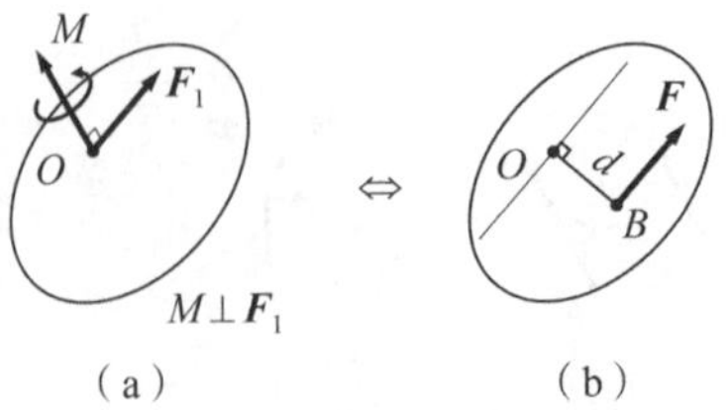

图 1-20　力的平移定理的逆定理

1.4　约束和约束力

1.4.1　约束和约束力概述

力学中的刚体分为两类：一类是**自由体**，自由体在空间中运动时不存在事先给定的来自其他物体的限制，如空中飞行的飞机、卫星等；另一类是**非自由体**，非自由体在空间中运动时受到事先给定的来自其他物体的限制，通常这些限制是为了使非自由体做某种形式的运动从而实现某种功能而存在的。因此，无论非自由体在运动过程中受到何种主动力的作用，其他物体事先给它的限制条件都必须得到满足。例如，火车在轨道上运行时，无论受到何种牵引力或制动力，火车都只能被限制在轨道上以实现其运输的功能。各种机器中运动的部件也因相互间不同的接触或连接方式而有不同的限制。这里火车、机器部件等都属于非自由体。对于非自由体，限制其运动的其他物体称为该非自由体的**约束**。

约束对非自由体的运动的限制是通过其作用于非自由体上的力来实现的，这种力称为**约束力**。显然，约束力与约束所限制的运动或运动趋势的方向相反。约束力的大小则与非自由体所受到的其他作用力或运动状态有关，需要求解其平衡方程或动力学方程。约束力的作用点通常在约束与非自由体的接触处。还有另一类作用于非自由体的力，它们的大小、方向和作用点（线）通常是已知的，而且与非自由体所受到的其他作用力以及运动状态无关，这类力称为**主动力**（又常称为**载荷**），如物体的重力、事先可以测量的风力等。根据力学的一般规律，已知主动力，求解未知的约束力是“工程力学”课程的重要内容之一。

1.4.2　常见的约束及其约束力

要确定一个未知的约束力，需要根据约束对其限制物体的运动或运动趋势的性质，确定约束力的某些要素，如作用点、方向等，以便进一步全面求解约束力。下面介绍工程中常见的约束以及其约束力的性质。

1. 柔索约束

柔软且不可伸长的约束称为柔索约束，如绳索、皮带、链条等。通常，这类约束的横截面尺寸、重量与其他物体的尺寸、所承受的作用力相比可忽略不计。这类约束只能限制被约束物体沿柔索张紧的方向运动，因此其约束力沿其中心线，背离被约束物体，称为**张力**，用符号 $\boldsymbol{F}_T$ 表示。图 1-21（a）所示的球通过绳索悬挂于天花板，球在不同位置受到绳索的力如图 1-21（b）和（c）所示。图 1-22（a）所示的两个皮带轮通过皮带传动，两个皮带轮的受力如图 1-22（b）和（c）所示（注意其中作用力和反作用力的关系）。

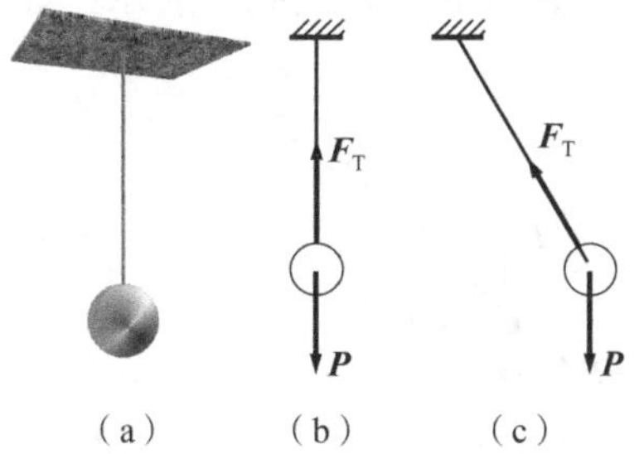

图 1－21　柔索约束－绳索

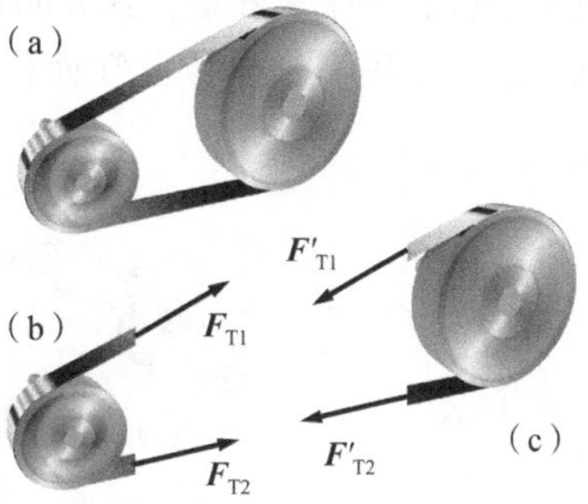

图 1－22　柔索约束－皮带

2. 光滑面约束

当两个物体的接触表面可被视为忽略了摩擦阻力的光滑面时，其中一个物体对另一个物体的约束称为光滑面约束。光滑面约束可以为平面，也可以为曲面。这类约束只能限制被约束物体沿接触处的公法线进入约束物体的相对运动，因此其约束力沿接触处的公法线并指向被约束物体，称为**法向约束力**，用符号 $\boldsymbol{F}_N$ 表示。

当接触处为平面或直线时，如图 1－23（a）、（b）所示，其受力如图 1－23（c）、（d）所示，约束力为同向平行力系，存在合力，常用该平行力系的合力表示。

当接触处为一尖点与一表面形式时，如图 1－23（e）所示，可将尖点视为极小的圆弧，则约束力的方向仍沿接触处的公法线并指向被约束的物体。

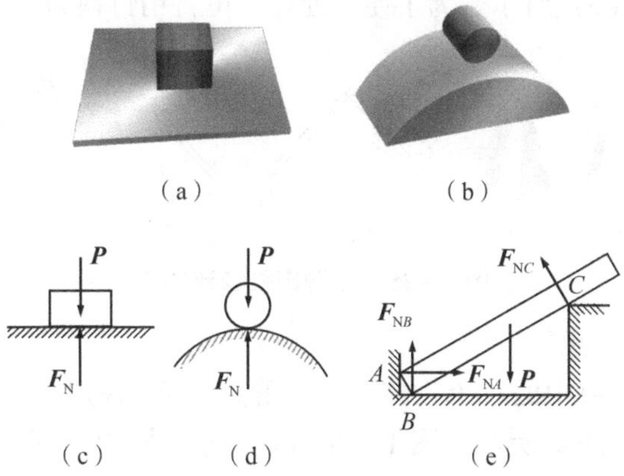

图 1－23　光滑面约束

3. 光滑铰链约束

光滑铰链约束是一种特殊的光滑面约束，其约束力符合光滑面约束的特征，同时有其自身的处理办法，包括光滑球铰链约束、光滑圆柱铰链约束等，它们有着广泛的工程应用。

1）光滑球铰链约束

将圆球置于较其略大的球窝中而形成的约束为光滑球铰链，如图 1－24（a）、（b）所示。其中圆球与球窝之间形成两个光滑球面间的点接触，则其约束力过接触点与圆球球心。光滑球铰链只限制圆球与球窝间的相对移动，而不限制相互间绕球心的相对转动。其约束力与被约束物体所受其他作用力有关，且在一般情况下，两个光滑球面间的接触点未知，因此约束力的大小和方向不能事先确定。这说明光滑球铰链约束对应的约束力是一个过球心的空间力，其大小含有一个未知量，其方向含有两个未知量。因此，一般将光滑球铰链约束的约束力画在球心上，并用三个方位已知而代数值未知的正交分力 $\boldsymbol{F}_x$，$\boldsymbol{F}_y$ 和 $\boldsymbol{F}_z$ 表示，如图 1－24（c）所示。

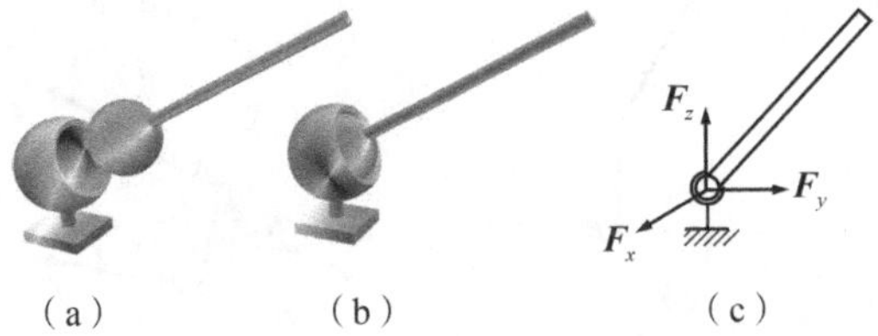

图 1－24　光滑球铰链约束

2）光滑圆柱铰链约束

将光滑圆柱销钉置于两个物体上稍大的光滑圆孔中而形成的约束为光滑圆柱铰链约束，如图 1－25（a）、（b）所示，图 1－25（c）为其简图。其只限制销钉与圆孔之间沿销钉径向的相对移动，而不限制二者相互间绕圆柱销钉的中心线的相对转动。其中销钉与圆孔之间的接触为沿着某条圆柱面的母线的线接触，其约束力系则为沿着该母线、指向销钉的中心线的平行分布力系，一般用其合力表示。该合力与被约束物体所受其他作用力有关，其大小和方向均不能事先确定。这说明光滑圆柱铰链约束对应的约束力是一个在销钉对称横截面内的平面力，其大小和方向各含有一个未知量。因此，一般将光滑圆柱铰链约束的约束力画在销钉的中心上，并用在过销钉中心的对称横截面内的两个方位已知而代数值未知的正交分力 $\boldsymbol{F}_x$，$\boldsymbol{F}_y$ 表示，如图 1－25（d）、（e）所示。为了便于处理，可将销钉视为其中一个物体的一部分。

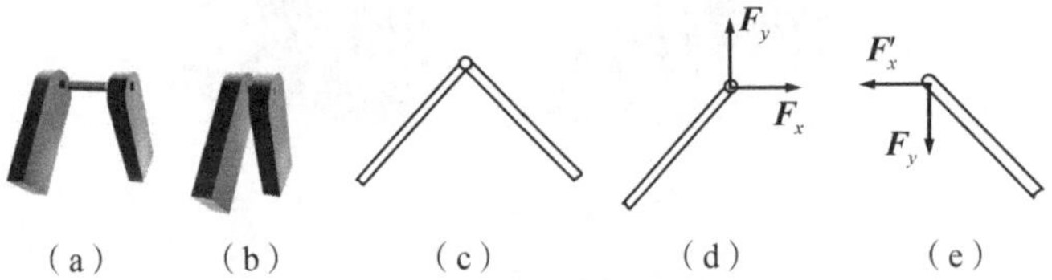

图 1－25　光滑圆柱铰链约束

3）光滑固定铰支座约束

若将光滑圆柱铰链约束中的一个物体固定在静止的支承物上，便形成了光滑固定铰支座约束，如图 1－26（a）、（b）所示，图 1－26（c）为其简图，其约束力一般以上述同样的方法画出，如图 1－26（d）所示。

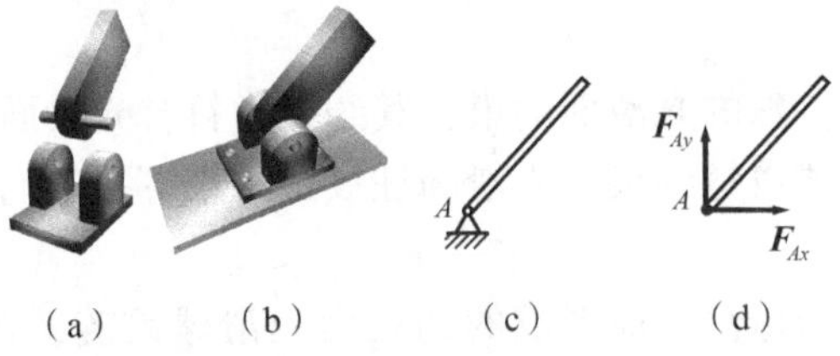

图 1－26　光滑固定铰支座约束

4）光滑活动铰支座约束

若光滑固定铰支座不固定，而是放在一排置于支承面上的滚子上，便形成了光滑活动铰支座约束，如图 1－27（a）所示，图 1－27（b）或（c）为其简图。光滑活动铰支座约束只限制与其接触的销钉沿着支承面的法向进入的运动，而不限制其沿着支承面的切向的平行方向的移动。其中铰支座所受到作用有两个，其一是销钉所施加的作用力，通过销钉的中心，其二是支承面所施加的、垂直于支承面且指向铰支座的平行分布力系，存在合力。通常忽略铰支座的重力，铰支座处于受到上述二力的共同作用而保持平衡的状态。由此可知，光滑活动铰支座约束的约束力必经过圆柱销钉的中心，与支承面垂直，指向被约束物体，如图1－27（d）所示。

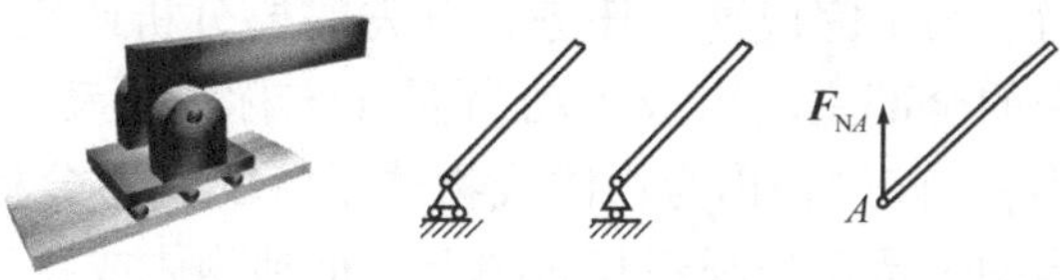

（a）　（b）　（c）　（d）

图1－27　光滑活动铰支座约束

4. 链杆约束

两端用光滑铰链分别与物体和与地面固连的物体相连，中间不受力（包括不受重力）的刚性杆件称为链杆，如图1－28（a）、（b）所示。链杆约束只限制被约束物体与链杆的连接物（或为球铰链中的球，或为圆柱铰链中的销钉）沿链杆两点铰链中心的连线上的趋向或背离链杆的运动。链杆只在两端受力而保持平衡，因此是二力杆，既能受压又能受拉。通常按假定链杆受压的情形画出其约束力，如图1－28（c）、（d）所示，其真实指向则通过求解平衡方程或动力学方程计算得出其代数值后确定。

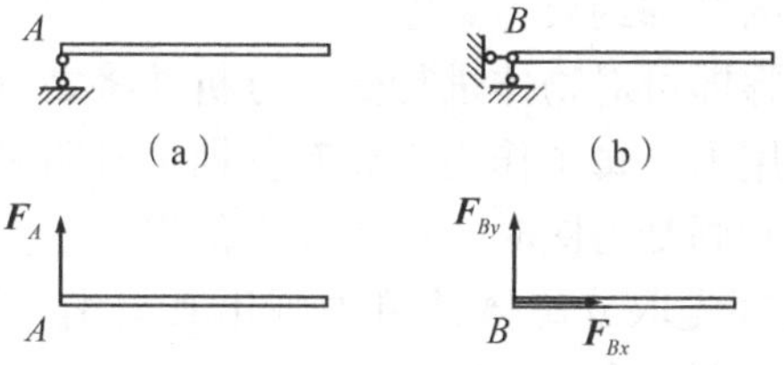

（c）　（d）

图1－28　链杆约束

5. 固定端约束

当物体的一端受到另一个物体的固结作用，不允许二者之间在约束处发生任何移动和转动时，称这种约束为固定端约束，如图1－29（a）或（b）所示，如埋入地中的电线杆、焊接在一起的杆件等。限制移动以力的形式实现，而限制转动则以力偶的形式实现，即固定端处存在一个力和一个力偶的作用，如图1－29（c）所示，且它们的大小和方向均未知。通常将它们正交分解表示，空间情形如图1－29（d）所示，平面情形如图1－29（e）所示。

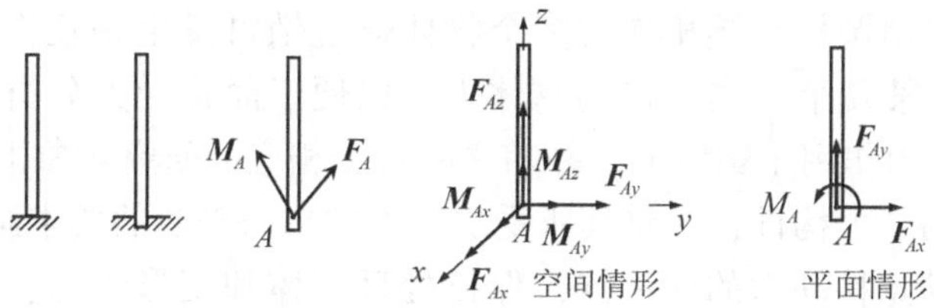

（a）　（b）　（c）　（d）　（e）

图1－29　固定端约束

1.5 刚体的受力分析和受力图

在工程实际中，通常由多个物体以各种形式的约束连接在一起而形成承受载荷的系统。通常需要选择某个或某些相连物体为研究对象，根据静力学平衡条件或动力学运动规律，由已知力求解得到所需求力。为了完成这一任务，首先需要分析研究对象上受到哪些作用力，即分析研究对象上所受到的全部主动力或主动力偶（统称为主动力）和所有等效约束力或约束力偶（统称为约束力），该过程称为物体或物体系统的**受力分析**；然后将研究对象上所受到的全部作用力用适当的矢量符号画到其简图上，得到物体或物体系统的**受力图**。正确的受力分析是解决所有与力有关问题的关键步骤，可应用于静力学问题，同时可应用于动力学问题。

物体或物体系统的受力分析一般按如下步骤进行。

（1）明确研究对象，画出其简图。实际问题中常存在多个物体相互连接在一起的情形，必须根据求解目标，明确将哪一个或哪一部分作为研究对象，将其从周围的约束中分离出来，得到解除约束的研究对象，称为**分离体**，并单独画出其简图。

（2）分析分离体上所受到的主动力。若分离体受到主动力作用，则在分离体简图上如实画出全部主动力。

（3）分析分离体和其他物体连接处的约束力。按各连接处的约束类型，相应地在分离体简图上画出与各约束对应的全部约束力。

按部就班地执行上述步骤即可对物体进行受力分析并将之以受力图的形式呈现出来。受力分析要求不漏掉或多画作用力，每个作用力要有依据，有明确的施力体。

在对物体进行受力分析和画受力图时，以下几点值得注意。

（1）在画受力图时，必须先取分离体并单独画出其简图。取分离体是暴露物体间相互作用的一种方法。将施力体和受力体分离，才能将它们之间的相互作用以相应的作用力代替。切忌将不同研究对象的受力图全部画在整个系统的简图上，这样难以分辨受力体和施力体，易造成求解时的混乱。

（2）只画分离体受到其他物体的作用力，即只画外力；不画分离体内各物体间或各物体内部组成部分间的相互作用力，即不画内力。应当注意，内力和外力是相对于当前所取的分离体而言的，一个力在某个分离体中是内力，在该分离体内部进一步取分离体时则可能是外力。

（3）若各分离体之间存在作用力和反作用力，则必须体现牛顿第三定律，即作用力和反作用力要等值、反向、共线，分别作用于两个分离体的连接处。

（4）以同一个光滑圆柱铰链相连的多个物体通过销钉发生相互作用时，通常将铰链处的销钉附带于某个或某几个与之相连的物体上，以便于简化受力分析。若此处有主动力作用，则一般认为主动力作用于销钉上，并随之附带于相应的研究对象上。

（5）正确判断出二力构件，并将其所受的二力按二力平衡的要求画出。

（6）一般不要随意移动力的作用点，保持处理刚体和变形体的受力方法统一，以便于检查受力图是否正确。

（7）若约束力的方向可以确定，则按其真实方向画出。当约束力的方向无法确定时，若其作用线能够确定，则在其作用线的方位上假设一个方向画出；若无法确定其作用线，则将其用正交分力画出，正交分力的方向可任意假设。此时，力或正交分力的真实方向通过求解平衡方程或动力学方程确定，即正值表示真实方向与假设一致，负值表示真实方向与假设相反。

（8）若同一处约束出现在多个分离体中，则该处的约束力在各分离体中应该保持相同。

下面通过几个例子说明受力分析和画受力图的过程。

例 1－6　试对图 1－30（a）所示重量为 G 的球 O 进行受力分析，已知球与斜面为光滑接触。

解：（1）单独画出球的轮廓图，如图 1－30（b）所示。

（2）画出主动力，即重力 $\boldsymbol{G}$。

（3）画出约束力。B 处为光滑面约束，球受到沿着公法线的法向约束力 $\boldsymbol{F}_{NB}$，指向球心点 O；C 处为柔索约束，球受到沿着柔索方向、背离球的张力 $\boldsymbol{F}_{TC}$。由三力平衡汇交定理知张力 $\boldsymbol{F}_{TC}$ 的作用线也必须过球心 O，否则不可能平衡。

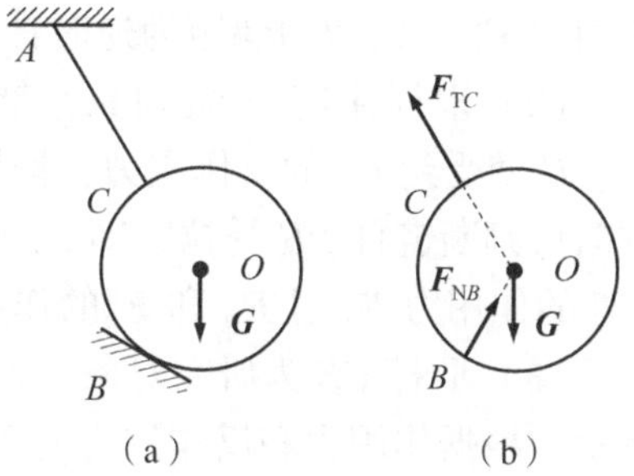

图 1－30　例 1－6 图

例 1－7　平面结构如图 1－31（a）所示，若不计各物体的自重和接触处的摩擦，试分析各物体和整体的受力。

解：（1）取左边拱 AC 部分为研究对象，并且 A，C 两处均不带销钉，单独画出其分离体图，如图 1－31（b）所示。拱 AC 在 A，C 两处各受到一个力作用而保持平衡，即二力体，由二力平衡公理，可知 $\boldsymbol{F}_A$，$\boldsymbol{F}_C$ 等值、反向、共线，按此关系画出 $\boldsymbol{F}_A$，$\boldsymbol{F}_C$。

（2）取右边拱 BC 部分为研究对象，并且带上 C 处销钉，单独画出其分离体图，如图 1－31（c）所示。画出主动力 $\boldsymbol{F}$；C 处销钉受到 $\boldsymbol{F}_C$ 的反作用力 $\boldsymbol{F}'_C$，按此关系画出 $\boldsymbol{F}'_C$；B 处受到固定铰支座 B 的作用力 $\boldsymbol{F}_B$，拱 BC 受三个力作用，由三力平衡汇交定理知 $\boldsymbol{F}_B$ 必过力 $\boldsymbol{F}$ 和 $\boldsymbol{F}'_C$ 的作用线的交点 D，按此关系画出 $\boldsymbol{F}_B$。

（3）取整体为研究对象，单独画出其分离体图，如图 1－31（d）所示。画出主动力 $\boldsymbol{F}$；A，B 两处的约束力均应在整体和部分研究对象中保持相同，因此将前述分析得到 A，B 两处的约束力 $\boldsymbol{F}_A$ 和 $\boldsymbol{F}_B$ 照样画出即可。对于整体而言，根据刚化原理可将其刚化成一个刚体，同样为受三个力而保持平衡，满足三力平衡汇交定理。此时，C 处的作用力为内力，不需要画出。

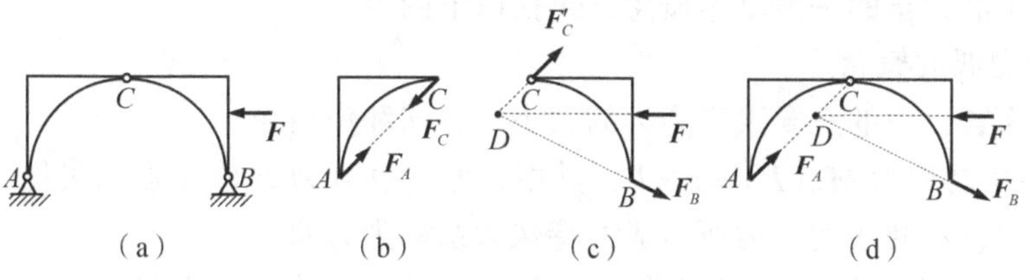

图 1－31　例 1－7 图

注意：此题中的 A，B 两处为固定铰支座，未采取正交分解的处理办法，而是合理分析物体受力特点，判断其方向，显得更为简洁。若无法通过受力特征判断固定铰支座的约束力的方向，则需要进行正交分解处理。

例1-8 在图1-32（a）所示平面结构中，杆 AB 上有一滑槽，杆 CD 中部有一固定于其上的销钉 G，销钉可在滑槽中滑动，A，C 为铰链，HB 为链杆，E 端为固定端，杆 CD 上受到主动力偶 M 的作用。若不计自重和摩擦，试对各刚体进行受力分析。

解：(1) 取杆 CD 为研究对象，并带上 C，G 两处的销钉，单独画出其分离体图，如图1-32（b）所示。画出主动力偶 M。销钉 G 与杆 AB 的滑槽间为光滑面约束，该处作用力 $\boldsymbol{F}_G$ 垂直于滑槽。考虑到主动力偶 M 为顺时针转向，由力偶与力偶平衡条件，知 $\boldsymbol{F}_G$ 与 C 处作用力 $\boldsymbol{F}_C$ 应组成力偶矩为逆时针转向的约束力偶。按此关系画出 $\boldsymbol{F}_G$ 和 $\boldsymbol{F}_C$。

(2) 取杆 AB 为研究对象，带上 A 处销钉，单独画出其分离体图，如图1-32（c）所示。G 处受到 $\boldsymbol{F}_G$ 的反作用力，按此关系画出 $\boldsymbol{F}'_G$；B 处受到链杆 BH 的作用，由已知的 $\boldsymbol{F}'_G$ 的方向可判断链杆 BH 受拉，即 $\boldsymbol{F}_B$ 沿链杆方向向上。由三力平衡汇交定理，知光滑圆柱铰链 A 处的作用力 $\boldsymbol{F}_A$ 过 $\boldsymbol{F}_B$ 和 $\boldsymbol{F}'_G$ 的作用线的交点，按此关系画出 $\boldsymbol{F}_A$。

(3) 取杆 CE 为研究对象，不带 A，C 处销钉，单独画出其分离体图，如图1-32（d）所示。根据作用力和反作用力的关系，画出 A，C 两处的约束力 $\boldsymbol{F}'_A$ 和 $\boldsymbol{F}'_C$。E 处为固定端约束，有两个正交分解的力和一个约束力偶，按此关系画出 $\boldsymbol{F}_{Ex}\boldsymbol{F}_{Ey}$ 和 M_E。

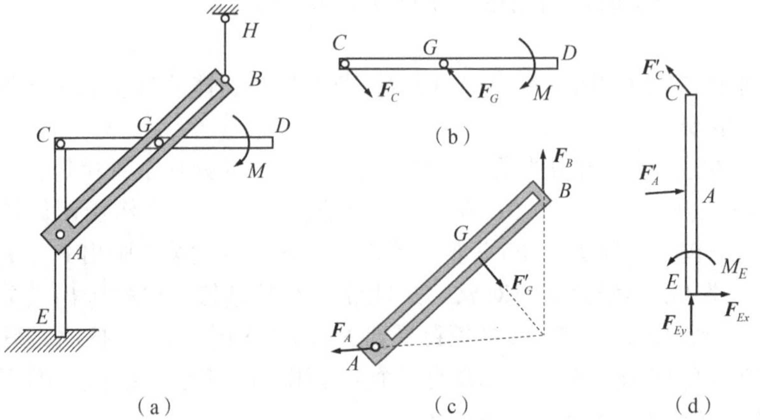

图1-32 例1-8图

本章小结

本章介绍了静力学的一些基本概念，包括以下内容。

(1) 力和力偶的概念。

对于刚体而言，力的三要素变为力的大小、方向和作用线。

力 $\boldsymbol{F}$ 对点 O 之矩为 $\boldsymbol{M}_O(\boldsymbol{F})=\boldsymbol{r}\times\boldsymbol{F}$，其中 $\boldsymbol{r}$ 为点 O 到力 $\boldsymbol{F}$ 作用点的矢径。

等值、反向、不共线的二力所组成的特殊力系称为力偶。

力偶中二力对任一点之矩等于其中一个力对另一个力的作用点之矩，称为力偶的力偶矩。

(2) 力系平衡的基本公理。

二力平衡公理、加减平衡力系公理、刚化原理、作用力和反作用力定律。

(3) 力系等效的基本性质。

力的可传性：作用于某一刚体上的力可以沿其作用线将其作用点任意滑移到该刚体上的其他点，不会改变该力对该刚体的作用效应。

力的平行四边形法则：作用于刚体上同一点的两个力总可以等效于一个力，该力的作用点也在该点，其力矢由以这两个力为邻边构成的平行四边形的对角线确定，即该合力的矢量等于原二力的矢量之和。

推论1　三力平衡汇交定理。

推论2　汇交力系存在合力定理。

推论3　合力矩定理。

推论4　主矢不为零的平行力系存在合力。

力偶等效定理：作用于同一刚体上的两个力偶等效的充要条件是这两个力偶的力偶矩相等。

力偶的合成定理：作用于同一刚体上的两个力偶总可以合成为一个合力偶，合力偶的力偶矩等于两个分力偶的力偶矩的矢量和。作用于同一刚体上的力偶系总可以合成为一个合力偶，合力偶的力偶矩等于各分力偶的力偶矩的矢量之和。

力的平移定理：在两个力矢相等的平行力中，如果其中一个力增加一个力偶矩为另一个力对其作用点之矩的力偶，则它们对刚体的作用效应相同。

（4）常见约束的约束力（表1－1）。

表1－1　常见约束的约束力

<table>
<tr><th colspan="2">约束名称</th><th>约束简图</th><th>约束力</th></tr>
<tr><td colspan="2">柔索</td><td></td><td>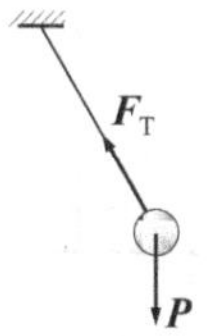
</td></tr>
<tr><td colspan="2">光滑面</td><td>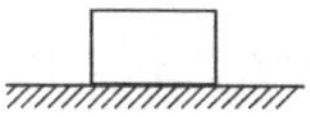</td><td>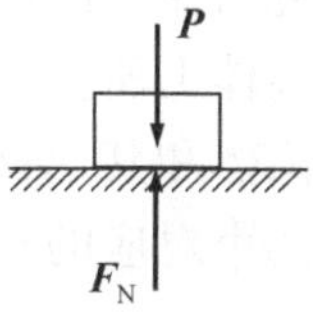
</td></tr>
<tr><td rowspan="2">光滑铰链</td><td>光滑球铰链</td><td>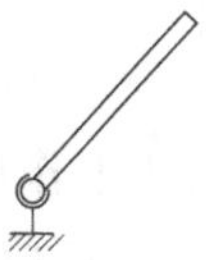</td><td>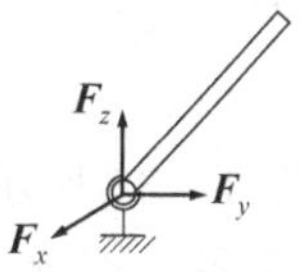
</td></tr>
<tr><td>光滑圆柱铰链</td><td>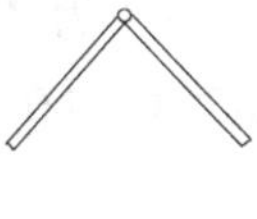</td><td>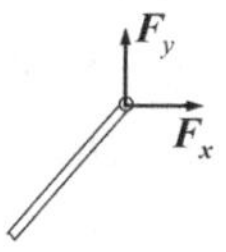
</td></tr>
</table>

续表

约束名称		约束简图	约束力
光滑铰链	光滑固定铰支座		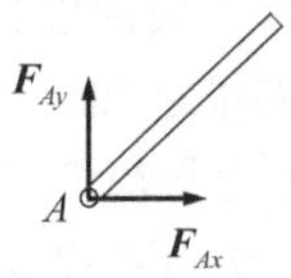
	光滑活动铰支座		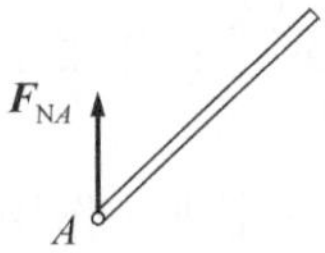
链杆		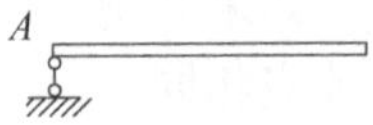	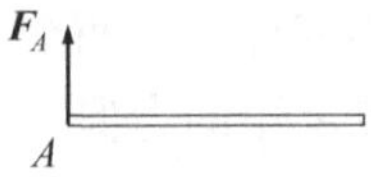
固定端		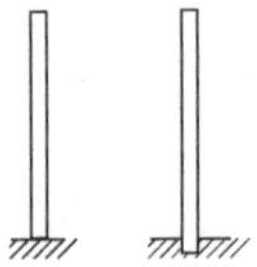	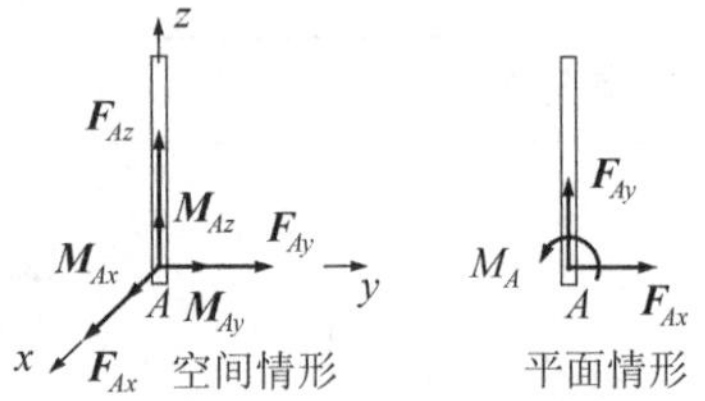

（5）物体系统的受力分析和受力图的画法。

①明确研究对象，画出分离体简图。

②分析分离体上所受到的主动力，如实画出全部主动力。

③分析分离体和其他物体连接处的约束力。按各连接处的约束类型，相应地在分离体简图上画出与各约束对应的全部约束力。

习　题

1－1　如图 1－33 所示，在半径为 r 的球表面点 A 上作用一个力 $\boldsymbol{F}$，方向如图所示，设 $Oxyz$ 为直角坐标系，点 B，C 位于 Oxy 平面内，点 A，B 位于同一个大圆上。已知：$OC=\sqrt{3}r/3$，$\varphi=60°$，$\theta=60°$，试求：（1）$\boldsymbol{F}$ 在 x，y，z 轴上的投影；（2）$\boldsymbol{F}$ 对 x，y，z 轴之矩。

1－2　在图 1－34 所示直四面体 $OABC$ 上作用一个力 $\boldsymbol{F}$，$Oxyz$ 为直角坐标系，已知：$OA=3a$，$OB=4a$，$OC=5a$，D 为 AB 边的中点，试求该力在 x，y，z 轴上的投影和对 x，y，z 轴之矩。

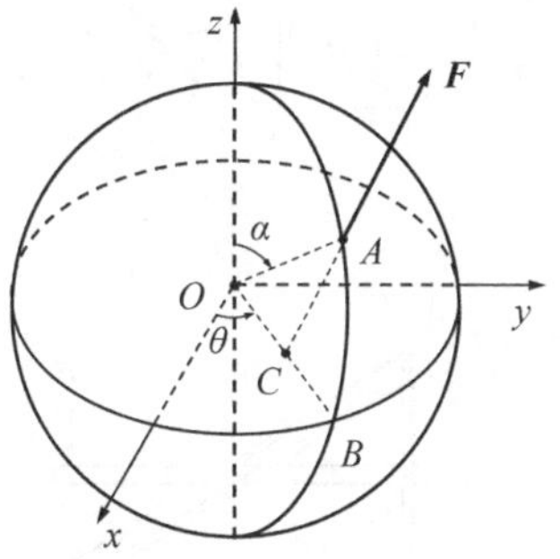

图 1－33　习题 1－1 图

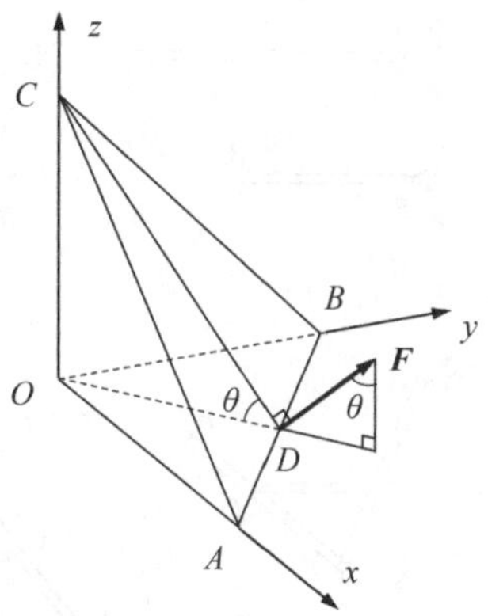

图 1－34　习题 1－2 图

1－3　图 1－35 所示长方体由两个边长为 a 的正方体组成，$Oxyz$ 为直角坐标系，在 A，B 两点上作用图 1－35 所示的两个力 $\boldsymbol{F}_1$，$\boldsymbol{F}_2$，它们的大小均为 F，方向相反，试求该力偶的力偶矩。

1－4　在图 1－36 所示长方体上作用有力 $\boldsymbol{F}_1$ 和 $\boldsymbol{F}_2$，且 $F_1=13F$，$F_2=5F$，试用合力矩定理分别求这两个力对 x，y，z 轴之矩。

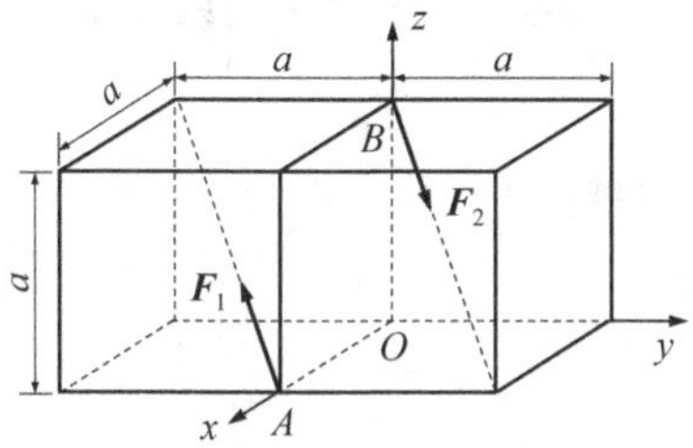

图 1－35　习题 1－3 图

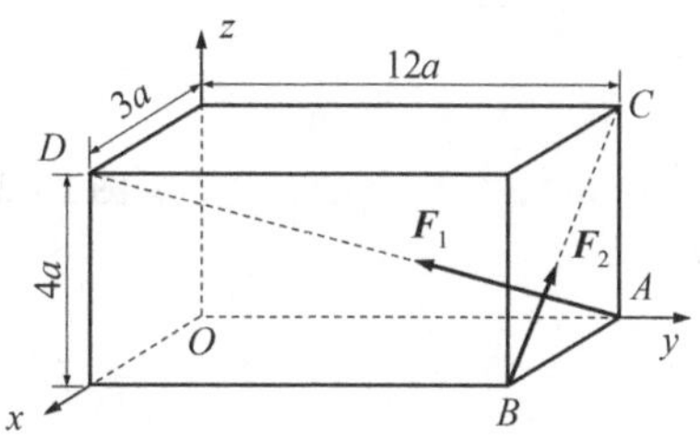

图 1－36　习题 1－4 图

1－5　在图 1－37 中，各刚体自重不计，各接触处光滑，并处于同一铅垂平面内，试画出各刚体的受力图。

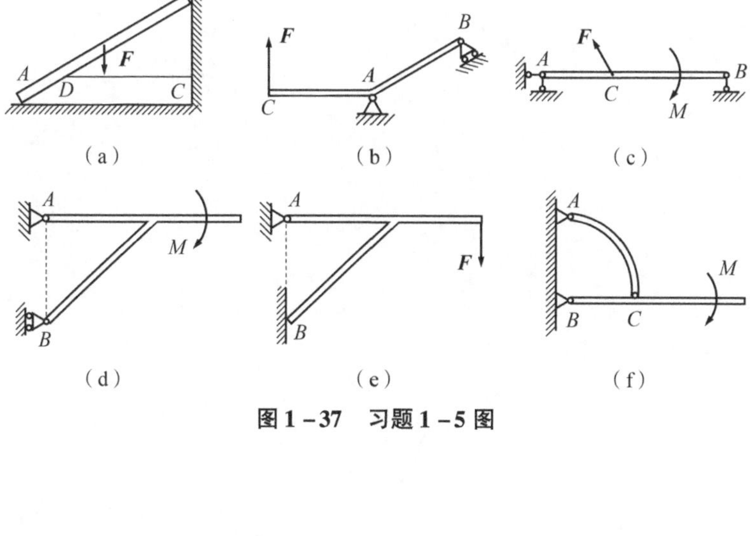

图 1－37　习题 1－5 图

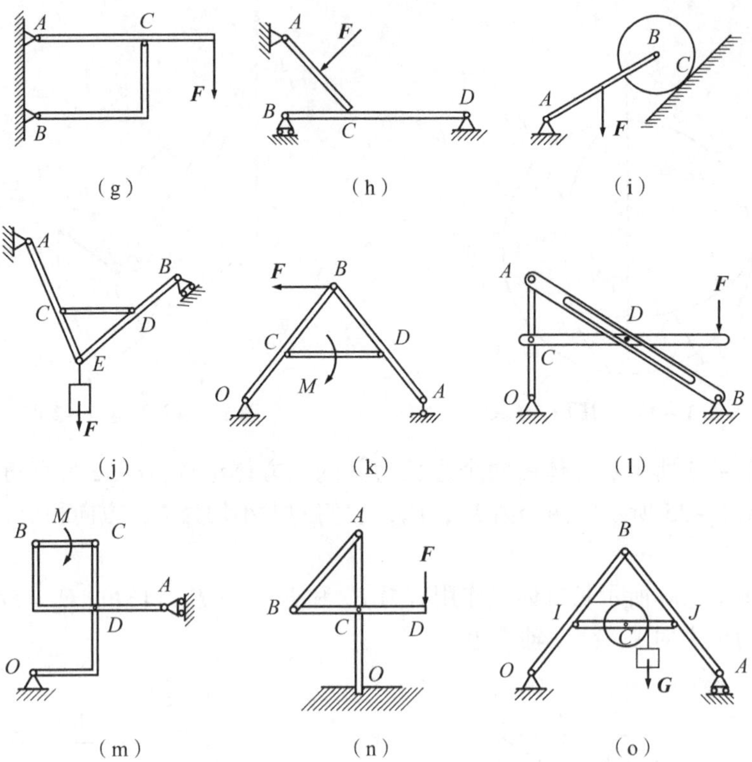
A
C
F
B
(g)
A
F
B
C
D
(h)
B
C
A
F
(i)
A
B
C
D
E
F
(j)
F
B
C
D
O
M
A
(k)
A
F
D
C
O
B
(l)
M
B
C
A
D
O
(m)
A
F
B
C
D
O
(n)
B
I
J
C
O
G
A
(o)

图 1 – 37　习题 1 – 5 图（续）

第 2 章

平面力系的简化

作用于刚体上的力系按照其作用线及作用点的分布特征可分为不同类型的力系，如空间力系为各力作用线在三维空间内分布的力系；平面力系为各类力的作用线在同一平面内分布的力系；汇交力系为各力的作用线汇交于同一点的力系；平行力系为各力的作用线相互平行的力系；力偶系为全由力偶组成的力系。其中汇交力系和力偶系称为基本力系。其原因在于：无论何种力系均可以等效于一个汇交力系和一个力偶系的总和。平面力系是较为常见的力系。平面汇交力系和平面力偶系则是平面力系中的基本力系。本章首先介绍平面基本力系的简化，然后介绍平面任意力系的简化。

2.1　平面基本力系的简化

本节研究平面汇交力系和平面力偶系的简化问题。

2.1.1　平面汇交力系的简化

平面汇交力系是汇交力系的一种特殊情况，而汇交力系总是存在合力。若力系($\boldsymbol{F}_1$，$\boldsymbol{F}_2,\cdots,\boldsymbol{F}_n$)为各力的作用线交于点 O 的平面汇交力系，则其合力 $\boldsymbol{F}$ 的力矢为

$$\boldsymbol{F} = \boldsymbol{F}_1 + \boldsymbol{F}_1 + \cdots + \boldsymbol{F}_n = \sum \boldsymbol{F}_i \tag{2-1}$$

其作用线仍过原力系的汇交点，显然合力 $\boldsymbol{F}$ 的力矢即原力系的主矢 $\boldsymbol{F}_{\mathrm{R}} = \sum \boldsymbol{F}_i$ 。

2.1.2　平面力偶系的简化

平面力偶系是力偶系的一种特殊情况。根据力偶合成性质，平面力偶系必然可以合成为一个合力偶。若力偶系($M_1,M_2,\cdots,M_n$)为平面力偶系，则其合力偶的力偶矩为

$$M = M_1 + M_1 + \cdots + M_n = \sum M_i \tag{2-2}$$

即平面力偶系可以等效于一个合力偶，合力偶的力偶矩为原平面力偶系各力偶的力偶矩的代数和。这里用到了力偶矩的平面表示。

2.2　平面任意力系的简化

利用力的平移定理，可将平面任意力系等效地简化为一个平面汇交力系和一个平面力偶系，进而讨论其最简的简化结果。

当力的平移定理应用于平面力系时，将某一力平移至该平面内任一点，需附加一个力偶矩为原力对该点之矩的力偶，该力偶矩的矢量方向垂直于该平面，或由右手法则，采用平面表示，即用有向弧线段表示，如图 2 -1 所示。

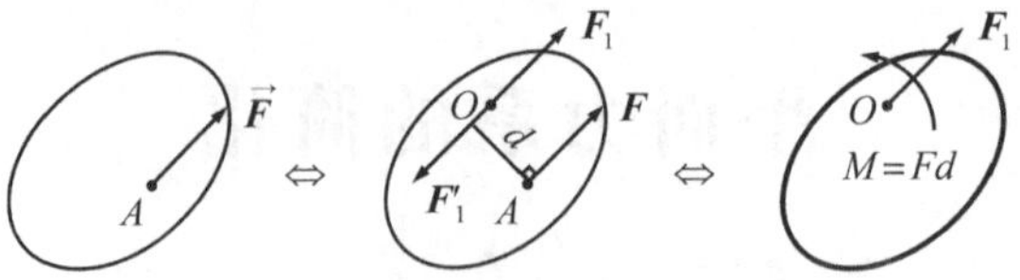

图 2 -1　力的平移定理的平面表达

2.2.1　平面任意力系向一点的简化

设平面力系$(\boldsymbol{F}_1,\boldsymbol{F}_2,\cdots,\boldsymbol{F}_n)$的各力的作用点分别为点$(A_1,A_2,\cdots,A_n)$，如图 2 -2（a）所示。为了简化该力系，现在力系所在平面内选择任意一点 O（称为简化中心），根据力的平移定理，将各力平移至点 O，并附加 n 个力偶矩分别为 $M_i = M_O(\boldsymbol{F}_i)$的力偶。如此，原平面力系等效为一个作用于点 O 的平面汇交力系$(\boldsymbol{F}'_1,\boldsymbol{F}'_2,\cdots,\boldsymbol{F}'_n)$和同一平面内的力偶系$(M_1, M_2,\cdots,M_n)$，如图 2 -2（b）所示。进一步地，上述平面汇交力系和力偶系可分别简化为一个力和一个力偶，如图 2 -2（c）所示。于是，得到**平面任意力系总可简化为一个力和一个力偶，其中力的作用线过简化中心，其矢量决定于原力系的主矢，其中力偶的力偶矩决定于原力系对简化中心的主矩**，即有

$$\begin{cases}\boldsymbol{F}_O = \boldsymbol{F}_{\mathrm{R}} = \sum \boldsymbol{F}_i \\ M = M_O = \sum M_O(\boldsymbol{F}_i)\end{cases} \tag{2-3}$$

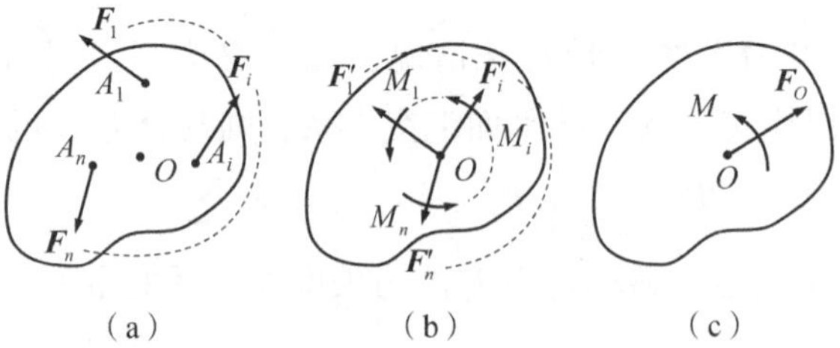

图 2 -2　平面力系的一般简化结果

2.2.2　固定端约束力系的等效力系

当物体的一端受到另一个物体的固结作用，不允许二者之间在约束处发生任何的移动和转动时，称这种约束为固定端约束。这里将力系简化的结果应用于固定端约束来解释其约束力系的等效处理。

固定端约束的约束力一般来说是一个分布于接触面的复杂力系。该力系可以是空间力系，也可以是平面力系，具体取决于主动力力系是空间力系还是平面力系。若为平面力系情形，由上述平面任意力系向一点简化的结论，可将固定端约束的约束力系向端点简化得到一个力和一个力偶，而其中的力事先无法确定大小和方向，通常将其正交分解为 $\boldsymbol{F}_{Ax}$ 和 $\boldsymbol{F}_{Ay}$，而其中的力偶用平面表示办法标为 M_A，如图 2 -3 所示。

2.2.3　平面任意力系简化的最简形式及合力矩定理

一个平面任意力系向一点简化得到一个力和一个力偶，完全取决于原力系的主矢和对简化中心的主矩。因此，可以根据主矢和主矩的取值情况探讨力系的最简简化结果。

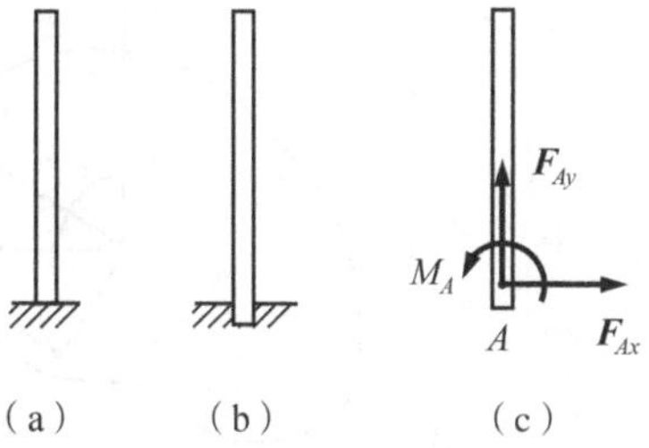

图 2－3　平面情形下的固定端约束

(1) 若主矢 $\boldsymbol{F}_{\mathrm{R}}=\boldsymbol{0}$，主矩 $M_O=0$，则原力系简化后的力和力偶均不存在。此时力系的最简简化结果为零力系，称为平衡力系，说明原力系为平衡力系。

(2) 若主矢 $\boldsymbol{F}_{\mathrm{R}}=\boldsymbol{0}$，主矩 $M_O\neq 0$，则原力系简化后只有一个力偶。此时力系的最简简化结果即一个力偶，称原力系等价为一个合力偶，其力偶矩取决于原力系对简化中心之主矩，说明原力系为非平衡力系。

(3) 若主矢 $\boldsymbol{F}_{\mathrm{R}}\neq\boldsymbol{0}$，主矩 $M_O=0$，则原力系简化后只有一个力。此时力系的最简简化结果为一个合力，合力的作用线过简化中心，其力矢取决于原力系的主矢，说明原力系为非平衡力系。

(4) 若主矢 $\boldsymbol{F}_{\mathrm{R}}\neq\boldsymbol{0}$，主矩 $M_O\neq 0$，则原力系简化后的一个力和一个力偶均存在。此时得到的这个力 $\boldsymbol{F}_O$ 和这个力偶的力偶矩 $\boldsymbol{M}_O=M_O\boldsymbol{k}$ 为垂直关系（$\boldsymbol{k}$ 为垂直于原力系所在平面的单位矢量，以垂直于纸面向外为其正方向），由力的平移定理的逆定理，它们可进一步简化成一个力 $\boldsymbol{F}_A$。此时力系的最简简化结果为一个合力，过简化中心外另一点，其力矢取决于原力系的主矢，说明原力系为非平衡力系。如图 2－4 所示，建立直角坐标系 Oxy，设力系的合力 $\boldsymbol{F}_A$ 的作用线过点 A，其坐标为(x,y)，并记主矢为 $\boldsymbol{F}_{\mathrm{R}}=F_{\mathrm{R}x}\boldsymbol{i}+F_{\mathrm{R}y}\boldsymbol{j}$，则应有

$$\begin{aligned}M_O\boldsymbol{k}&=\boldsymbol{M}_O(\boldsymbol{F}_A)=\overrightarrow{OA}\times\boldsymbol{F}_A\\&=(x\boldsymbol{i}+y\boldsymbol{j})\times(F_{\mathrm{R}x}\boldsymbol{i}+F_{\mathrm{R}y}\boldsymbol{j})=(xF_{\mathrm{R}y}-yF_{\mathrm{R}x})\boldsymbol{k}\end{aligned}\tag{2-4}$$

即有

$$M_O=xF_{\mathrm{R}y}-yF_{\mathrm{R}x}\tag{2-5}$$

由此方程可确定合力 $\boldsymbol{F}_A$ 的作用线位置。

根据力系简化的结论，可得出更具普遍性的**合力矩定理：平面任意力系如果存在合力，则其合力对其所在平面内任一点之矩等于原力系中各力对同一点之矩的代数和。**

证明： 平面力系$(\boldsymbol{F}_1,\boldsymbol{F}_2,\cdots,\boldsymbol{F}_n)$如图 2－5 所示，假设其存在合力 $\boldsymbol{F}_A$，有 $\boldsymbol{F}_A=\boldsymbol{F}_{\mathrm{R}}=\sum\boldsymbol{F}_i$。原力系对点 A 之主矩应为零，即 $\boldsymbol{M}_A=\sum\boldsymbol{r}_{Ai}\times\boldsymbol{F}_i=\boldsymbol{0}$，故有

$$\begin{aligned}\sum\boldsymbol{M}_O(\boldsymbol{F}_i)&=\sum\boldsymbol{r}_{Oi}\times\boldsymbol{F}_i=\sum(\overrightarrow{OA}+\boldsymbol{r}_{Ai})\times\boldsymbol{F}_i\\&=\overrightarrow{OA}\times\sum\boldsymbol{F}_i+\sum\boldsymbol{r}_{Ai}\times\boldsymbol{F}_i=\overrightarrow{OA}\times\boldsymbol{F}_A+\boldsymbol{M}_A=\boldsymbol{M}_O(\boldsymbol{F}_A)\end{aligned}\tag{2-6}$$

即原力系中各力对点 O 之矩的矢量和 $\sum\boldsymbol{M}_O(\boldsymbol{F}_i)$ 等于合力 $\boldsymbol{F}_A$ 对同一点 O 之矩 $\boldsymbol{M}_O(\boldsymbol{F}_A)$。由于点 O 与力系中各力的作用线在同一平面内，则力系中各力及合力对点 O 之矩可用平面内的代数值表示。证毕。

上述证明过程对于空间力系也同样成立，即合力矩定理同样适用于空间力系。**任意力系如果存在合力，则其合力对任一点（轴）之矩等于原力系中各力对同一点（轴）之矩的矢量和（代数和）。**

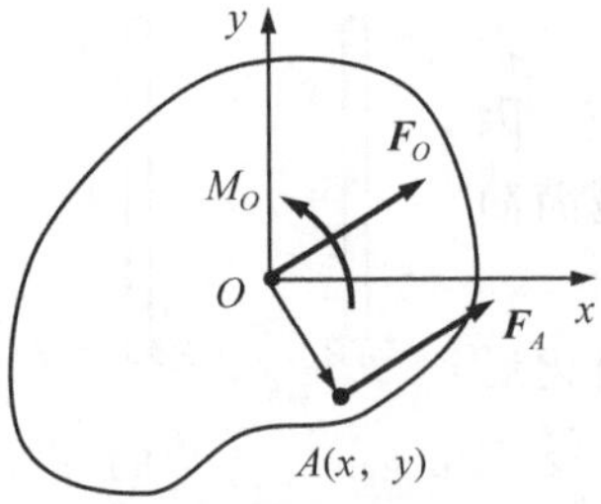

图2-4 主矢和主矩均不为零的平面力系的进一步简化

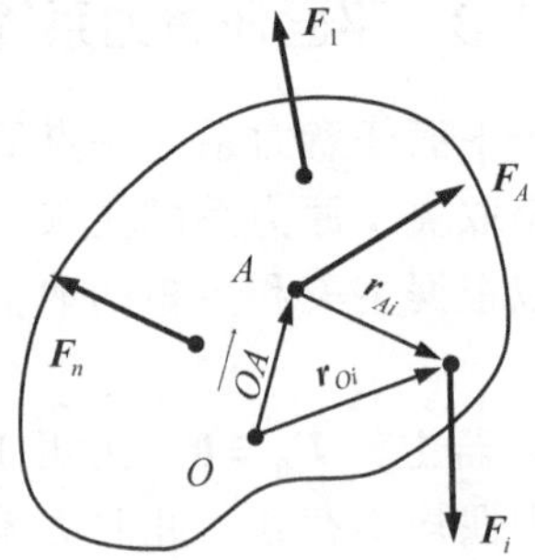

图2-5 合力矩定理

2.3 平面力系简化的分析计算

在进行力系的简化分析时，首先计算力系的主矢和对某点之主矩，当力系中包含力偶时，由于力偶本身的主矢为零，而对任一点之矩均为其力偶矩，所以在计算力系的主矢时不需要考虑力偶，而在计算力系对某点之主矩时则要考虑力偶矩，然后根据主矢和主矩的取值情况进一步讨论最简简化结果。下面举例说明平面力系简化的分析计算过程。

例2-1 如图2-6所示，在边长为 a 的正三角形 OAB 的顶点，沿各边作用着力 $\boldsymbol{F}_1$，$\boldsymbol{F}_2$，$\boldsymbol{F}_3$，且 $F_1=F_3=F$，$F_2=2F$。试求该力系的最简简化结果。

解：（1）建立直角坐标系 Oxy，如图2-6所示。

（2）计算主矢和主矩。主矢的投影为

$$F_{Rx}=\sum F_{ix}=F_1-F_2\cos 60^\circ-F_3\cos 60^\circ=F-F-\frac{1}{2}F=-\frac{1}{2}F$$

$$F_{Ry}=\sum F_{iy}=F_1\cos 90^\circ+F_2\cos 30^\circ-F_3\cos 30^\circ=0+\frac{\sqrt{3}}{2}\cdot 2F-\frac{\sqrt{3}}{2}F=\frac{\sqrt{3}}{2}F$$

主矢为

$$\boldsymbol{F}_R=F_{Rx}\boldsymbol{i}+F_{Ry}\boldsymbol{j}=-\frac{1}{2}F\boldsymbol{i}+\frac{\sqrt{3}}{2}F\boldsymbol{j}$$

以逆时针转向为正，力系对点 O 之主矩为

$$M_O=\sum M_O(\boldsymbol{F}_i)=F_2a\cos 30^\circ=2F\cdot a\cdot\frac{\sqrt{3}}{2}=\sqrt{3}Fa(\circlearrowleft)$$

（3）力系的主矢和主矩均不为零，即向点 O 简化则得到一个力 $\boldsymbol{F}_O$ 和一个力偶 $\boldsymbol{M}_O$，而力系的最简简化结果为一个过另一点的合力。现确定合力的力矢和作用线。最终合力的力矢取决于主矢。设合力过 x 轴上的点 C，该合力记为 $\boldsymbol{F}_C$，其矢量为

$$\boldsymbol{F}_C=\boldsymbol{F}_R=-\frac{1}{2}F\boldsymbol{i}+\frac{\sqrt{3}}{2}F\boldsymbol{j}$$

由此计算可得合力的大小以及与 x 轴负向间的夹角分别为

$$F_C=\frac{1}{2}F\sqrt{(-1)^2+\sqrt{3}^2}=F,\ \arctan\left|\frac{F_{Ry}}{F_{Rx}}\right|=\arctan\sqrt{3}=60°$$

根据式 (2－5) 有

$$M_O=xF_{Ry}-yF_{Rx}\quad\Rightarrow\sqrt{3}Fa=\frac{\sqrt{3}}{2}Fx+\frac{1}{2}Fy\quad\Rightarrow y=-\sqrt{3}x+2\sqrt{3}a$$

此即合力的作用线的方程。令 $y=0$，则得点 C 的坐标为$(2a,0)$，即力系的最简简化结果为作用线过点 $C(2a,0)$的合力 $\boldsymbol{F}_C=-\frac{1}{2}F\boldsymbol{i}+\frac{\sqrt{3}}{2}F\boldsymbol{j}$，如图 2－6 所示。

例 2－2　如图 2－7 所示，在边长为 a 的正方形 $ABCD$ 的三个顶点分别作用着力 $\boldsymbol{F}_1$，$\boldsymbol{F}_2$，$\boldsymbol{F}_3$，且 $F_1=F_3=F$，$F_2=\sqrt{2}F$。试求该力系的最简简化结果。

解：(1) 建立直角坐标系 Oxy，如图 2－7 所示。

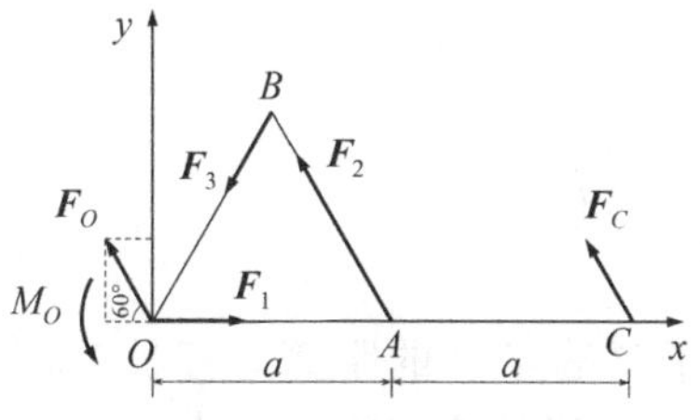

图 2－6　例 2－1 图

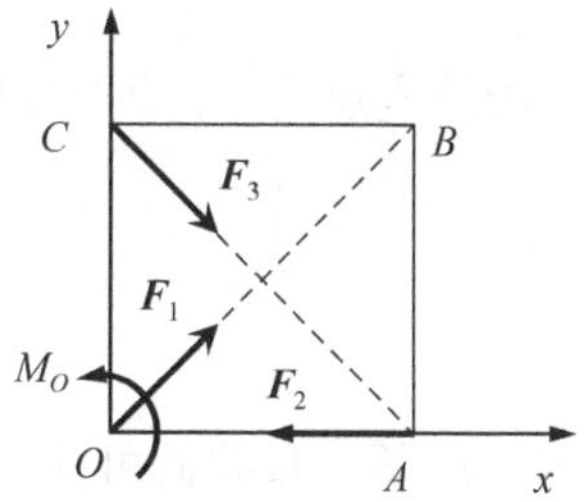

图 2－7　例 2－2 图

(2) 计算主矢和主矩。主矢为

$$\begin{aligned}\boldsymbol{F}_R&=\boldsymbol{F}_1+\boldsymbol{F}_2+\boldsymbol{F}_3\\&=F(\cos45°\boldsymbol{i}+\sin45°\boldsymbol{j})+\sqrt{2}F(-\boldsymbol{i})+F(\cos45°\boldsymbol{i}-\cos45°\boldsymbol{j})\\&=F\left(\frac{\sqrt{2}}{2}\boldsymbol{i}+\frac{\sqrt{2}}{2}\boldsymbol{j}\right)-\sqrt{2}F\boldsymbol{i}+F\left(\frac{\sqrt{2}}{2}\boldsymbol{i}-\frac{\sqrt{2}}{2}\boldsymbol{j}\right)=0\end{aligned}$$

以逆时针转向为正，力系对点 O 之主矩为

$$M_O=-F_3\cdot\frac{\sqrt{2}}{2}a=-\frac{\sqrt{2}}{2}Fa$$

(3) 力系的主矢为零，主矩不为零，故原力系的最简简化结果为一个力偶矩为 $M=-\sqrt{2}Fa/2$ 的力偶。这里负号表示其真实转向与假设的正转向相反，为顺时针转向。

例 2－3　水平杆的杆长为 l，在以下两种情形下——(a) 受到三角形分布载荷作用 [如图 2－8 (a) 所示]，其分布载荷的最大集度（集度为单位长度上的力的大小，单位为 N/m）为 q；(b) 受到载荷集度 q 的均布载荷（矩形载荷）作用 [如图 2－8 (b) 所示]，试分别求它们的合力。

解：对于情形 (a)，求解过程如下。

(1) 建立直角坐标系 Oxy，如图 2－8 (a) 所示。

(2) 计算主矢和主矩。载荷为线性分布，由图示关系可得分布载荷函数为

$$q(x)=\frac{x}{l}q$$

在 x 处的杆的微段 $\mathrm{d}x$ 上的受力为

$$dF=-(q(x)\cdot dx)\boldsymbol{j}=-\left(\frac{q}{l}x\cdot dx\right)\boldsymbol{j}$$

力系的主矢为

$$\boldsymbol{F}_{R}^{(a)}=\int_{0}^{l}dF=\int_{0}^{l}-\left(\frac{q}{l}x\cdot dx\right)\boldsymbol{j}=-\frac{1}{2}ql\boldsymbol{j}$$

力系对点 O 之主矩为

$$M_{O}^{(a)}=\int_{0}^{l}-\left(\frac{x}{l}q dx\right)\cdot x=-\frac{1}{3}ql^{2}$$

（3）力系的主矢和主矩均不为零，可知该分布载荷的最简简化结果为一个合力。合力的大小为 $F_{q}^{(a)}=\frac{1}{2}ql$，方向向下。合力的作用线的方程为

$$M_{O}^{(a)}=xF_{Ry}^{(a)}-yF_{Rx}^{(a)}\quad\Rightarrow-\frac{1}{3}ql^{2}=-\frac{1}{2}qlx$$

设其与 x 轴的交点为 C，则 C 点的 x 坐标为

$$x_{C}=\frac{-\frac{1}{3}ql^{2}}{-\frac{1}{2}ql}=\frac{2}{3}l$$

综上，该三角形分布载荷可简化为一个作用于离端点 O 的距离为杆长 $2l/3$ 处（作用线过三角形载荷的形心）、大小为 $F_{q}^{(a)}=ql/2$（等于三角形的面积）的合力。

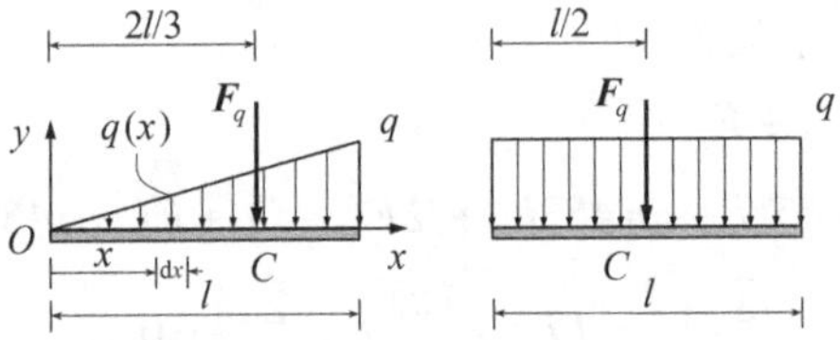

（a）　　（b）

图 2－8　例 2－3 图

用类似的方法可以得到情形（b）的简化结果：一个作用于杆中点 $l/2$ 处（作用线过矩形的形心）、大小为 $F_{q}^{(b)}=ql$（等于矩形的面积）的合力，如图 2－8（b）所示。

三角形分布载荷和均布载荷是工程中常见的分布载荷形式，掌握它们的简化结果有助于处理涉及它们的静力学问题。

本章小结

本章介绍了平面力系简化的方法和最简简化结果，包括以下内容。

（1）平面汇交力系和平面力偶系称为平面基本力系。

（2）平面任意力系向平面内任意简化中心简化，一般得到一个力（过简化中心）和一个力偶，分别取决于力系的主矢和对简化中心之主矩。

（3）根据主矢和主矩的取值情况，平面任意力系最终简化为零力系（平衡力系）或合力偶或合力。

（4）平面任意力系简化的分析计算。

（5）三角形分布载荷和矩形分布载荷的简化结果。

三角形分布载荷可简化为一个作用于离端点 O（此处载荷集度为零）的距离为杆长 2/3 处（作用线过三角形载荷的形心）、大小等于三角形面积的合力。

均布载荷可简化为一个作用于杆中点处（作用线过矩形的形心）、大小等于矩形面积的合力。

习　题

2－1　某销钉连接了五根二力杆，各杆受力的方向如图 2－9 所示，各力的大小分别为 $F_1=2$ kN，$F_2=2$ kN，$F_3=1$ kN，$F_4=4$ kN，$F_5=3$ kN，试求该力系的合力。

2－2　如图 2－10 所示，在棱形 $ABCD$ 的四个顶点处分别作用有沿各边的四个力 $\boldsymbol{F}_1$，$\boldsymbol{F}_2$，$\boldsymbol{F}_3$，$\boldsymbol{F}_4$，大小均为 F，已知 l 和 θ，试求此力系的最简简化结果。

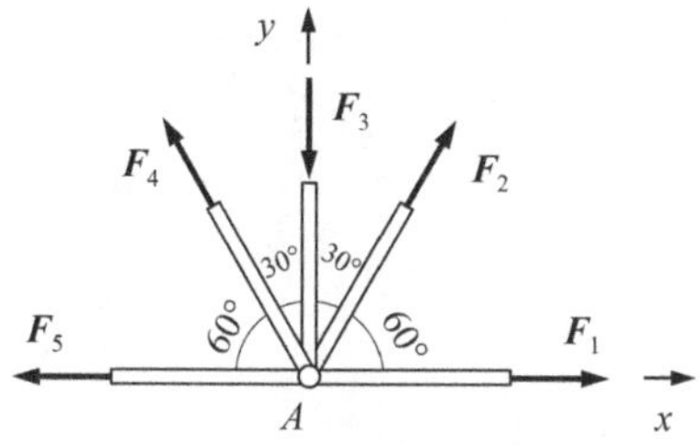

图 2－9　习题 2－1 图

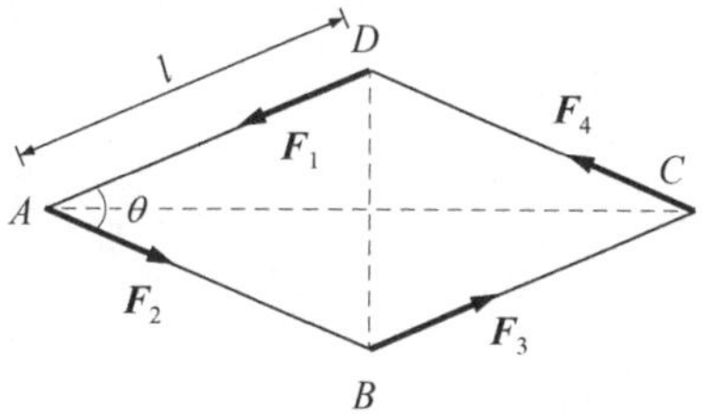

图 2－10　习题 2－2 图

2－3　如图 2－11 所示，边长为 1 m 的正方形 $ABCD$ 的三个顶点 A，C，D 分别作用有力 $\boldsymbol{F}_1$，$\boldsymbol{F}_2$，$\boldsymbol{F}_3$，已知 $F_1=2$ kN，$F_2=4$ kN，$F_3=10$ kN，试求此力系的最简简化结果。

2－4　梯形分布载荷如图 2－12 所示，试求其合力的大小及作用线的位置，已知 $q_1=2$ kN/m，$q_2=5$ kN/m，杆 AB 长为 $l=9$ m。

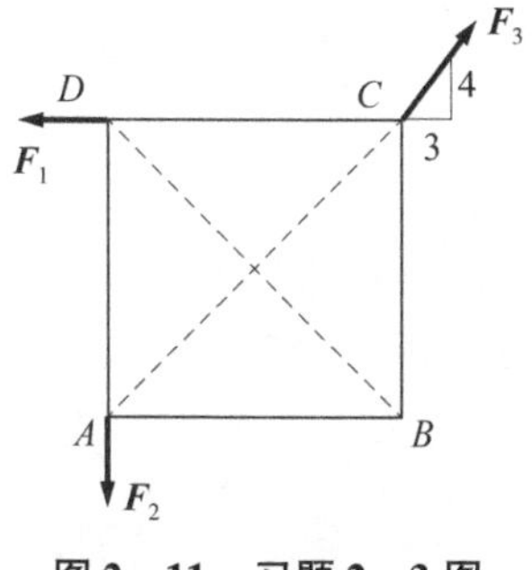

图 2－11　习题 2－3 图

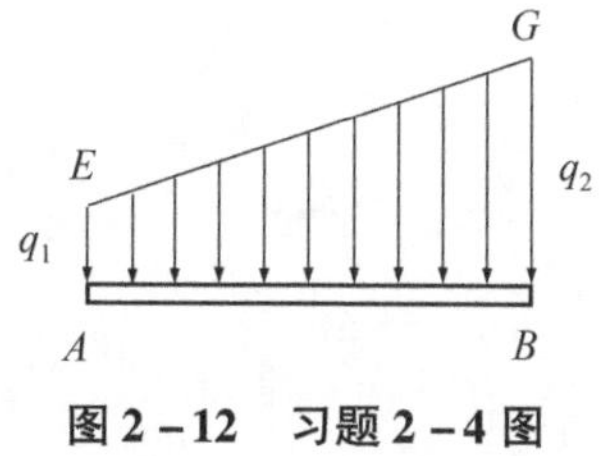

图 2－12　习题 2－4 图

2－5　在图 2－13 所示三角形 ABC 和平行四边形 $ABCD$ 的顶点上作用有大小、方向如图所示的力系，试问它们的最简简化结果分别是什么？

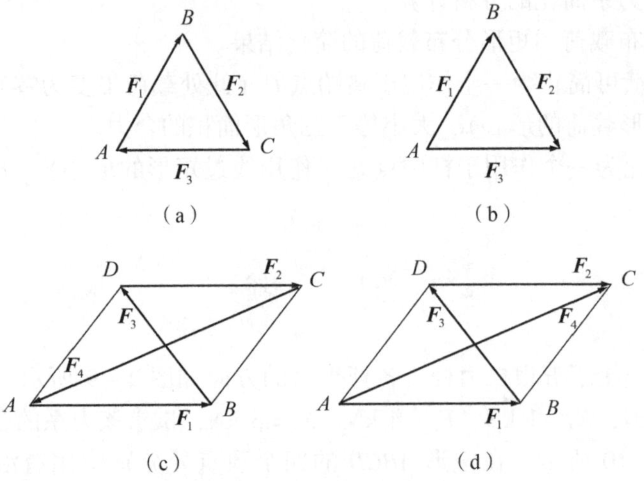

图 2-13　习题 2-5 图

第3章

平面力系的平衡

本章基于平面力系的简化结果，导出平面力系的平衡的充要条件和平衡方程，并介绍各类平面力系的平衡方程的应用。在针对物体系统的平衡分析中，还将给出静定和静不定的概念。本章的重点是物体系统的平衡问题的求解方法和步骤，它是后续学习理论力学的基础，也可以直接应用于工程实际问题的求解。

3.1 平面任意力系的平衡条件·平衡方程

3.1.1 平面任意力系平衡的充要条件

由平面任意力系的简化结果可知：主矢和对任一点之主矩均为零的力系为零力系，即力系为平衡力系，这说明力系的主矢和对任一点之主矩全为零是力系平衡的充分条件；当二者至少有一个不为零时，力系的最简简化结果或为一个力偶，或为一个合力，即力系为非平衡力系，这说明力系的主矢和对任一点之主矩全为零是力系平衡的必要条件。由此得出如下结论：平面任意力系平衡的充要条件是：力系的主矢 $\boldsymbol{F}_{\mathrm{R}}$ 和对任一点 A 之主矩 M_A 全为零。其数学表达式为

$$\begin{cases} \boldsymbol{F}_{\mathrm{R}} = \sum \boldsymbol{F}_i = \boldsymbol{0} \\ M_A = \sum M_A(\boldsymbol{F}_i) = 0 \end{cases} \tag{3-1}$$

3.1.2 平面任意力系平衡方程的形式

平面任意力系平衡的充要条件［式（3-1）］中的第一个式子是矢量等式。在实际应用时，常用与之等价的、平面内的两个投影代数等式代替，即

$$\begin{cases} F_{\mathrm{R}x} = \sum F_{ix} = 0 \\ F_{\mathrm{R}y} = \sum F_{iy} = 0 \end{cases} \quad (x\text{ 轴和 }y\text{ 轴不平行})$$

由数学中的矢量知识可知这两个代数等式与主矢为零的矢量等式等价，而且互相独立。

于是，平面任意力系平衡的充要条件［式（3-1）］可等价地写为

$$\begin{cases} \sum F_{ix} = 0 \\ \sum F_{iy} = 0 \\ \sum M_A(\boldsymbol{F}_i) = 0 \end{cases} \quad \text{或} \quad \begin{cases} \sum F_x = 0 \\ \sum F_y = 0 \\ \sum M_A = 0 \end{cases} \quad (x\text{ 轴和 }y\text{ 轴不平行}) \tag{3-2}$$

此式称为平面任意力系**平衡方程的基本形式**，为三个互相独立的代数方程。

除了基本形式（其中包括一个矩方程和两个投影方程，可称之为一矩两投影式）之外，平面任意力系平衡方程还有以下两种等价形式。

（1）两矩一投影式：

$$\begin{cases}\sum F_x = 0 \\ \sum M_A = 0 \quad (x\text{ 轴与 }A,B\text{ 两点的连线不垂直}) \\ \sum M_B = 0\end{cases} \tag{3-3}$$

（2）三矩式：

$$\begin{cases}\sum M_A = 0 \\ \sum M_B = 0 \quad (A,B,C\text{ 三点不共线}) \\ \sum M_C = 0\end{cases} \tag{3-4}$$

由于力系平衡时满足式（3-1），所以力系可简化为大小为零的合力，根据合力投影关系以及合力矩定理立即得到式（3-3）和式（3-4），这说明式（3-1）成立则式（3-3）和式（3-4）成立。

现证明若式（3-3）或式（3-4）成立，则式（3-1）成立。

由力系简化结论可知，若 $\sum M_A = 0$，则力系必简化为一个作用线过点 A 的合力，其力矢取决于力系的主矢。

于是，若 $\sum M_A = 0$，$\sum M_B = 0$，则力系必简化为一个作用线过 A，B 两点的合力，而该合力的力矢取决于力系的主矢，则力系的主矢平行于 A，B 两点的连线。若 x 轴与 A，B 两点的连线不垂直，且主矢在 x 轴上的投影为零，即 $\sum F_x = 0$，则主矢必为零矢量，即得到式（3-1）。

同理，若 $\sum M_A = 0$，$\sum M_B = 0$ 以及 $\sum M_C = 0$，则力系必简化为一个合力，其作用线过 A，B，C 三点，其力矢取决于力系的主矢，若 A，B，C 三点不共线，则主矢必为零矢量，即得到式（3-1）。

综上可知，平面任意力系平衡方程的三种形式互相等价。

需要指出的一点是，对于平面任意力系而言，在各自附加条件的前提下，三种形式得到的三个代数方程均互相独立，能且只能求解三个未知量。对于一个平衡的力系，可对任一轴列力的投影方程，或对任一点列力矩方程，从而得到与式（3-2）类似的一系列方程，这些方程都是平衡力系的必要条件。当充分条件［式（3-2）］成立时，力系即平衡力系，这些对其他轴的投影方程或对其他点之矩方程为必要条件，均必成立。这说明这些方程是式（3-2）的同解方程，或非独立的方程，因此对于平面任意力系，其独立的平衡方程个数是3，其他方程均可由独立方程的线性组合得到。另外，当一个未知力的作用线过矩心时，该力因对该矩心之矩为零而不出现在方程中，使方程中未知量个数减少而便于求解，因此矩的平衡方程在求解问题中有较多应用。

3.1.3　平面特殊力系平衡方程

当平面力系具有某些特征时，如平面汇交力系、平面平行力系以及平面力偶系等情况，作为力系平衡充分条件的平衡方程中的某些方程将自动成立，不具有求解意义，属于多余方程。这时，独立平衡方程的个数将发生变化。

1. 平面汇交力系

设平面汇交力系的汇交点为点 O，则各力对点 O 之矩必为零，于是 $\sum M_O = 0$ 自动成立而失去求解意义，因此平衡方程式（3－2）～式（3－4）变为

$$(1)\begin{cases}\sum F_x = 0\\ \sum F_y = 0\end{cases}\quad (x\text{ 轴和 }y\text{ 轴不平行}) \tag{3-5}$$

$$(2)\begin{cases}\sum F_x = 0\\ \sum M_A = 0\end{cases}\quad (x\text{ 轴与 }O,A\text{ 两点的连线不垂直}) \tag{3-6}$$

$$(3)\begin{cases}\sum M_A = 0\\ \sum M_B = 0\end{cases}\quad (A,B,O\text{ 三点不共线}) \tag{3-7}$$

2. 平面平行力系

设 x 轴与平行力系中各力垂直，则 $\sum F_x = 0$ 自动成立而失去求解意义，因此平衡方程式（3－2）、式（3－3）或式（3－4）变为

$$(1)\begin{cases}\sum F_y = 0\\ \sum M_A = 0\end{cases}\quad (y\text{ 轴与各力不垂直}) \tag{3-8}$$

$$(2)\begin{cases}\sum M_A = 0\\ \sum M_B = 0\end{cases}\quad (A,B\text{ 两点的连线与各力不平行}) \tag{3-9}$$

3. 平面力偶系

力偶系的主矢自动为零，即有 $\sum F_x = 0$ 和 $\sum F_y = 0$ 自动成立而失去求解意义，而力偶系对任一点之主矩相等，因此平面力偶系的平衡方程为

$$\sum M_i = 0 \tag{3-10}$$

平面汇交力系、平面平行力系和平面力偶系的独立平衡方程个数分别是2，2和1。这对于具体问题的定性判断具有指导意义。

3.2　平面力系平衡方程的应用

非自由刚体处于平衡状态时，其所受的全部外力——包括主动力和约束力应为平衡力系，它们应满足平衡条件。因此，力系的平衡方程提供了求解平衡刚体所受的力的大小关系或表示平衡位置的几何参数的方法。解决此类物体平衡问题的基本步骤如下。

（1）选取研究对象，画出分离体简图。

（2）对研究对象进行受力分析，画出其受力图。

（3）根据求解目标建立必要的平衡方程。

（4）求解平衡方程，得到未知约束力或表示平衡位置的几何参数。

这是求解静力学问题的一般方法，下面通过几个例子说明具体的求解步骤。

例3－1 所示直角托架如图3－1（a），A 处为固定铰支座，B 处为光滑接触；托架在 C 处受到铅垂方向、大小为 $F=6$ kN 的集中载荷作用而处于平衡状态。若不计自重和各接触处摩擦，试求 A，B 两处的约束力。

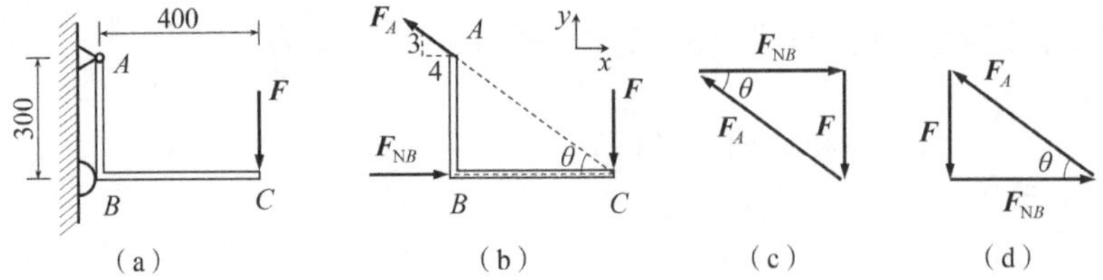

图3－1 例3－1图（单位：mm）

解：（1）取托架为研究对象。

（2）对其进行受力分析并画出其受力图。托架受到三个力的作用而处于平衡状态，其中 B 处的法向约束力 $\boldsymbol{F}_{NB}$ 与主动力 $\boldsymbol{F}$ 交于点 C，由三力平衡汇交定理知，A 处的作用力 $\boldsymbol{F}_A$ 的作用线必过点 C，如图3－1（b）所示。托架受到汇交力系作用而处于平衡状态。

（3）列写平衡方程并求解。

$$\sum F_y = 0 \quad \Rightarrow F_A \sin\theta - F = 0 \qquad \Rightarrow F_A = \frac{F}{\sin\theta} = \frac{6}{3/5}\text{kN} = 10\ \text{kN}$$

$$\sum F_x = 0 \quad \Rightarrow -F_A\cos\theta + F_{NB} = 0 \quad \Rightarrow F_{NB} = F_A\cos\theta = 10 \cdot \frac{4}{5}\text{kN} = 8\ \text{kN}$$

二者均为正值，表明图示方向即它们的真实方向。

以上是通过列写平衡方程求解汇交力系的过程，称为**解析法**。平衡条件中的主矢为零涉及力系中所有力的矢量和的计算，而该矢量和也可通过几何法获得。

如图3－2（a）所示，某刚体受四个力的作用，现求它们的主矢 $\boldsymbol{F}_R = \boldsymbol{F}_1 + \boldsymbol{F}_2 + \boldsymbol{F}_3 + \boldsymbol{F}_4$。作法如下：首先，选择任一点 A，在点 A 处按比例画出 $\boldsymbol{F}_1$；其次，在 $\boldsymbol{F}_1$ 末端点 B 处接着按比例画出 $\boldsymbol{F}_2$，并依此作法，将 $\boldsymbol{F}_3$ 和 $\boldsymbol{F}_4$ 依次画出，$\boldsymbol{F}_4$ 的末端位于点 E；最后，从点 A 到点 E 作一矢量，即 $\boldsymbol{F}_R$，如图3－2（b）所示。事实上，根据矢量合成的三角形法则，知图3－2中虚线矢量 $\boldsymbol{F}_{1+2} = \boldsymbol{F}_1 + \boldsymbol{F}_2$，$\boldsymbol{F}_{1+2+3} = \boldsymbol{F}_{1+2} + \boldsymbol{F}_3 = \boldsymbol{F}_1 + \boldsymbol{F}_2 + \boldsymbol{F}_3$，因此 $\boldsymbol{F}_R = \boldsymbol{F}_{1+2+3} + \boldsymbol{F}_4 = \boldsymbol{F}_1 + \boldsymbol{F}_2 + \boldsymbol{F}_3 + \boldsymbol{F}_4$。如此做法得到的由各力矢与合矢量构成的多边形 $ABCDE$ 称为**力多边形**。可以改变力多边形中各力矢的顺序，但最终结果相同，例如，图3－2（c）中的 $\boldsymbol{F}_R$ 与图3－2（b）中的 $\boldsymbol{F}_R$ 相同。

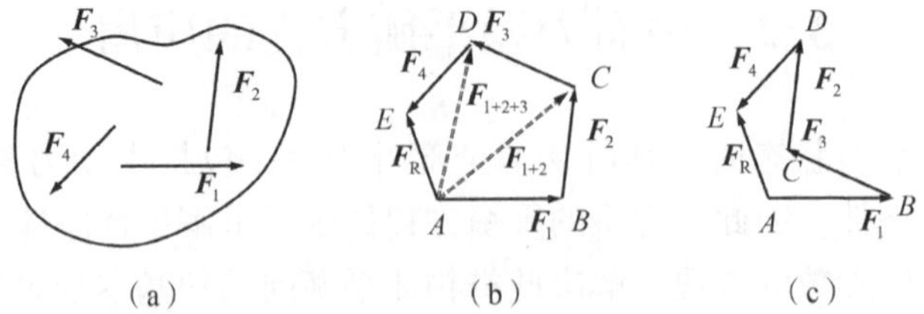

图3－2 力多边形

对于更多力的情况，上述作法同样适用。对于一般力系，其力多边形中最后的封闭边，即合矢量，仅表示原力系的主矢。当应用于汇交力系时，从各力的汇交点开始作力多边形，则最后的封闭边即汇交力系的合力。当汇交力系为平衡力系时，其主矢为零，则最后的封闭边的长度为零，其对应的力多边形表现为各力矢首尾相连，恰好自行封闭。因此，**平面汇交力系平衡的充要条件是：力多边形自行封闭。**

通过求解力多边形求解汇交力系的平衡问题的解法称为**几何法**。当汇交力系中只有三个力时，可以很方便地根据三角形关系确定各力的大小关系。

将例 3－1 中的三个力按照力多边形的画法得到图 3－1（c）或图 3－1（d）。解三角形关系有：

$$F:F_{NB}:F_A=3:4:5$$

将 $F=6$ kN 代入得到

$$F_{NB}=8\ \text{kN},\quad F_A=10\ \text{kN}$$

对于一般形状的力三角形，在求解三角形关系时则要用到正弦定理。

例 3－2　水平直杆 AD 的尺寸和受到的载荷、约束如图 3－3（a）所示，其中 $F=qa$，若不计自重和摩擦，试求直杆在 A，B 两处受到的约束力。

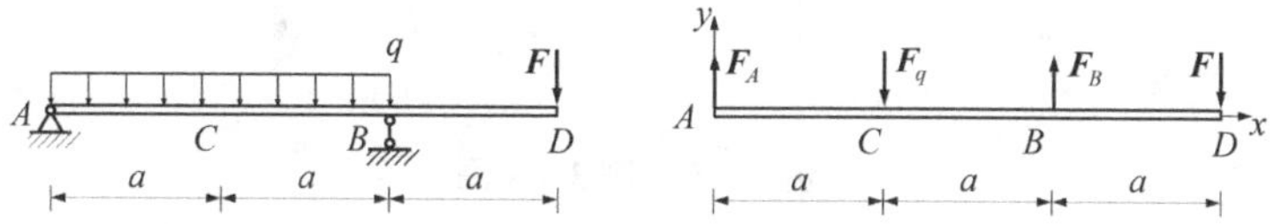

（a）　　（b）

图 3－3　例 3－2 图

解：（1）取直杆为研究对象。

（2）对其进行受力分析并画出受力图，如图 3－3（b）所示。其中 B 处为链杆约束，假设受压，则直杆在该处的约束力 $\boldsymbol{F}_B$ 竖直向上；除了 A 处的约束力之外的力均为竖直方向，可知 A 处为固定铰支座中的水平方向的约束力，为零，只有竖直方向的约束力 $\boldsymbol{F}_A$，假设向上；AB 段的均布载荷可简化为作用于 AB 中点 C 的一个力 $\boldsymbol{F}_q$，且 $F_q=2qa$。直杆 AD 受到平行力系作用而处于平衡状态。

（3）列写平衡方程并求解。

$$\sum M_A=0\quad \Rightarrow F_B\cdot 2a-F_q\cdot a-F\cdot 3a=0\quad \Rightarrow F_B=\frac{1}{2a}(2qa\cdot a+qa\cdot 3a)=\frac{5}{2}qa$$

$$\sum F_y=0\quad \Rightarrow F_A-F_q+F_B-F=0\quad \Rightarrow F_A=2qa-\frac{5}{2}qa+qa=\frac{1}{2}qa$$

求得的 F_A 和 F_B 的值均为正值，表明图示方向即它们的真实方向。

例 3－3　水平直杆的尺寸和受到的载荷、约束如图 3－4（a）所示。若不计自重和摩擦，试求直杆在 A，B 两处受到的约束力。

解：（1）取直杆为研究对象。

（2）对其进行受力分析并画出受力图，如图 3－4（b）所示。其中 B 处为活动铰支座，直杆在该处受到的约束力 $\boldsymbol{F}_B$ 与斜面垂直；直杆受到的主动力为一个力偶 M，由力偶只能由力偶平衡知，直杆在 A 处受到的约束力 $\boldsymbol{F}_A$ 应与 $\boldsymbol{F}_B$ 组成一个与 M 转向相反的力偶，即 $\boldsymbol{F}_A$ 与 $\boldsymbol{F}_B$ 大小相等、方向相反。直杆受到力偶系作用而处于平衡状态。

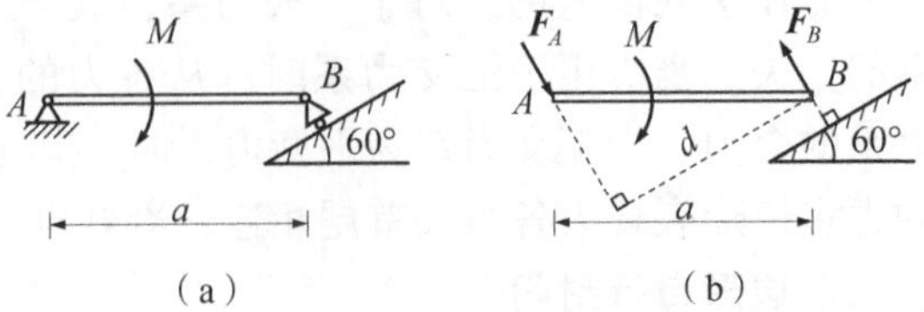

图3-4 例3-3图

（3）列写平衡方程并求解。

$$\sum M = 0 \Rightarrow -M + F_A \cdot d = 0 \Rightarrow F_A = F_B = \frac{M}{d} = \frac{M}{a\cos\alpha}$$

方向如图3-4所示。

例3-4 悬臂梁AB的尺寸和受到的载荷、约束如图3-5（a）所示，其中，$M=ql^2/3$，$F=ql$，若不计自重，试求悬臂梁在A处所受的约束力。

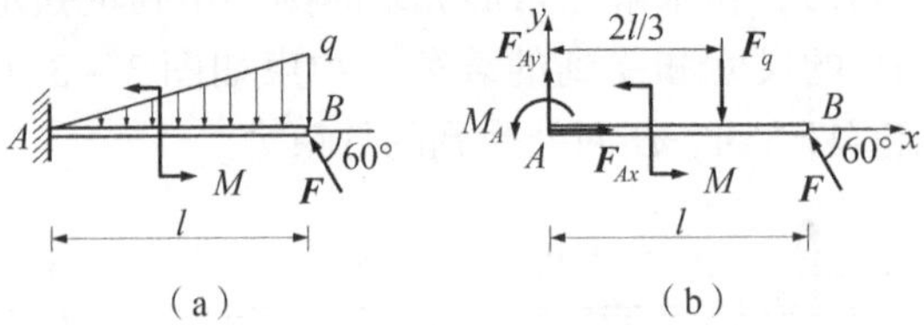

图3-5 例3-4图

解：（1）取悬臂梁AB为研究对象。

（2）对其进行受力分析并画出受力图，如图3-5（b）所示。其中三角形分布载荷简化为图3-4（b）所示的$\boldsymbol{F}_q$，且$F_q=\frac{1}{2}ql$。对于复杂的受力情况，一般事先无法确定某处约束力（或力偶）的真实方向（或转向），此时，可在其方位上任意假设，然后根据求解结果的正负明确它们的真实方向（或转向）。因此，对于A处的固定端约束，假设其约束力为图示方向的两个正交分解的力$\boldsymbol{F}_{Ax}$，$\boldsymbol{F}_{Ay}$以及图示转向的一个约束力偶M_A。悬臂梁AB受到一般平面力系作用而处于平衡状态。

（3）列写平衡方程并求解。

$$\sum F_x = 0 \quad \Rightarrow F_{Ax} - F\cos 60° = 0$$

$$\Rightarrow F_{Ax} = F\cos 60° = ql \cdot \frac{1}{2} = \frac{1}{2}ql$$

$$\sum F_y = 0 \quad \Rightarrow F_{Ay} - F_q + F\sin 60° = 0$$

$$\Rightarrow F_{Ay} = F_q - F\sin 60° = \frac{1}{2}ql - ql \cdot \frac{\sqrt{3}}{2} = -\frac{\sqrt{3}-1}{2}ql$$

$$\sum M_A = 0 \quad \Rightarrow M_A + M - F_q \cdot \frac{2l}{3} + F\sin 60° \cdot l = 0$$

$$\Rightarrow M_A = -\frac{1}{3}ql^2 + \frac{1}{2}ql \cdot \frac{2l}{3} - ql \cdot \frac{\sqrt{3}}{2} \cdot l = -\frac{\sqrt{3}}{2}ql^2$$

其中F_{Ax}的值为正值，表明其真实方向即图示方向；F_{Ay}的值为负值，表明其真实方向向下，与图示方向相反；M_A 的值为负值，表明其真实转向为顺时针转向，与图示转向相反。

例3-5 匀质杆 AB 如图3-6所示，长为 $2l$，重量为 W。其下端 A 靠在光滑的铅直墙上，同时又被支承在光滑的右墙顶角 D 处。已知两铅直墙的距离为 a，试求杆在平衡时与水平线的夹角 φ。

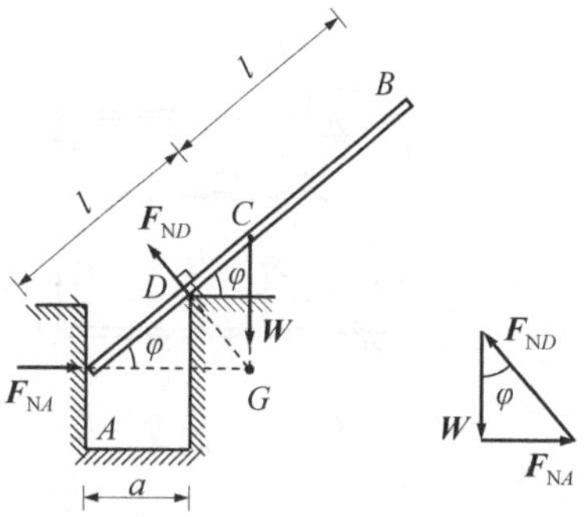

（a）　（b）

图3-6　例3-5图

解：（1）取杆 AB 为研究对象。对其进行受力分析并画出受力图，如图3-6（a）所示。其中重力 W 作用于杆中点 C，竖直向下；A，D 两处均为光滑面接触，$\boldsymbol{F}_{NA}$ 和 $\boldsymbol{F}_{ND}$ 分别沿着两接触处的公法线方向。

（2）列写平衡方程并求解。杆在三力作用下平衡，三力必须汇交于点 G，分别在直角三角形△ADG 和直角三角形△AGC 中写出边长 AG 得到

$$\frac{AD}{\cos\varphi}=AC\cos\varphi \Rightarrow \frac{a/\cos\varphi}{\cos\varphi}=l\cos\varphi \Rightarrow \frac{a}{\cos^2\varphi}-l\cos\varphi=0$$

则

$$\varphi=\arccos\sqrt[3]{\frac{a}{l}}$$

即所求。显然，杆 AB 能保持平衡要求 $\frac{a}{l}\leqslant 1$。

在该问题中，除了要求杆平衡时与水平线的夹角 φ 之外，还有 $\boldsymbol{F}_{NA}$ 和 $\boldsymbol{F}_{ND}$ 两个未知力的大小，共计三个未知量。也可将杆看成受到平面一般力系作用而平衡，则有三个独立的平衡方程。

由图3-6（b）所示的封闭力矢直角三角形得到 $F_{NA}=W\tan\varphi$，$F_{ND}=\frac{W}{\cos\varphi}$，由 $\sum M_A=0$：$F_{ND}\cdot AD-W\cdot AG=0$，即 $\frac{W}{\cos\varphi}\cdot\frac{a}{\cos\varphi}-W\cdot l\cos\varphi=0$，也可得到 $\frac{a}{\cos^2\varphi}-l\cos\varphi=0$，或由 $\sum M_D=0$：$F_{NA}\cdot a\tan\varphi-W\cdot(l\cos\varphi-a)=0$，$\frac{a\sin^2\varphi}{\cos^2\varphi}-l\cos\varphi+a=0$，也可得到 $\frac{a}{\cos^2\varphi}-l\cos\varphi=0$，从而得到 $\varphi=\arccos\sqrt[3]{\frac{a}{l}}$。

3.3　静定和静不定的概念·刚体系平衡问题

3.3.1　静定和静不定的概念

上一节说明了如何将平衡方程应用于平衡刚体的约束力或平衡位置的求解过程，在这些例子中，约束力或平衡位置由独立的平衡方程给出了唯一的解。但是，对于很多工程实际问题存在无法由平衡方程求出全部未知约束力的情况。

对于图3-7（a）所示杆 AB，独立的平衡方程的个数与约束力中未知量的个数相等，A，B 两处的约束力可由独立的平衡方程求解得到唯一的一组解，求解如下：

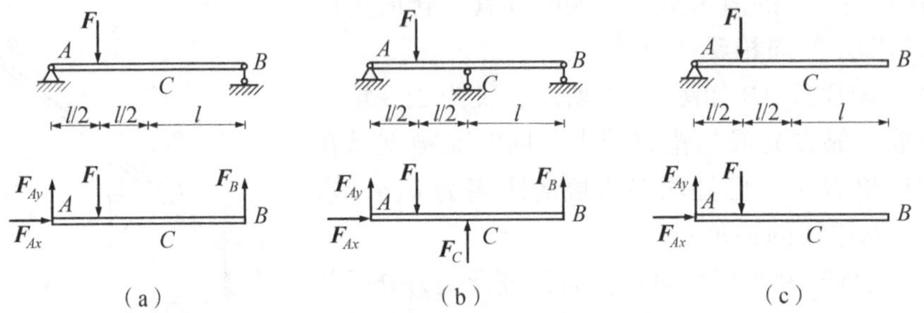

图 3－7　静定与静不定结构

$$\begin{cases}\sum F_x = 0\\ \sum F_y = 0\\ \sum M_A = 0\end{cases} \Rightarrow \begin{cases}F_{Ax} = 0\\ F_{Ay} - F + F_B = 0\\ F_B \cdot 2l - F \cdot l/2 = 0\end{cases} \Rightarrow \begin{cases}F_{Ax} = 0\\ F_{Ay} = 3F/4\\ F_B = F/4\end{cases} \quad (3-11)$$

对于图 3－7（b）所示杆 AB，A，B，C 三处的约束力由独立的平衡方程求解如下：

$$\begin{cases}\sum F_x = 0\\ \sum F_y = 0\\ \sum M_A = 0\end{cases} \Rightarrow \begin{cases}F_{Ax} = 0\\ F_{Ay} - F + F_B + F_C = 0\\ F_B \cdot 2l + F_C \cdot l - F \cdot l/2 = 0\end{cases} \Rightarrow \begin{cases}F_{Ax} = 0\\ F_{Ay} = 3F/4 - F_C/2\\ F_B = F/4 - F_C/2\end{cases} \quad (3-12)$$

由于约束力中有四个未知量，而只有三个独立的平衡方程，解中包含一个自由变量 F_C，对于任一 F_C 的值均有对应的一组解，所以存在无穷多组解，即仅由静力学平衡方程无法确定全部约束力。但在实际问题中，A，B，C 三处的约束力是唯一确定的。无法由静力学平衡方程求解全部约束力的原因在于理论力学中采用的是刚体模型，忽略了变形因素。若考虑到杆 AB 或约束的变形与受力之间的关系（如将 C 处链杆换成线弹簧支承），得到静力学平衡方程之外的补充方程便可全部求解，这是材料力学的研究内容。

对于图 3－7（c）所示杆 AB，约束力中未知量的个数为 2，而独立的静力学平衡方程的个数为 3，在一般情况下，平衡方程无法得到全部满足，即刚体无法保持平衡。实际上，这类问题属于动力学范畴，未知约束力须由动力学原理求解。在特殊情况下，例如当 B 处受到图 3－7（a）所示的 $\boldsymbol{F}_B$ 那样的主动力时，刚体则能保持平衡，且 A 处的约束力也可解出。

一般地，设一个问题的独立的平衡方程个数为 n_E，约束力中未知量的个数为 n_F，则问题可划分如下。

（1）当 $n_E = n_F$ 时，对于任意的已知主动力，由静力学平衡方程可解出约束力的唯一的一组解。这类问题称为**静定问题**。

（2）当 $n_E < n_F$ 时，对于任意的已知主动力，在一般情况下，静力学平衡方程将解出约束力的多组解，无法确定未知约束力的唯一实际值。这类问题称为**静不定问题**（或**超静定问题**）。

（3）当 $n_E > n_F$ 时，约束力中未知量的个数少于独立的平衡方程的个数，在一般情况下，刚体平衡方程是无解的，即无论约束力是何种情况，物体都不可能平衡。这类问题属于动力学范畴，须由动力学原理求解。此时，若主动力满足一定的条件，则物体也有可能平衡，这类问题称为**有条件的平衡问题**。

3.3.2 刚体系平衡问题

实际的承载结构通常由两个或两个以上的刚体通过相互之间的某种约束连接而成，这样的系统称为刚体系统或物体系统，简称为**刚体系**或**物系**。

刚体系平衡问题也可根据总的独立的静力学平衡方程的个数与未知量的个数的不同情况分为静定问题、静不定问题和有条件的平衡问题。理论力学主要研究静定问题。对于静定的刚体系的平衡问题或有条件的机构平衡问题，刚体系内部各刚体都是平衡的。分别以平衡刚体系中各刚体为研究对象，总是可以列出足够多的独立的静力学平衡方程，求解出全部未知约束力或主动力应满足的条件。但这样过于烦琐和死板，特别是只要求求解部分未知力时尤为如此。如果刚体系是平衡的，则刚体系内部的单个刚体或几个互相连接的刚体组成的子系统均是平衡的，都可列出相应的平衡方程加以求解。因此，针对求解目标，合理地选择刚体系中的子系统作为研究对象进行有效的求解是解决刚体系平衡问题的重要途径。

求解刚体系平衡问题的一般过程如下。根据待求的未知约束力的作用对象，选择某个或某几个互相连接的刚体作为研究对象，对其进行受力分析，画出受力图。考察该受力图，判断是否可解。若能解出未知力，则列写必要的平衡方程进行求解；若不能解出未知力，则确定其求解的依赖条件（其他未知力），然后选择刚体系中的其他研究对象，解出该依赖条件，再回到前一研究对象上，求解待求的未知力。在复杂问题中，后一过程可能要多次重复，方能解出所有未知力。

刚体系平衡问题的求解要注意两个方面：①如何巧妙地选择研究对象和平衡方程，用尽可能少或最少的平衡方程求解所要求的未知力；②针对同一刚体系平衡问题的求解，其方法并不唯一。

下面举例说明刚体系平衡问题的求解过程。

例3-6 构架由直杆 AC 与直角弯杆 CBD 铰接组成，其尺寸和受到的载荷、约束如图3-8（a）所示，其中 $F=ql$。若不计自重和摩擦，试求系统在固定端 A 处受到的约束力。

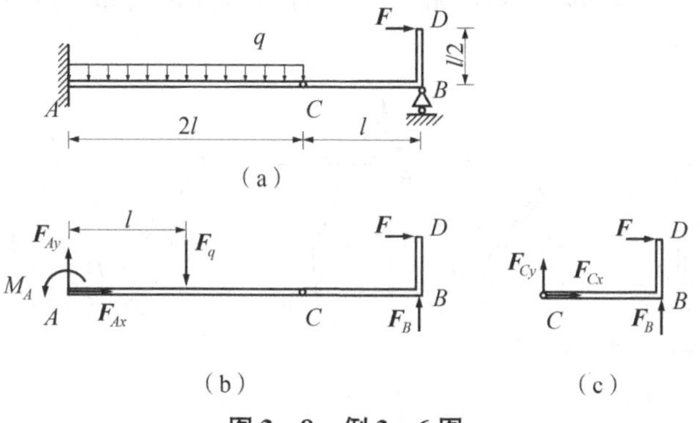

图3-8 例3-6图

解： 对系统整体而言，其受力图如图3-8（b）所示，其中均布载荷简化为一个力 $\boldsymbol{F}_q$，且 $F_q=2ql$（作用位置在与 A 端距离为 l 处），系统整体受一般平面力系作用而处于平衡状态，可列出三个独立的平衡方程。而 A，B 两处共有四个未知量，因此无法全部解出，需要先从系统中选取直角弯杆 CBD 作为研究对象，解出这四个未知量中的一个，再以系统整体为研究对象方可解出 A 处的三个未知量。具体过程如下。

（1）选取直角弯杆 CBD 为研究对象，其受到的作用力包括主动力 $\boldsymbol{F}$、活动铰支座 B 的约束力 $\boldsymbol{F}_B$ 以及 C 处的铰链的正交分解的约束力 $\boldsymbol{F}_{Cx}$，$\boldsymbol{F}_{Cy}$。受力图如图 3－8（c）所示。

列写平衡方程并求解：

$$\sum M_C = 0 \quad \Rightarrow F_B \cdot l - F \cdot \frac{l}{2} = 0 \quad \Rightarrow F_B = \frac{1}{2}F = \frac{1}{2} \cdot ql = \frac{1}{2}ql$$

（2）选取系统整体为研究对象，其受力图如图 3－8（b）所示。此时 $\boldsymbol{F}_B$ 已知，由系统整体的三个独立的平衡方程即可求得 A 处约束力的三个未知量。

列写平衡方程并求解：

$$\sum F_x = 0 \quad \Rightarrow F_{Ax} + F = 0$$

$$\Rightarrow F_{Ax} = -F = -ql$$

$$\sum F_y = 0 \quad \Rightarrow F_{Ay} - F_q + F_B = 0$$

$$\Rightarrow F_{Ay} = F_q - F_B = 2ql - \frac{1}{2}ql = \frac{3}{2}ql$$

$$\sum M_A = 0 \quad \Rightarrow M_A - F_q \cdot l - F \cdot \frac{l}{2} + F_B \cdot 3l = 0$$

$$\Rightarrow M_A = 2ql \cdot l + 2ql \cdot \frac{l}{2} - \frac{1}{2}ql \cdot 3l = ql^2$$

其中 F_{Ax} 为负值，表明其真实方向向左，与图示方向相反；F_{Ay} 和 M_A 均为正值，表明它们的真实方向和转向即图示方向和转向。

讨论：此题也可以分别选取系统中的两个刚体为研究对象进行求解，这时需要求出铰链 C 处的相互作用力（对不同研究对象进行受力分析和列写平衡方程时，须注意作用力和反作用力之间的对应关系）。读者可自行尝试，并与上述解法进行比较，以理解刚体系平衡问题的求解的灵活性特点以及不同求解方案的优、缺点。

例 3－7 在图 3－9 所示平面结构中，两构件 ABC 和 CD 铰接于 C 处，其所受载荷和几何尺寸如图所示，其中 $F=5qa$，$M=9qa^2$。若不计各构件自重和各接触处摩擦，试求固定铰支座 A，D 处的约束力。

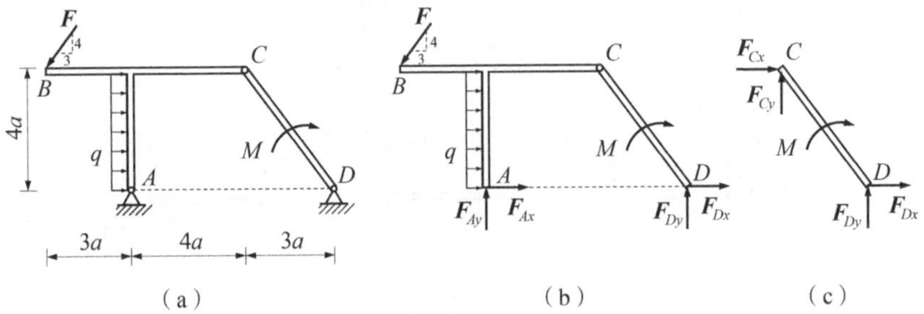

图 3－9 例 3－7 图

解： 分析系统整体可知，系统在 A，D 处的约束力事先不能确定方向，故用正交分力表示，如图 3－9（b）所示，共有四个未知量，而系统只有三个独立平衡方程，无法全部求解。但是，注意到图示四个力中有三个力的作用线交于一点，因此可使用矩的方程求出部分未知量，而剩下的则要进一步选取系统中的其他刚体为研究对象逐步求解。具体过程如下。

（1）选取系统整体为研究对象，其受力图如图 3－9（b）所示。

列写平衡方程并求解：

$$\sum M_A = 0 \quad \Rightarrow F_{Dy} \cdot 7a - M - 4qa \cdot 2a + \frac{3}{5}F \cdot 4a + \frac{4}{5}F \cdot 3a = 0 \quad \Rightarrow F_{Dy} = -qa$$

$$\sum F_y = 0 \quad \Rightarrow F_{Ay} + F_{Dy} - \frac{4}{5}F = 0 \quad \Rightarrow F_{Ay} = 5qa$$

$$\sum F_x = 0 \quad \Rightarrow F_{Ax} + F_{Dx} + 4qa - \frac{3}{5}F = 0$$

(3－13)

注意，式（3－13）给出了 F_{Ax}，F_{Dx}的关系，需要研究其他对象，确定其中任何一个未知量之后方能求解。

（2）选取杆 *CD* 为研究对象，其受力图如图3－9（c）所示。

列写平衡方程并求解：

$$\sum M_C = 0 \quad \Rightarrow -M + F_{Dy} \cdot 3a + F_{Dx} \cdot 4a = 0 \quad \Rightarrow F_{Dx} = 3qa$$

将 F_{Dx}代入式（3－13），得

$$F_{Ax} = -4qa$$

以上结果中的负值表示该力的真实方向与图示方向相反。

例3－8　图3－10（a）所示构架由三根杆件 *AD*，*BD* 和 *EC* 组成，杆 *EC* 上的销钉 *E* 置于杆 *AD* 的滑槽中，*BD* 和 *EC* 两杆以铰链 *C*（图中以黑点表示）相连，杆 *AD* 与 *BD* 以铰链 *D* 相连。已知主动力 $\boldsymbol{F}$，若不计自重和摩擦，试求 *A*，*B* 两处的约束力。

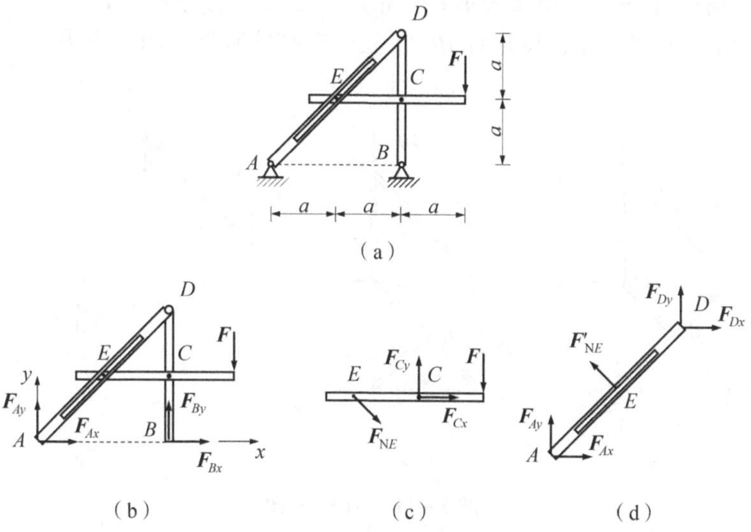

图3－10　例3－8图

解：分析系统整体可知，系统在 *A*，*B* 两处的约束力事先不能确定方向，故用正交分力表示，如图3－10（b）所示，共有四个未知量，而系统只有三个独立平衡方程，无法全部求解。但是，注意到图示四个力中有三个力的作用线交于一点，因此可使用矩的方程求出部分未知量，而剩下的则要进一步选取系统中的其他刚体为研究对象逐步求解。具体过程如下。

（1）选取系统整体为研究对象，其受力图如图3－10（b）所示。

列写平衡方程并求解：

$$\sum M_B = 0 \Rightarrow -F_{Ay}\cdot 2a - F\cdot a = 0 \quad \Rightarrow F_{Ay} = -F/2$$
$$\sum F_y = 0 \Rightarrow F_{Ay} + F_{By} - F = 0 \quad \Rightarrow F_{By} = 3F/2$$
$$\sum F_x = 0 \Rightarrow F_{Ax} + F_{Bx} = 0 \qquad (3-14)$$

注意，式（3－14）给出了 F_{Ax}，F_{Bx}的关系，需要研究其他对象，确定其中任何一个未知量之后方能求解。

（2）选取杆 EC 为研究对象，其受力图如图 3－10（c）所示。其中销钉 E 与杆 AD 的滑槽是光滑面接触，故二者间的相互作用力沿接触处的公法线方向，即与滑槽垂直。

列写平衡方程并求解：

$$\sum M_C = 0 \Rightarrow F_{\mathrm{NE}}\cdot a\cdot \sin 45° - F\cdot a = 0 \Rightarrow F_{\mathrm{NE}} = \sqrt{2}F$$

（3）选取杆 AD 为研究对象，其受力图如图 3－10（d）所示。其中 $\boldsymbol{F}_{\mathrm{NE}}$和 $\boldsymbol{F}'_{\mathrm{NE}}$为作用力和反作用力，它们大小相等，即 $F_{\mathrm{NE}} = F'_{\mathrm{NE}}$，方向相反。

列写平衡方程并求解：

$$\sum M_D = 0 \Rightarrow F_{Ax}\cdot 2a - F_{Ay}\cdot 2a - F_{\mathrm{NE}}\cdot\sqrt{2}a = 0 \quad \Rightarrow F_{Ax} = F/2$$

将 F_{Ax}代入式（3－14），得

$$F_{Bx} = -F_{Ax} = -F/2$$

以上结果中的负值表示该力的真实方向与图示方向相反。

例 3－9 图 3－11（a）所示构架由四根杆件 AD，BC，CE 和 DE 组成，AD 和 BC 两杆在它们的中点以销钉（图中以黑点表示）H 相连，已知主动力 $\boldsymbol{F}_1$，$\boldsymbol{F}_2$ 和主动力偶矩 M 及几何尺寸 a。若不计自重和摩擦，试求杆 BC 在三个销钉处所受到的约束力。

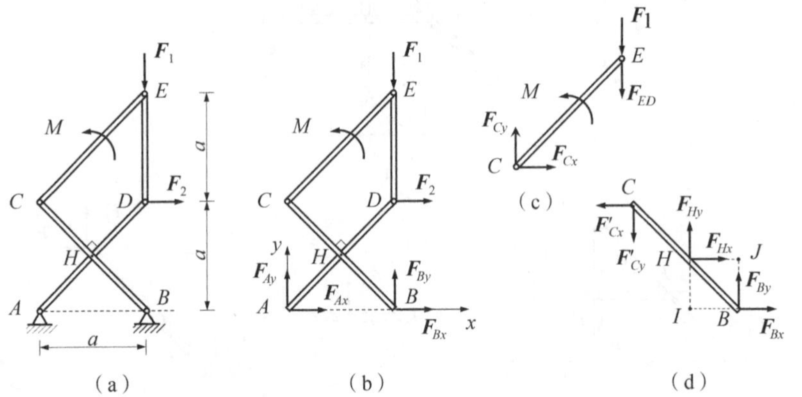

图 3－11 例 3－9 图

解：杆 DE（不带两端销钉）仅在两端受销钉 D，E 的作用而平衡，为二力杆，销钉 D、E 对杆 DE 的约束力必过 D，E 两点；销钉 A，B，C，H 处的约束力无法确定方向，均只能以正交分力的形式给出。根据求解目标，以杆 BC 为研究对象，初步分析其受力图，发现其上有六个未知量，因此需要选取其他部分为研究对象，至少求解出其中的三个未知量方可求解所求对象。具体过程如下。

（1）选取系统整体为研究对象，其受力图如图 3－11（b）所示。

列写平衡方程并求解：

$$\sum M_A = 0 \quad \Rightarrow F_{By} \cdot a - F_1 \cdot a - F_2 \cdot a + M = 0 \quad \Rightarrow F_{By} = F_1 + F_2 - \frac{M}{a}$$

(2) 选取杆 CE（带两端销钉）为研究对象，其受力图如图 3－11（c）所示。

列写平衡方程并求解：

$$\sum F_x = 0 \quad \Rightarrow F_{Cx} = 0$$

$$\sum M_E = 0 \quad \Rightarrow M - F_{Cy} \cdot a + F_{Cx} \cdot a = 0 \quad \Rightarrow F_{Cy} = \frac{M}{a}$$

(3) 选取杆 BC 为研究对象，其受力图如图 3－11（d）所示。其中 $\boldsymbol{F}_{Cx}$ 和 $\boldsymbol{F}'_{Cx}$、$\boldsymbol{F}_{Cy}$ 和 $\boldsymbol{F}'_{Cy}$ 分别为作用力和反作用力，它们的大小分别相等，即 $F'_{Cx} = F_{Cx} = 0$，$F'_{Cy} = F_{Cy} = \frac{M}{a}$。

列写平衡方程并求解：

$$\sum M_H = 0 \quad \Rightarrow F'_{Cy} \cdot \frac{a}{2} + F'_{Cx} \cdot \frac{a}{2} + F_{By} \cdot \frac{a}{2} + F_{Bx} \cdot \frac{a}{2} = 0 \quad \Rightarrow F_{Bx} = -(F_1 + F_2)$$

$$\sum F_x = 0 \quad \Rightarrow F_{Hx} - F'_{Cx} + F_{Bx} = 0 \qquad \Rightarrow F_{Hx} = F_1 + F_2$$

$$\sum F_y = 0 \quad \Rightarrow F_{Hy} - F'_{Cy} + F_{By} = 0 \qquad \Rightarrow F_{Hy} = \frac{2M}{a} - (F_1 + F_2)$$

在此步求解中，也可列如下两矩式平衡方程求解：

$$\sum M_H = 0 \quad \Rightarrow F'_{Cy} \cdot \frac{a}{2} + F'_{Cx} \cdot \frac{a}{2} + F_{By} \cdot \frac{a}{2} + F_{Bx} \cdot \frac{a}{2} = 0 \quad \Rightarrow F_{Bx} = -(F_1 + F_2)$$

$$\sum M_I = 0 \quad \Rightarrow -F_{Hx} \cdot \frac{a}{2} + F'_{Cx} \cdot a + F'_{Cy} \cdot \frac{a}{2} + F_{Bx} \cdot \frac{a}{2} = 0 \quad \Rightarrow F_{Hx} = F_1 + F_2$$

$$\sum F_y = 0 \quad \Rightarrow F_{Hy} - F'_{Cy} + F_{By} = 0 \qquad \Rightarrow F_{Hy} = \frac{2M}{a} - (F_1 + F_2)$$

还可列三矩式平衡方程求解（具体方程请读者练习并补充）：

$$\sum M_H = 0 \quad \Rightarrow F_{Bx} = -(F_1 + F_2)$$

$$\sum M_I = 0 \quad \Rightarrow F_{Hx} = F_1 + F_2$$

$$\sum M_J = 0 \quad \Rightarrow F_{Hy} = \frac{2M}{a} - (F_1 + F_2)$$

【讨论】：一方面，当系统中有较多刚体时，选取不同的研究对象会有不同的求解过程，读者可尝试其他方案进行求解并比较。解题时，应尝试选择合适的研究对象和平衡方程以减少所列的平衡方程的个数，尽可能以最少的平衡方程完成求解。另一方面，针对同一研究对象，可以使用平衡方程的基本形式、两矩式或三矩式完成求解，求解的结果相同，但不同形式的平衡方程存在求解复杂程度的差异，这种差异也随具体问题的不同而不同。以上两点，需要初学者在处理具体的刚体系平衡问题时多做尝试、比较，以便更快速有效地求解问题。

3.4 平面桁架杆件内力计算

在实际的刚体系平衡问题中，刚体系通常是由多个构件组成的结构，承受一定的载荷而保持平衡。刚体系根据其中刚体的受力和约束特征可分为三种。第一种称为**构架**，是指由多个构件组成、包含至少一个非二力构件的承载结构。构架中各构件完全被各种约束限制，没有任何自由运动的可能，构架可承受各种载荷而保持平衡，如前一节中例 3 - 6 ~ 例 3 - 9 的情形。第二种称为**桁架**，是指全部由二力直杆组成，同样被完全限制而没有任何自由运动可能的理想结构，它是本节要研究的结构。如图 3 - 12 所示，工程中常见的塔吊和钢结构桥梁等都可以简化为桁架结构。第三种称为**机构**，是指由多个构件组成，但并未被完全限制而有一定运动可能的刚体系。机构通常用于实现某种预期的运动。这三种刚体系均存在平衡问题，没有运动自由度的构架和桁架统称为结构，其平衡问题可能是静定或静不定的（静不定问题的求解留在变形固体静力学的相关课程中解决），而机构的平衡则属于有条件的平衡问题。

（a）

（b）

图 3 - 12　工程中的桁架实例

（a）塔吊；（b）钢结构桥梁

在工程实际中，各杆件以固结（铆接或焊接）或铰接的方式相互连接形成桁架（图 3 - 13）。桁架承受的外力只作用于杆件连接处——节点上。通常，桁架承受的载荷的大小远大于桁架自身的重量。这时每根杆件上承受的沿着杆件轴线方向的约束力远大于其他方向的约束力，且约束力偶可忽略不计。因此，在分析时，可将桁架简化为忽略各杆件自重、各杆件通过节点处的销钉以光滑铰接的形式相互连接、外力作用于节点的结构。如此一来，桁架中的每根杆件均可理想化为二力杆，可在保证工程的精度要求的同时大大简化桁架杆件的受力分析和计算。

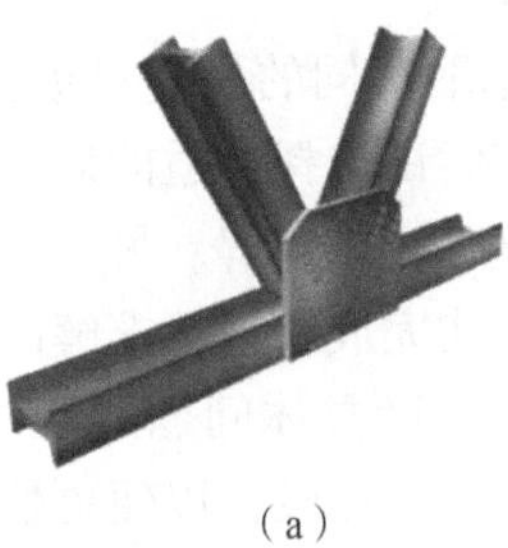

（a）

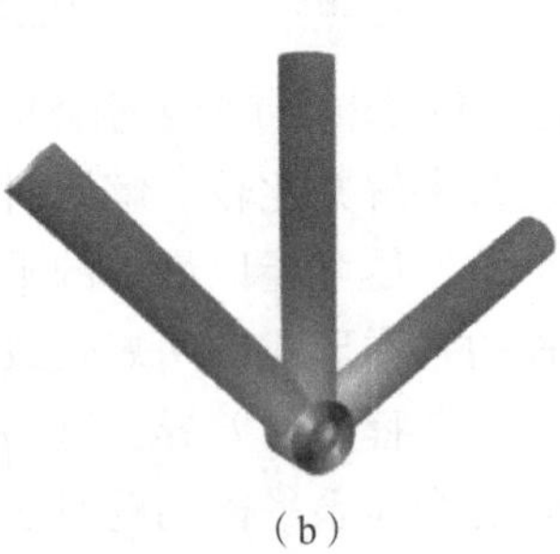

（b）

图 3 - 13　桁架中杆件连接方式

（a）铆接；（b）铰接

当构成桁架的各二力杆的轴线分布在同一平面内时，该桁架称为**平面桁架**，如图3 - 14所示，否则称为**空间桁架**。本节主要介绍平面桁架平衡问题的求解，将其方法稍加推广便可应用于空间桁架平衡问题的求解。

对于承受载荷的桁架，外力的作用会在桁架的杆件内部产生额外的作用力。取桁架结构中某根杆件 AB 为研究对象，设其两端受到两个节点的作用力，如图3-15所示。为了求出杆件内部产生的额外的作用力，现假想该杆件从其某一横截面处截开成两段，取任意一段为研究对象，横截面上的分布力系的合力必与一端的作用力满足二力平衡，即等值、反向、共线。称横截面上的分布力系的合力为杆件的**内力**，用 $\boldsymbol{F}_N$ 表示。因此，桁架中每根杆件在两端承受节点施加的沿杆件轴线或拉或压的作用力，其内力的大小等于杆件两端的所受作用力的大小。当杆件的内力的方向沿轴线背离横截面时，规定为正，此时杆件受拉，称为拉杆；反之，当杆件的内力的方向沿轴线指向横截面时，规定为负，此时杆件受压，称为压杆。

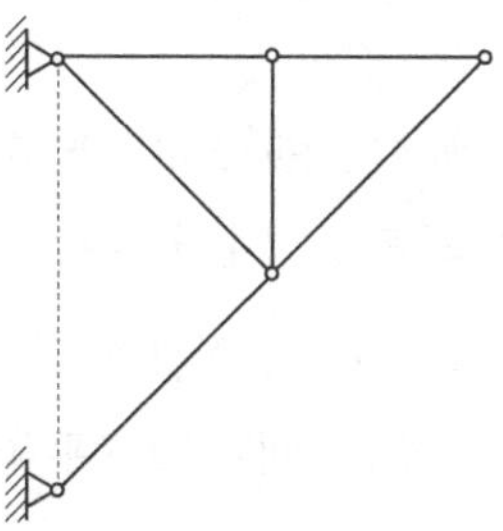

图3-14 平面桁架

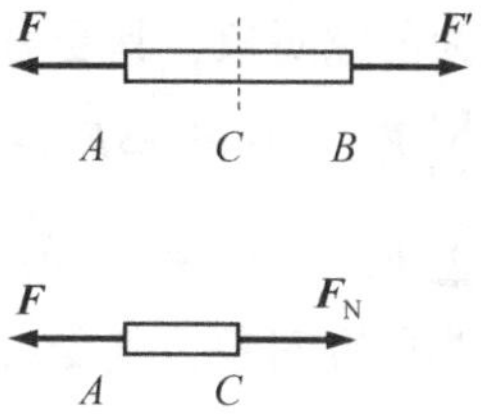

图3-15 桁架杆件的内力

桁架平衡问题就是根据桁架所受载荷确定桁架中每根杆件的内力的值，为保证整个桁架能够安全地承载提供必要的计算基础。

计算桁架内力的方法有两种：**节点法**和**截面法**。

3.4.1 节点法

对于一个静定的桁架，其各节点处的销钉受到与之相连的杆件的作用力以及载荷的作用，所有这些形成平面汇交力系。分别以各节点（销钉）为研究对象，可得到数量与未知力的个数相同的一系列独立平衡方程，求解这些平衡方程即可得到各杆件对节点的作用力的值，即各杆件的内力值。这种以各节点为研究对象求解杆件内力的方法称为**节点法**。

在实际的平面桁架平衡问题求解中，为了避免求解众多联立方程，通常从只与两个未知内力的杆件相连的节点着手计算，由平面汇交力系的两个独立的平衡方程解出这两个未知力，然后逐一选择其余只有两个未知力的节点求解，直至解出全部杆件的内力。如有必要，则需首先以整体为研究对象，求出某支座的约束力，然后再从只有两个未知力的节点着手计算。

在求解时，通常假设各杆件受拉，其内力相应地也假设为正。若计算结果为正值，说明杆件的内力为拉力，实为拉杆；反之，若结果为负值，则说明杆件的内力为压力，实为压杆。

下面举例说明节点法的应用。

例3-10 平面桁架如图3-16（a）所示，已知 $AB=BC=BD=a$，$AD=DC=DE=\sqrt{2}a$，主动力 $\boldsymbol{F}_1$，$\boldsymbol{F}_2$ 和 $\boldsymbol{F}_3$ 的大小均为 F，试求桁架中各杆件的内力。

解：（1）以节点 C 为研究对象，其受力图如图3-16（b）所示。列写如下平衡方程并求解。

$$\sum F_y = 0 \quad \Rightarrow -F_{N5}\cos 45° - F_2 = 0 \quad \Rightarrow F_{N5} = -\sqrt{2}F \quad （压杆）$$

$$\sum F_x = 0 \quad \Rightarrow -F_{N2} - F_{N5}\cos 45° = 0 \quad \Rightarrow F_{N2} = F \quad （拉杆）$$

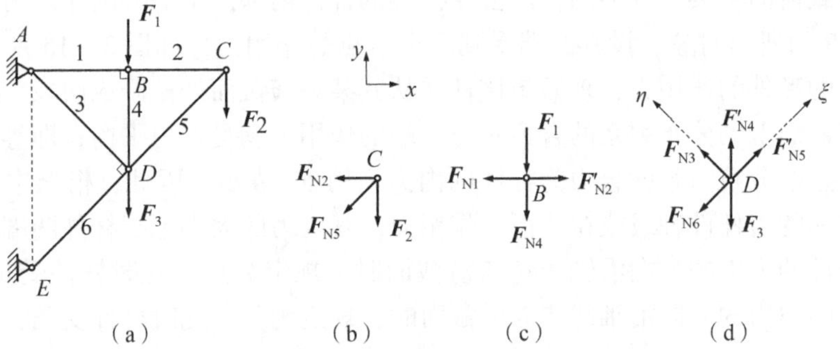

图 3-16　例 3-10 图

(2) 以节点 B 为研究对象，其受力图如图 3-16 (c) 所示。列写如下平衡方程并求解。

$$\sum F_x = 0 \quad \Rightarrow F'_{N2} - F_{N1} = 0 \quad \Rightarrow F_{N1} = F \quad (\text{拉杆})$$

$$\sum F_y = 0 \quad \Rightarrow -F_{N4} - F_1 = 0 \quad \Rightarrow F_{N4} = -F \quad (\text{压杆})$$

(3) 以节点 D 为研究对象，其受力图如图 3-16 (d) 所示。列写如下平衡方程并求解。

$$\sum F_x = 0 \quad F'_{N5}\cos 45° - F_{N3}\cos 45° - F_{N6}\cos 45° = 0$$

$$\sum F_y = 0 \quad F_{N3}\cos 45° + F'_{N4} + F'_{N5}\cos 45° - F_{N6}\cos 45° - F_3 = 0$$

联立上面二式得 $F_{N3} = \sqrt{2}F$ (拉杆)，$F_{N6} = -2\sqrt{2}F$ (压杆)。

也可选择向图 3-16 (d) 所示 ξ 轴、η 轴列写力的投影平衡方程并求解。

$$\sum F_\xi = 0 \quad \Rightarrow F'_{N5} + F'_{N4}\cos 45° - F_3\cos 45° - F_{N6} = 0 \quad \Rightarrow F_{N6} = -2\sqrt{2}F \quad (\text{压杆})$$

$$\sum F_\eta = 0 \quad \Rightarrow F_{N3} + F_{N4}\cos 45° - F_3\cos 45° = 0 \quad \Rightarrow F_{N3} = \sqrt{2}F \quad (\text{拉杆})$$

如此可避免求解联立方程而快速求解。

例 3-11　一平面桁架如图 3-17 (a) 所示，在节点 D 处作用一大小为 12kN、方向为水平向左的外力 $\boldsymbol{F}$，桁架的几何尺寸如图所示，试求各杆件的内力。

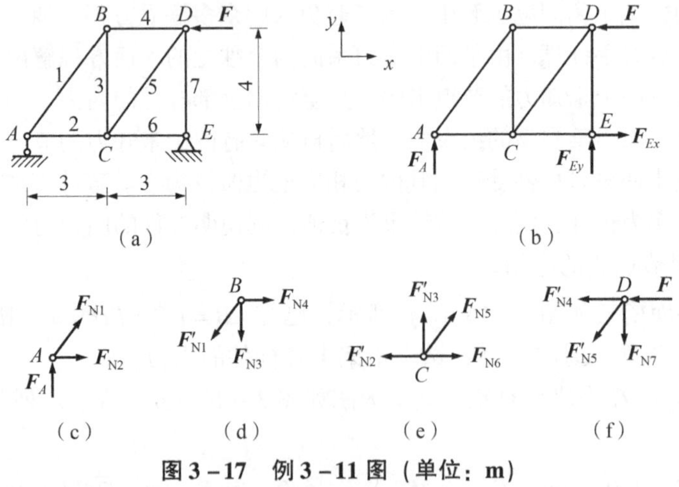

图 3-17　例 3-11 图 (单位：m)

解：(1) 以整体为研究对象，其受力图如图 3-17 (b) 所示。列写平衡方程并解出 A 处的约束力。

$$\sum M_E = 0 \quad \Rightarrow F \times 4 - F_A \times 6 = 0 \quad \Rightarrow F_A = 8\ \text{kN}(\uparrow)$$

（2）以节点 A 为研究对象，其受力图如图3－17（c）所示。列写如下平衡方程并求解。

$$\sum F_y = 0 \quad \Rightarrow F_A + F_{N1} \times \frac{4}{5} = 0 \quad \Rightarrow F_{N1} = -10\ \text{kN}(\text{压杆})$$

$$\sum F_x = 0 \quad \Rightarrow F_{N2} + F_{N1} \times \frac{3}{5} = 0 \quad \Rightarrow F_{N2} = 6\ \text{kN} \quad (\text{拉杆})$$

（3）依次以节点 B，C，D 为研究对象，其受力图分别如图3－17（d）～（f）所示。分别列写如下平衡方程并求解。

对于节点 B，有

$$\sum F_y = 0 \quad \Rightarrow -F'_{N1} \times \frac{4}{5} - F_{N3} = 0 \quad \Rightarrow F_{N3} = 8\ \text{kN}(\text{拉杆})$$

$$\sum F_x = 0 \quad \Rightarrow -F'_{N1} \times \frac{3}{5} + F_4 = 0 \quad \Rightarrow F_4 = -6\ \text{kN}(\text{压杆})$$

对于节点 C，有

$$\sum F_y = 0 \quad \Rightarrow F'_{N3} + F_{N5} \times \frac{4}{5} = 0 \quad \Rightarrow F_{N5} = -10\ \text{kN}(\text{压杆})$$

$$\sum F_x = 0 \quad \Rightarrow -F'_{N2} + F_{N5} \times \frac{3}{5} + F_{N6} = 0 \quad \Rightarrow F_{N6} = 12\ \text{kN}(\text{拉杆})$$

对于节点 D，有

$$\sum F_y = 0 \quad \Rightarrow -F_{N7} - F'_{N5} \times \frac{4}{5} = 0 \quad \Rightarrow F_{N7} = 8\ \text{kN}(\text{拉杆})$$

注意：类似地，可以先由整体的平衡方程求出 F_{Ex} 和 F_{Ey}，再以节点 E 为研究对象进行受力分析并列写平衡方程以验算计算结果是否正确。

从以上两个例子可以看出，各节点上杆件的内力之间在求解过程中存在依赖关系，某一步的计算若存在近似或错误，将会导致后续的计算结果存在进一步近似（误差积累）或错误，这是节点法的一个缺点。

3.4.2 截面法

用一假想截面将平面桁架的部分杆件从中间处截开，将整个桁架分成两部分，取其中一部分为研究对象，截开的每根杆件均以相应的内力代替，则保留部分形成受平面力系作用而保持平衡的直杆系统。由于平面力系有三个独立的平衡方程，所以当被截开的杆件不超过三根（若所取部分有支座约束力，且已通过整体的平衡方程求出支座约束力）时，便可由平衡方程全部解出截断杆件的内力。这种方法称为**截面法**。

在实际应用时，会存在多根杆件连接于一个节点的情况，如果保留部分截断的杆件除了这些杆件之外只有另外一根待求内力的杆件连接于其他节点，则在对该节点列写力矩平衡方程时，这些与该节点相连的杆件的内力均不出现在力矩平衡方程中。同时，保留部分的主动力已知，且支座约束力已事先通过整体的平衡方程求出，这样便可以解出待求杆件的内力。与节点法相比，截面法更为灵活，适用于只需求解部分杆件内力的场合。

下面举例说明截面法的应用。

例3－12 试求图3－18（a）所示桁架中杆件1，2，3的内力。

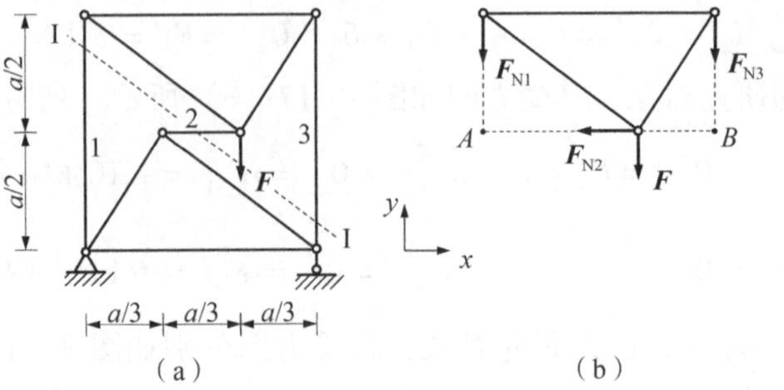

图 3-18 例 3-12 图

解：以Ⅰ-Ⅰ截面截开杆件 1，2，3，取上半部分为研究对象，其受力图如图 3-18（b）所示。列写如下平衡方程并求解。

$$\sum F_x = 0 \quad \Rightarrow F_{N2} = 0$$

$$\sum M_A = 0 \quad \Rightarrow -F\cdot\frac{2}{3}a - F_{N3}\cdot a = 0 \quad \Rightarrow F_{N3} = -\frac{2}{3}F \quad (\text{压杆})$$

$$\sum F_y = 0 \quad \Rightarrow -F - F_{N1} - F_{N3} = 0 \quad \Rightarrow F_{N1} = -\frac{1}{3}F \quad (\text{压杆})$$

或

$$\sum M_B = 0 \quad \Rightarrow F\cdot\frac{1}{3}a + F_{N1}\cdot a = 0 \quad \Rightarrow F_{N1} = -\frac{1}{3}F \quad (\text{压杆})$$

例 3-13 求图 3-19（a）所示桁架中杆件 1，2，3 的内力。

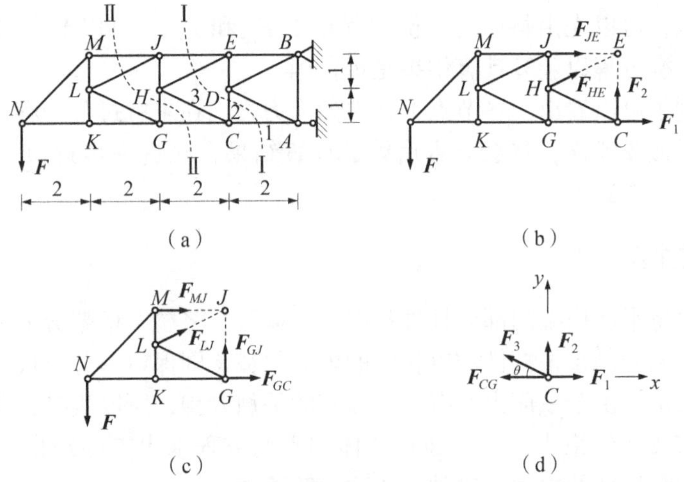

图 3-19 例 3-13 图（单位：m）

解：（1）以Ⅰ-Ⅰ截面截开桁架，取左半部分为研究对象，其受力图如图 3-19（b）所示。列写平衡方程并求解得到杆件 1 的内力。

$$\sum M_E = 0 \quad \Rightarrow F\cdot 6 + F_1\cdot 2 = 0 \quad \Rightarrow F_1 = -3F \quad (\text{压杆})$$

（2）以Ⅱ-Ⅱ截面截开桁架，取左半部分为研究对象，其受力图如图 3-19（c）所示。列写平衡方程并求解得到杆件 GC 的内力。

$$\sum M_J = 0 \quad \Rightarrow F\cdot 4 + F_{GC}\cdot 2 = 0 \quad \Rightarrow F_{GC} = -2F \quad (\text{压杆})$$

（3）以节点 C 为研究对象，其受力图如图 3－19（d）所示。其中 $F_{CG}=F_{GC}$，由图示几何关系有 $\sin\theta=1/\sqrt{5}$，$\cos\theta=2/\sqrt{5}$。列写如下平衡方程并求解，得到杆件 3 和杆件 2 的内力。

$$\sum F_x=0 \quad \Rightarrow F_1-F_{CG}-F_3\cos\theta=0 \quad \Rightarrow F_3=-\frac{\sqrt{5}}{2}F \quad （压杆）$$

$$\sum F_y=0 \quad \Rightarrow F_2+F_3\sin\theta=0 \quad \Rightarrow F_2=\frac{1}{2}F \quad （拉杆）$$

例 3－13 表明截面法的关键是找到合适的假想截面截开某些杆件，具有一定的技巧性。此例题还表明，在复杂桁架平衡分析中可综合应用截面法和节点法。

3.4.3　零力杆

在桁架中，某些杆件由于分布和受力的原因，会出现其内力为零的情况，这些内力为零的杆件称为**零力杆**或**零杆**。事先识别桁架中的零力杆能够简化其他杆件的内力的计算。以下情况中的某些杆件为零力杆。

（1）节点仅连接两根不共线的杆件，且该节点无外力作用，则这两根杆件均为零力杆，如图 3－20（a）所示。

（2）节点仅连接两根不共线的杆件，且该节点只受到与其中一根杆件共线的外力作用，则另一根杆件为零力杆，如图 3－20（b）所示。

（3）节点连接三根杆件，且其中两根杆件共线，则当该节点无外力作用时，第三根杆件为零力杆，如图 3－20（c）所示。

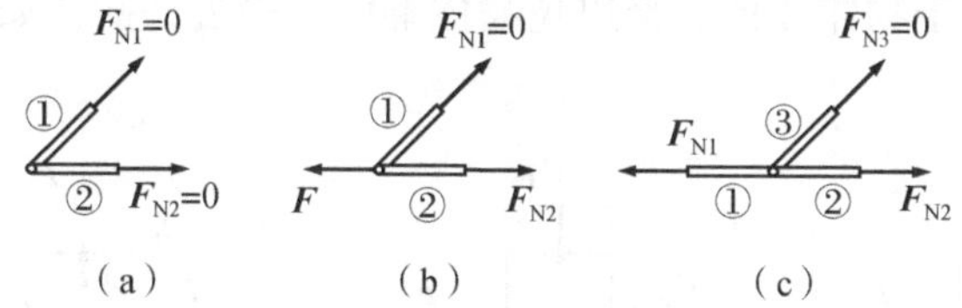

图 3－20　零力杆的情形

请读者利用节点法自行验证上述结论。

需要注意，某些桁架中的零力杆仅在已知确定的外力作用下是不受力的，而在工程实际中，外力会受到意外干扰而发生变化，可能导致原来的零力杆的内力不再为零，如果去掉这些杆件，桁架将变为可运动的机构而失去承载能力，或主动力必须满足某种条件才能保持平衡。因此，零力杆是维持桁架的稳定性不可或缺的部分，不可以去掉。

例 3－14　根据上述零力杆的情形可判断图 3－21 所示桁架中标记“0”的杆件为零力杆。

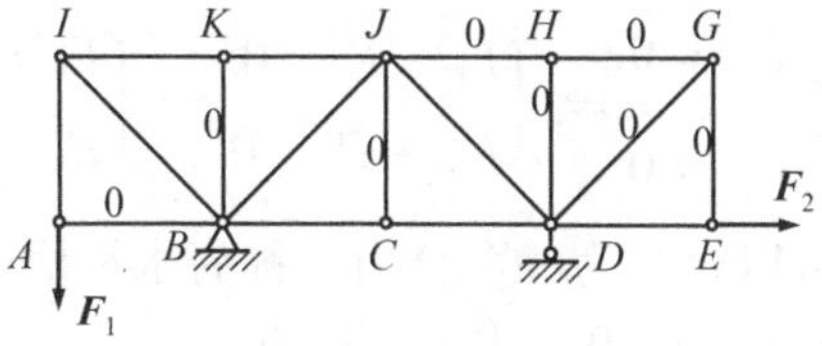

图 3－21　例 3－14 图

3.5 考虑摩擦时物体平衡问题

在前面章节中所提到的很多约束是把物体之间的接触面视为绝对光滑的，如光滑面约束、光滑圆柱铰链约束等，即忽略了物体间的摩擦。在很多工程问题中，当接触面比较光滑或经过良好的润滑，且摩擦力为次要因素时，这是合理、有效的简化处理。事实上，接触面之间或多或少会存在摩擦，摩擦现象在不同的问题中，或有利（如人通过地面提供的摩擦力行走，皮带通过摩擦力传递动力，车辆通过摩擦力起动、行驶和制动），或有弊（如摩擦生热导致能量损耗、摩擦导致接触面的磨损）。因此，为了掌握摩擦的规律，利用其有利的一面规避或减少不利的一面的影响，有必要研究摩擦现象对物体平衡或运动的影响。

摩擦是一个复杂的现象，涉及接触面的局部变形、表面物理乃至化学等许多问题，本书不过多涉及摩擦机理的研究，而仅从实际应用的角度，介绍摩擦力的一些宏观性质。

3.5.1 滑动摩擦力及其性质

当两个相互以非光滑面接触的物体在外力作用下，沿其接触面有相对滑动或滑动趋势时，物体之间会产生阻碍这种滑动或滑动趋势、沿着接触面公切线方向的约束力，称为**滑动摩擦力**。两个物体之间未产生相对滑动而只有滑动趋势时的摩擦力称为**静滑动摩擦力**；两个物体之间产生相对滑动时的摩擦力称为**动滑动摩擦力**。

下面通过研究放置于粗糙水平面上、受水平主动力 $\boldsymbol{F}$ 作用的物体 A 来说明摩擦力的一些性质，其中力 $\boldsymbol{F}$ 作用于物体 A 的底部以免物体翻倒而失去平衡，如图 3－22 所示。

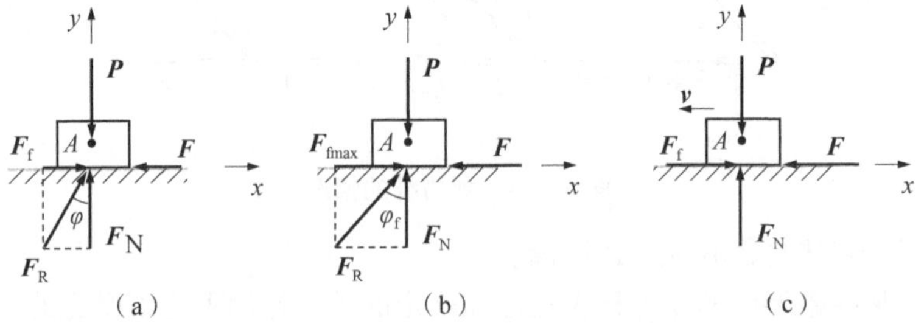

图 3－22 摩擦力的性质

物体 A 受到其自身的重力 $\boldsymbol{P}$、水平主动力 $\boldsymbol{F}$ 以及水平面施加的法向约束力 $\boldsymbol{F}_{\mathrm{N}}$、滑动摩擦力 $\boldsymbol{F}_{\mathrm{f}}$ 的作用，四个力形成汇交力系。

当主动力 $\boldsymbol{F}$ 的值较小时，物体 A 将产生相对于水平面的滑动趋势，但能够保持平衡，如图 3－22（a）所示，由平衡方程可以求得 $\boldsymbol{F}_{\mathrm{N}}$ 和 $\boldsymbol{F}_{\mathrm{f}}$。

$$\begin{cases}\sum F_x = 0\\ \sum F_y = 0\end{cases} \Rightarrow \begin{cases}F_{\mathrm{f}} - F = 0\\ F_{\mathrm{N}} - P = 0\end{cases} \Rightarrow \begin{cases}F_{\mathrm{f}} = F\\ F_{\mathrm{N}} = P\end{cases} \tag{3－15}$$

水平面提供的 $\boldsymbol{F}_{\mathrm{N}}$ 和 $\boldsymbol{F}_{\mathrm{f}}$ 可以合成为一个合力，称为水平面的全约束力 $\boldsymbol{F}_{\mathrm{R}}$。$\boldsymbol{F}_{\mathrm{R}}$ 和接触面的公法线（即 $\boldsymbol{F}_{\mathrm{N}}$ 的方向）间的夹角用 φ 表示，则有

$$F_{\mathrm{f}} = F_{\mathrm{N}}\tan\varphi \tag{3－16}$$

逐渐增大主动力 $\boldsymbol{F}$ 的值，使物体 A 处于将动而未动的临界状态，此时物体有相对滑动

趋势，但仍然保持平衡，摩擦力的值达到了最大值，$\boldsymbol{F}_R$ 和接触面的公法线间的夹角也达到最大值 φ_f，如图 3－22（b）所示，仍可由与式（3－15）相同的平衡方程求得 $\boldsymbol{F}_N$ 和 $\boldsymbol{F}_{fmax}$，有

$$F_N = P, F_{fmax} = F, F_{fmax} = F_N \tan\varphi_f \tag{3-17}$$

试验表明 φ_f 的值只与接触面处两个物体的材料以及表面性质（如粗糙程度、湿度、温度等）有关，而与物体所受的主动力无关，称 φ_f 为**摩擦角**。由此定义**静滑动摩擦因数**为

$$f_s = \tan\varphi_f \tag{3-18}$$

库仑（1736—1806 年）研究总结了前人的试验和理论，又进一步做了大量的试验，得到**库仑摩擦定律**，其中最大静滑动摩擦力的表达式为

$$F_{fmax} = f_s F_N \tag{3-19}$$

即两物体间的最大静滑动摩擦力与法向约束力成正比。

继续增大主动力 $\boldsymbol{F}$ 的值，使其大于 F_{fmax}，水平方向上的力将无法保持平衡，物体 A 将相对于水平面产生滑动，如图 3－22（c）所示，此时的摩擦力为动滑动摩擦力。试验表明，动滑动摩擦力与法向约束力之间关系为

$$F_f = f' F_N \tag{3-20}$$

其中，f' 称为**动滑动摩擦因数**。和 f_s 一样，f' 只与接触面的材料和表面性质有关。在一般情况下，动滑动摩擦因数 f' 略小于静滑动摩擦因数 f_s。不同材料间的摩擦因数需通过试验的方法测定，可查阅相关工程手册获得。表 3－1 给出了常用材料的滑动摩擦因数。

表 3－1　常用材料的滑动摩擦因数

材料名称	静滑动摩擦因数（f_s）		动滑动摩擦因数（f'）	
	无润滑	有润滑	无润滑	有润滑
钢—钢	0.15	0.10～0.20	0.15	0.05～0.10
钢—铸铁	0.30		0.18	0.05～0.15
钢—青铜	0.15	0.10～0.15	0.15	0.10～0.15
铸铁—皮革	0.30～0.50	0.15	0.60	0.15
木材—木材	0.40～0.60	0.10	0.20～0.50	0.07～0.15

在图 3－22（a）和（b）所示的情况下，全约束力 $\boldsymbol{F}_R$、物体自身的重力 $\boldsymbol{P}$ 和水平主动力 $\boldsymbol{F}$ 构成三力平衡，因此 $\boldsymbol{P}$ 和 $\boldsymbol{F}$ 的合力的作用线与 $\boldsymbol{F}_R$ 的作用线重合，即平衡时主动力的合力与公法线的夹角满足

$$\varphi \leqslant \varphi_f \tag{3-21}$$

此时无论主动力的合力多大，水平面总是可以提供足够的法向约束力和静滑动摩擦力，使物体保持平衡，这种现象称为摩擦**自锁现象**。反之，若主动力的合力与公法线的夹角满足 $\varphi > \varphi_f$，则物体将与水平面之间产生滑动而失去平衡。因此，将式（3－21）称为物体的**自锁条件**，也称为**有摩擦时物体平衡的几何条件**。

可利用图 3－23 所示装置测量两种接触面的滑动摩擦因数，其中斜面可绕固定水平轴转动。当斜面处于某个角度，其上物块处于平衡状态时，对物块做受力分析可知，斜面对物块

的法向约束力 $\boldsymbol{F}_N$ 与摩擦力 $\boldsymbol{F}_f$ 的合力 $\boldsymbol{F}_R$ 应与物块的重力 $\boldsymbol{G}$ 平衡，即 $\boldsymbol{F}_R$ 沿铅垂向上方向。测量时，逐渐抬高斜面，使物块达到将要滑动的临界平衡状态，此时斜面对物块的摩擦力达到最大静滑动摩擦力，记下斜面与水平面间的夹角 φ_1。此时 $\boldsymbol{F}_R$ 与法向约束力 $\boldsymbol{F}_N$ 的夹角即摩擦角 φ_f，由图示几何关系可知 $\varphi_f=\varphi_1$，从而得到静滑动摩擦因数 $f_s=\tan\varphi_f=\tan\varphi_1$。当斜面的倾角 $\varphi\leqslant\varphi_f$ 时，物块能够实现自锁。这种形式的自锁在螺纹设计上有所应用。为了保证螺母和螺杆在拧紧时不会自动松弛，要求螺纹沿着螺杆轴线的升角应小于摩擦角，如图 3－24 所示。生活中用于支撑汽车等重物的螺旋千斤顶（图 3－25）就是基于摩擦自锁的原理。

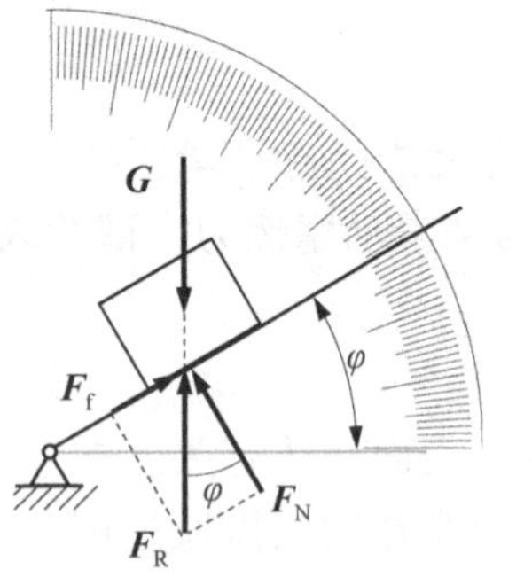

图 3－23　滑动摩擦因数的测量

图 3－24　螺纹自锁

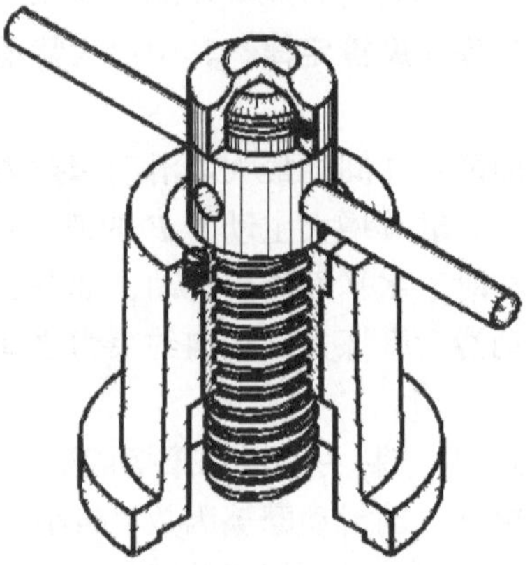
图 3－25　螺旋千斤顶

综上所述，可得出关于不同情况下的滑动摩擦力的一些性质。

（1）物体之间无相对滑动且均处于静止状态时，摩擦力为静滑动摩擦力，其值可由物体的平衡方程确定，且有关系

$$|F_f|\leqslant F_{fmax}=f_sF_N \tag{3-22}$$

当物体处于将滑动而未滑动的临界状态时，不等式取等号。式（3－22）称为**有摩擦时物体平衡的物理条件**。该式中的绝对值符号表示静滑动摩擦力有两个方向的可能，对应物体之间两种相反方向的相对运动趋势；若物体之间只有一个可以事先确定方向的相对运动趋势，则 $\boldsymbol{F}_f$ 按正确方向画出，需要将式（3－22）中的绝对值符号去掉，F_f 为其大小。

（2）当物体之间有相对滑动时，摩擦力为动滑动摩擦力，其大小由物理关系 $F_f=f'F_N$ 确定，方向与相对运动方向相反。

3.5.2　有摩擦时物体的平衡条件

当考虑有摩擦时物体平衡问题时，除了要满足静力学平衡方程之外，滑动摩擦力还必须满足其物理关系［式（3－22）］或式（3－21）。因此，求解有摩擦时物体平衡问题时，若两物体在有摩擦处存在两种相对运动趋势，则首先假设其中的滑动摩擦力的某个指向，代入平衡方程求出有摩擦处的滑动摩擦力和法向约束力的值，然后将二者代入有摩擦时的物理关系［式（3－22）］以确定平衡时主动力须满足的条件。

下面举例说明有摩擦力时物体平衡问题的求解。

例 3－15　如图 3－26（a）所示，粗糙斜面上放置一重量为 $G=100$ N 的物块，已知物块与斜面间的静摩擦因数 $f_s=0.3$，斜面倾角为 30°。试求欲使物块不产生滑动，应加多大的

水平力 $\boldsymbol{F}$。

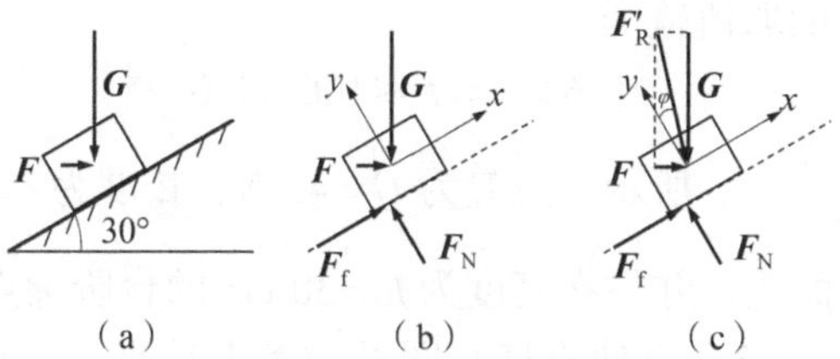

图3-26　例3-15图

解：（1）解析法。

以物块为研究对象，因 $\tan 30° > f_s$，所以若 F 太小，则物块将下滑，而若 F 太大，则物块将上滑。假设物块有下滑趋势，其受力图如图3-26（b）所示，并选择图示坐标轴，列写平衡方程：

$$\begin{cases}\sum F_x = 0\\ \sum F_y = 0\end{cases} \Rightarrow \begin{cases}F\cos 30° - G\sin 30° + F_f = 0\\ -F\sin 30° - G\cos 30° + F_N = 0\end{cases}$$

求得

$$F_f = \frac{1}{2}(G - \sqrt{3}F),\ F_N = \frac{1}{2}(\sqrt{3}G + F)$$

将二者代入有摩擦物体平衡的物理条件

$$|F_f| \leqslant f_s F_N$$

得

$$|G - \sqrt{3}F| \leqslant f_s(\sqrt{3}G + F)$$

即

$$-f_s(\sqrt{3}G + F) \leqslant G - \sqrt{3}F \leqslant f_s(\sqrt{3}G + F)$$

解此不等式，得

$$\frac{1 - \sqrt{3}f_s}{\sqrt{3} + f_s}G \leqslant F \leqslant \frac{1 + \sqrt{3}f_s}{\sqrt{3} - f_s}G$$

将 $G = 100\ \text{N}$，$f_s = 0.3$ 代入，即得 F 的取值范围为

$$23.64\ \text{N} \leqslant F \leqslant 106.11\ \text{N}$$

（2）几何法。

设物块所受主动力 $\boldsymbol{F}$ 和 $\boldsymbol{G}$ 的合力为 $\boldsymbol{F}'_R$，其与斜面的法向（y 轴）的夹角为 φ，如图3-26（c）所示。φ 满足

$$\tan\varphi = \left|\frac{F_{Rx}}{F_{Ry}}\right| = \frac{|G\sin 30° - F\cos 30°|}{G\cos 30° + F\sin 30°} = \frac{|G - \sqrt{3}F|}{\sqrt{3}G + F}$$

由摩擦自锁的几何条件

$$\varphi \leqslant \varphi_f$$

即有

$$\tan\varphi \leqslant \tan\varphi_f = f_s$$

于是有

$$|G-\sqrt{3}F| \leqslant f_s(\sqrt{3}G+F)$$

解此不等式，同样得到 F 的取值范围为

$$23.64\ \text{N} \leqslant F \leqslant 106.11\ \text{N}$$

例 3－16 如图 3－27（a）所示，重量为 $G=45$ N、长度为 $l=\dfrac{250}{3}$cm 的均质直杆 AD 的杆端 A 放置于粗糙水平地面上，并靠在高度为 $h=30$ cm 的台阶尖点 B 上，已知直杆与地面、台阶的静摩擦因数均为 $f_s=1/3$，欲使直杆在图示位置保持平衡，试求在 A 端能施加的水平向左的力 $\boldsymbol{F}$ 的取值范围。

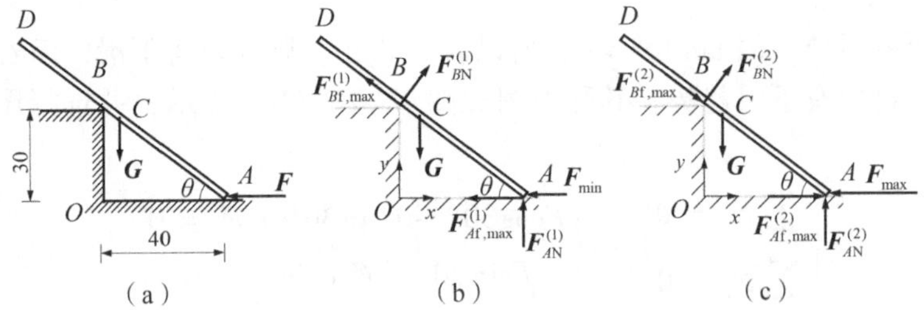

图 3－27 例 3－16 图（单位：cm）

解：（1）以直杆 AD 为研究对象。显然，当 $\boldsymbol{F}$ 不够大时，点 A 将向右滑动，而当 $\boldsymbol{F}$ 太大时，点 A 将向左滑动。假设直杆 AD 于图示位置处于平衡状态，$\boldsymbol{F}$ 的取值范围为 $F_{min} \leqslant F \leqslant F_{max}$。下面分别确定 F_{min} 和 F_{max}。

（2）当 $F=F_{min}$ 时，直杆 AD 处于临界平衡状态，如图 3－27（b）所示。此时 A 端有沿水平地面向右运动的趋势，其所受地面的摩擦力方向与之相反，即水平向左；而由直杆的整体运动趋势可以判断直杆上与台阶尖点 B 接触的点有沿台阶与直杆的公切线向下运动的趋势。由运动趋势的相容性知，直杆在台阶尖点 B 处所受摩擦力沿直杆斜向上。直杆 AD 的受力图如图 3－27（b）所示。

$$\sum M_A = 0 \Rightarrow -F_{BN}^{(1)} \times 50 + G \times \left(\frac{1}{2} \cdot \frac{250}{3} \times \frac{4}{5}\right) = 0 \quad \Rightarrow F_{BN}^{(1)} = \frac{2}{3}G = 30\ \text{N}$$

故

$$F_{Bf,max}^{(1)} = f_s \cdot F_{BN}^{(1)} = \frac{1}{3} \times 30 = 10\ \text{N}$$

$$\sum F_y = 0 \Rightarrow F_{Bf,max}^{(1)}\sin\theta + F_{BN}^{(1)}\cos\theta + F_{AN}^{(1)} - G = 0 \quad \Rightarrow F_{AN}^{(1)} = 15\ \text{N}$$

于是，

$$F_{Af,max}^{(1)} = f_s \cdot F_{AN}^{(1)} = 5\ \text{N}$$

$$\sum F_x = 0 \Rightarrow -F_{Bf,max}^{(1)}\cos\theta + F_{BN}^{(1)}\sin\theta - F_{Af,max}^{(1)} - F_{min} = 0$$

$$\Rightarrow F_{min} = \left(-10 \times \frac{4}{5} + 30 \times \frac{3}{5} - 5\right) = 5\ \text{N}$$

（3）当 $F=F_{max}$ 时，直杆 AD 处于临界平衡状态，如图 3－27（c）所示。此时 A 端所受摩擦力水平向右。由运动趋势的相容性知，直杆在台阶尖点 B 处所受摩擦力沿直杆斜向下。直杆 AD 的受力图如图 3－27（c）所示。

$$\sum M_A = 0 \Rightarrow -F_{BN}^{(2)} \times 50 + G \times \left(\frac{1}{2} \cdot \frac{250}{3} \times \frac{4}{5}\right) = 0 \quad \Rightarrow F_{BN}^{(2)} = \frac{2}{3}G = 30\ \text{N}$$

故

$$F_{Bf,\max}^{(2)}=f_s\cdot F_{BN}^{(2)}=\frac{1}{3}\times 30=10\ \text{N}$$

$$\sum F_y=0\Rightarrow -F_{Bf,\max}^{(2)}\sin\theta+F_{BN}^{(2)}\cos\theta+F_{AN}^{(2)}-G=0\quad\Rightarrow F_{AN}^{(2)}=27\ \text{N}$$

故

$$F_{Af,\max}^{(2)}=f_s\cdot F_{AN}^{(2)}=9\ \text{N}$$

$$\sum F_x=0\Rightarrow F_{Bf,\max}^{(2)}\cos\theta+F_{BN}^{(2)}\sin\theta+F_{Af,\max}^{(2)}-F_{\max}=0$$

$$\Rightarrow F_{\max}=\left(10\times\frac{4}{5}+30\times\frac{3}{5}-9\right)=35\ \text{N}$$

注意，此类一个刚体在两处有摩擦的问题的处理，当刚体处于临界平衡状态时，两处摩擦力均达到各自的最大静摩擦力，此时，在每一有摩擦处都有补充方程 $F_{\text{fmax}}=f_sF_N$，摩擦力的方向则由刚体上各点运动趋势的相容性确定，再结合静力学平衡方程完成求解。

本章小结

本章介绍了平面力系平衡的条件、平衡方程及其在刚体（系）、桁架等方面的应用，还讨论了有摩擦时物体平衡问题，包括以下内容。

(1) 平面任意力系平衡的充要条件是：力系的主矢 $\boldsymbol{F}_R=\boldsymbol{0}$ 和力系对任意点 A 之主矩 $M_A=0$。

(2) 平面任意力系的平衡方程如下。

一矩式（基本形式）：

$$\begin{cases}\sum F_x=0\\ \sum F_y=0\\ \sum M_A=0\end{cases}\quad (x\text{ 轴和 } y\text{ 轴不平行})$$

两矩式：

$$\begin{cases}\sum F_x=0\\ \sum M_A=0\\ \sum M_B=0\end{cases}\quad (x\text{ 轴与 } A,\ B\text{ 两点的连线不垂直})$$

三矩式：

$$\begin{cases}\sum M_A=0\\ \sum M_B=0\\ \sum M_C=0\end{cases}\quad (A,\ B,\ C\text{ 三点不共线})$$

(3) 特殊力系的平衡方程如下。

平面汇交力系：

$$\begin{cases}\sum F_x=0\\ \sum F_y=0\end{cases}\quad (x\text{ 轴和 } y\text{ 轴不平行})$$

平面平行力系：

$$\begin{cases} \sum F_y = 0 \\ \sum M_A = 0 \end{cases} \quad (y\text{ 轴与各力不垂直})$$

平面力偶系：

$$\sum M_i = 0$$

（4）静定与静不定的概念。

设独立的平衡方程的个数为 n_E，未知量的个数为 n_F，则问题可划分如下：当 $n_E = n_F$ 时为静定问题；当 $n_E < n_F$ 时为静不定问题（或超静定问题）；当 $n_E > n_F$ 时为有条件的平衡问题。

（5）计算桁架内力的方法有两种：节点法和截面法。

（6）有摩擦时物体平衡问题。

求解有摩擦时物体平衡问题需要考虑：①平衡方程；②有摩擦时物体平衡的物理条件：解析法时 $|F_f| \leqslant F_{\text{fmax}} = f_s F_N$ 或几何法时 $\varphi \leqslant \varphi_f$。

习　题

3－1　图 3－28 所示为四种方式的光滑三角支架，在点 C 处悬挂一重量为 $G = 20$ kN 的物体，若不计摩擦和其余物体的自重，试求 AC，BC 两杆所受的力。

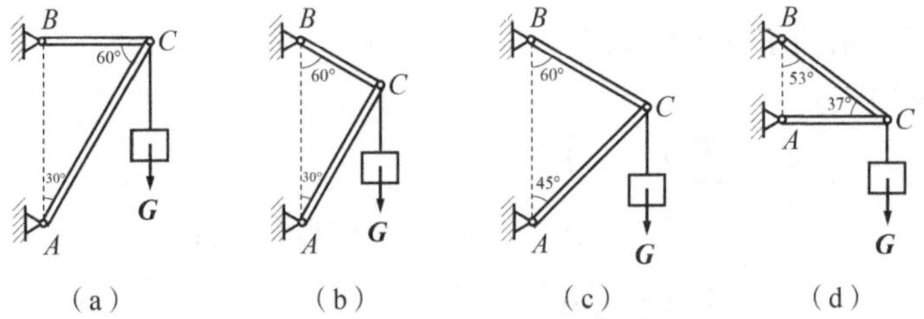

图 3－28　习题 3－1 图

3－2　在图 3－29 所示简易拔桩装置中，AB 和 AC 是绳索，二者连接于点 A，B 端系在固定支架上，C 端连接于桩上。当 $F = 5$ kN，$\theta = 10°$时，试求绳索 AB 和 AC 的张力。

3－3　图 3－30 所示起重机由杆 BC，AC 和定滑轮 C，D 组成，现通过绕过定滑轮 C，D 的钢丝绳匀速吊起重量为 $G = 20$ kN 的物体，若不计摩擦和钢丝绳的自重并忽略滑轮的尺寸，试求 AC，BC 两杆所受的力。

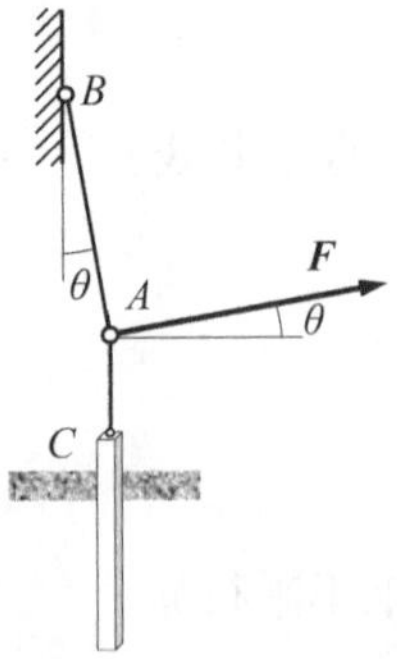

图 3－29　习题 3－2 图

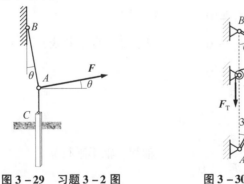

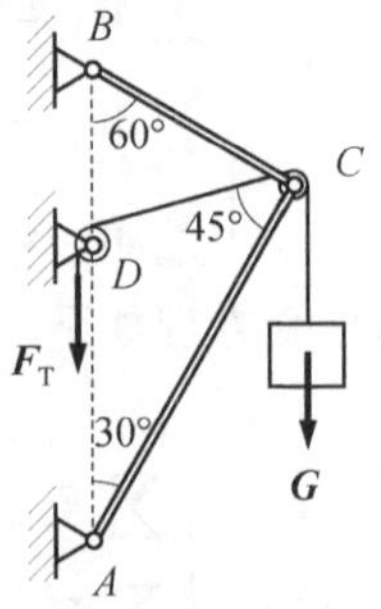

图 3－30　习题 3－3 图

3－4　图 3－31 所示吊桥 AB，长为 l，重量为 W（作用于吊桥中点处），A 端受到固定铰支座约束，B 端通过绕过定滑轮 O 的绳索与重量为 P 的重物相连，点 O 在点 A 的正上方，且$AO=AB$。试求平衡时吊桥与铅垂线的夹角 θ 和 A 处的约束力。

3－5　如图 3－32 所示，长为 $2l$ 的等截面、细长、均质筷子放在半径为 r 的半球形碗内，已知筷子的重量为 P。若不计摩擦，试求筷子一端在碗内，另一端在碗外，且筷子处于平衡状态时，筷子与水平面的夹角 φ。

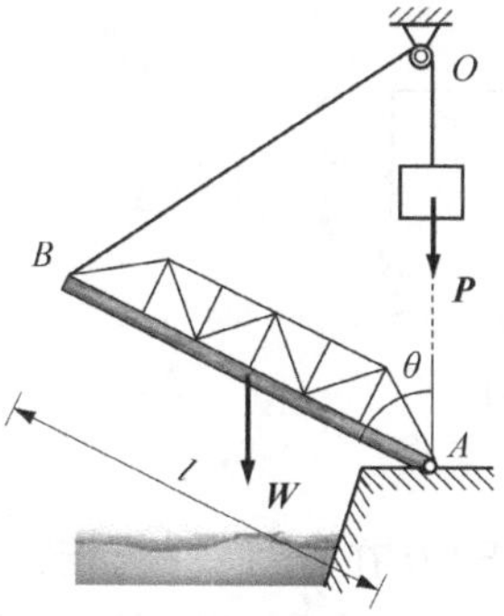

图 3－31　习题 3－4 图

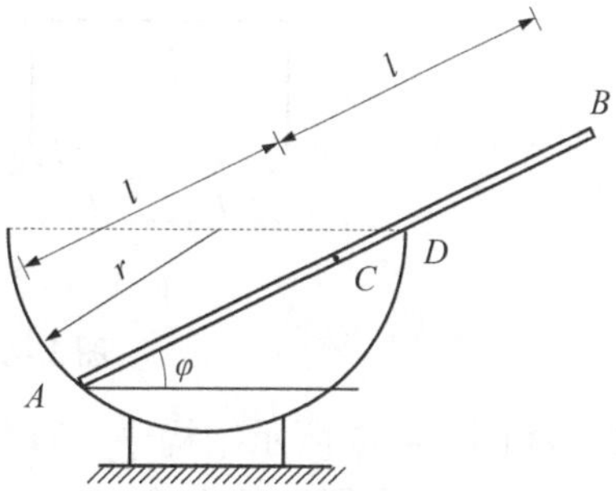

图 3－32　习题 3－5 图

3－6　简支梁 AB 所受载荷和支承情况如图 3－33 所示，试求两种情况下的支座 A，B 的约束力。

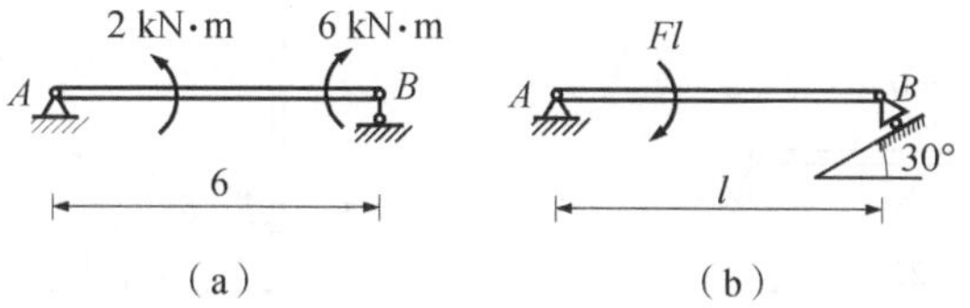

图 3－33　习题 3－6 图（单位：m）

3－7　简支梁 AB 所受载荷如图 3－34 所示，试求两种情况下的支座 A，B 的约束力。

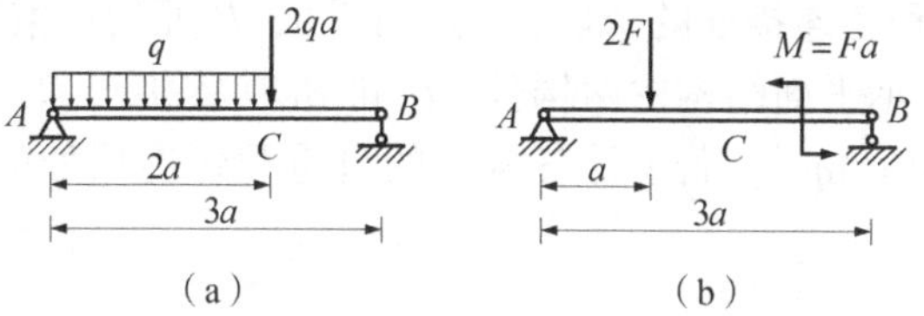

图 3－34　习题 3－7 图

3－8　外伸梁的几何尺寸和所受载荷如图 3－35 所示，已知 $F=qa$，$M=2qa^2$，试求外伸梁在 A，B 处所受到的约束力（自重和摩擦不计）。

3－9　如图 3－36 所示，载荷 $q_1=q$，$q_2=3q$，$F=2\sqrt{3}qa$，$M=4qa^2$，试求直杆 AD 在固定端 A 处所受到的约束力（直杆的自重不计）。

3－10　如图 3－37 所示，三铰拱架由两根直角弯杆组成，受到大小为 F 的主动力作用，若不计自重和摩擦，试求两种情况下支座 A，B 的约束力。

3－11　如图 3－38 所示，半径为 a 的四分之一圆弧杆 AB 与直角弯杆 BCD 铰接，今在杆 BCD 上作用一力偶矩为 M 的力偶。若不计两杆的自重和各连接处的摩擦，试求 A，D 处的约束力。

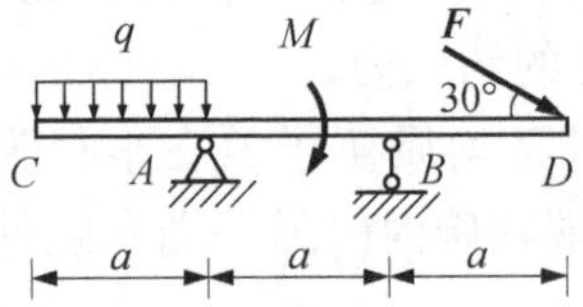

图 3－35　习题 3－8 图

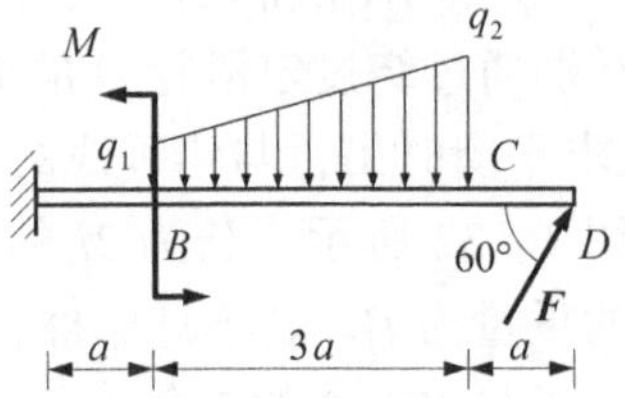

图 3－36　习题 3－9 图

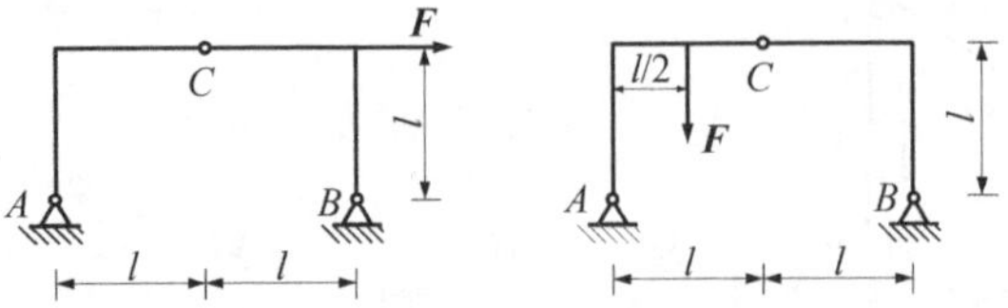

（a）　　　　（b）

图 3－37　习题 3－10 图

3－12　在图 3－39 所示结构中，直角弯杆 AB 与水平杆 BD 在 B 处铰接，已知均布载荷的集度 $q=5$ kN/m，力偶矩的大小 $M=30$ kN·m，各杆尺寸如图所示。若不计各杆件的自重和各连接处的摩擦，试求固定端 A 和活动铰支座 C 处的约束力。

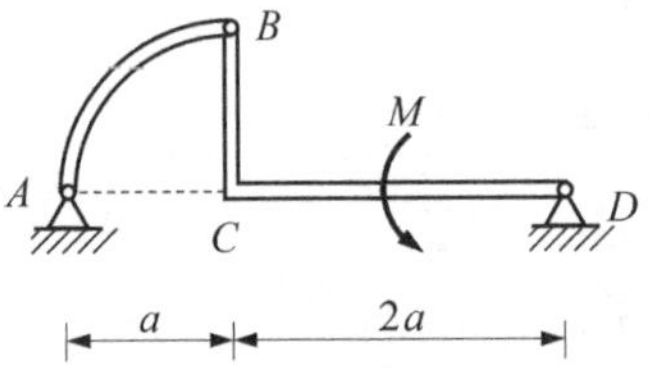

图 3－38　习题 3－11 图

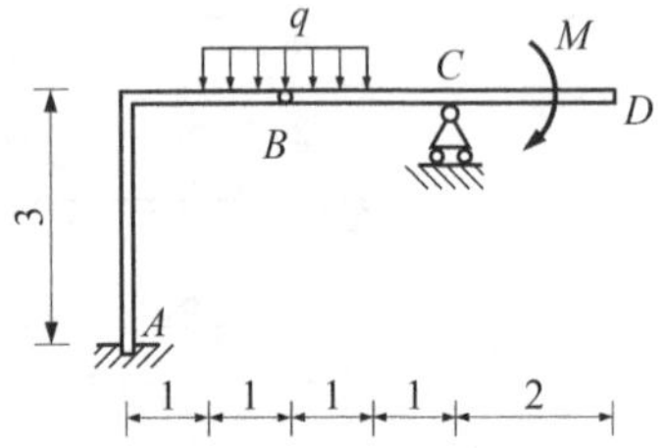

图 3－39　习题 3－12 图（单位：m）

3－13　平面结构的受力和几何尺寸如图 3－40 所示，已知 $F=3ql$，$M=12ql^2$，C 为铰链，若不计构件的自重和各连接处的摩擦，试求 A，B，D 处的约束反力。

3－14　图 3－41 所示平面结构中两构件 AD 和 BCD 铰接于 D，其所受载荷和几何尺寸如图所示，且 $F=qa$，$M=4qa^2$。若不计各构件的自重和各连接处的摩擦，试求平面结构在 A，B 和 C 处的约束力。

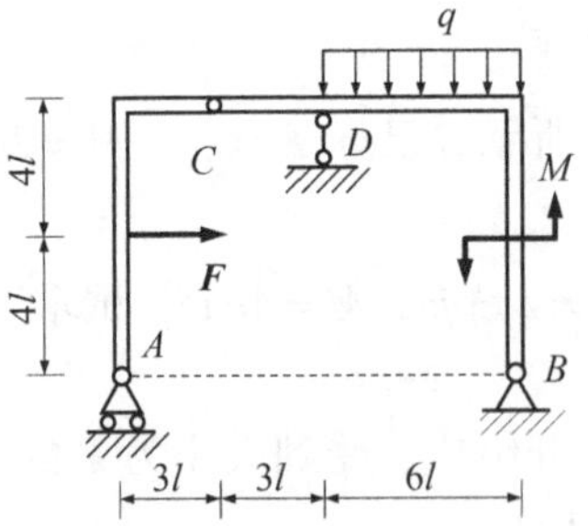

图 3－40　习题 3－13 图

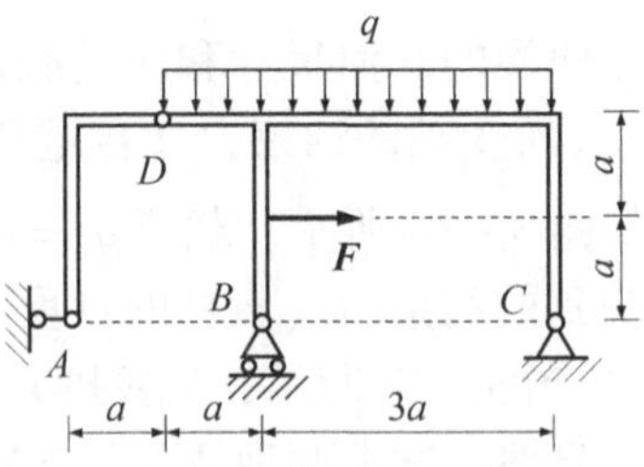

图 3－41　习题 3－14 图

3－15　平面结构由 T 形杆和直杆铰接而成，尺寸和载荷如图 3－42 所示。已知 $F_1=2qa$，$F_2=2\sqrt{3}qa$，$M=qa^2$。若不计各杆件的自重及各连接处的摩擦，试求固定端 A 和滚动支

座 B 处的约束反力。

3－16　图3－43所示铅垂面内构架由曲杆 ABC 与直杆 CD，DE 相互铰接而成，已知 $q=12$ N/m，$M=20$ N·m，$CD\perp DE$。若不计各杆件的自重和各连接处的摩擦，试求固定端 A 处的约束力。

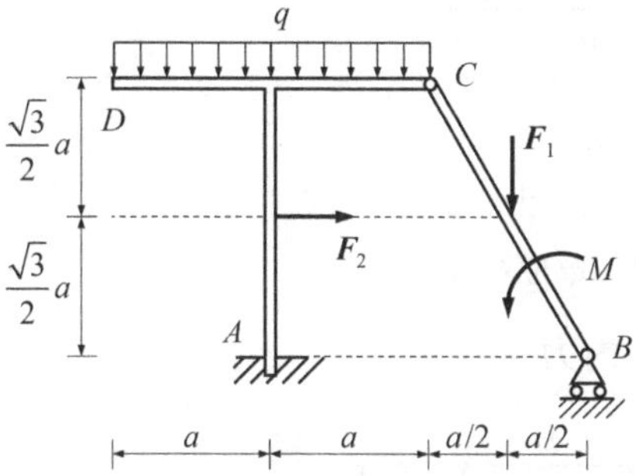

图3－42　习题3－15图

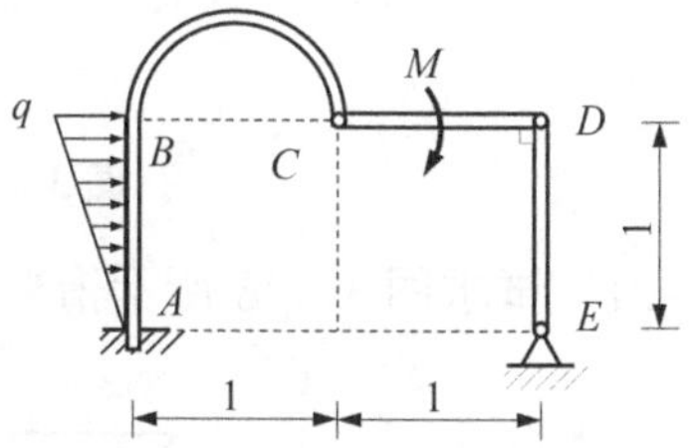

图3－43　习题3－16图（单位：m）

3－17　图3－44所示平面结构由直角弯杆 ABC 和直杆 CD，DE 在接触处相互铰接而成，已知图中 $F=qa$，$M=2qa^2$。若不计各杆件的自重和各连接处的摩擦，试求固定端 A 处的约束力。

3－18　图3－45所示平面结构由三根杆件组成，固连于杆件 AC 的销钉 B 放置于杆件 DE 的直槽内。其中 AB 段受到垂直向上的均布载荷，集度为 q；铰链 C 处受到铅垂向下的力 $\boldsymbol{F}$ 作用，DE 上受到逆时针转向的力偶矩 M 作用，$F=qa$，$M=qa^2/2$。若不计各杆件的自重及各连接处的摩擦，试求支座 A、D 处的约束反力。

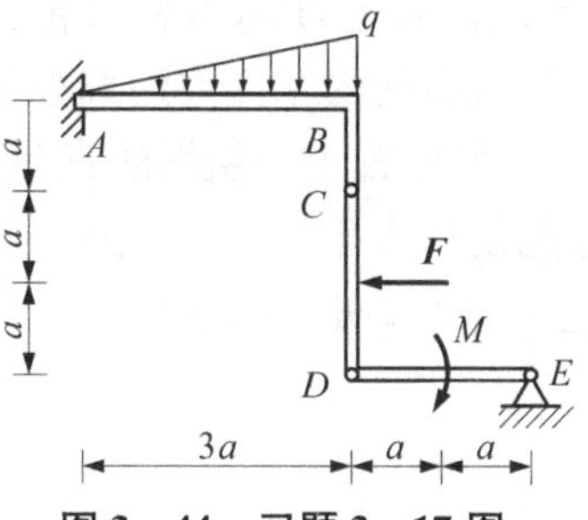

图3－44　习题3－17图

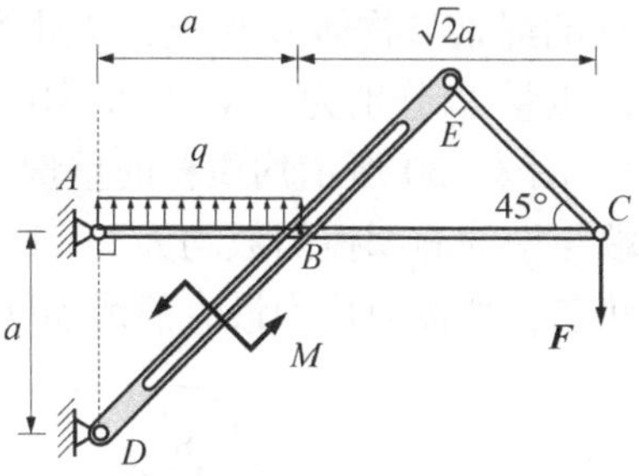

图3－45　习题3－18图

3－19　试求图3－46所示桁架中各杆件的内力。

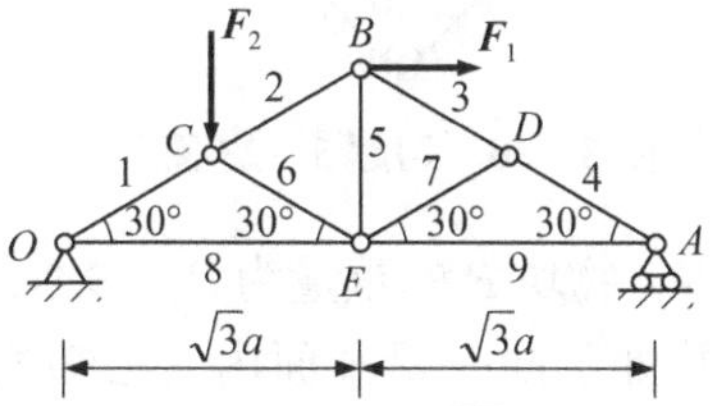

$(F_1=F,\ F_1=\sqrt{3}F)$

（a）

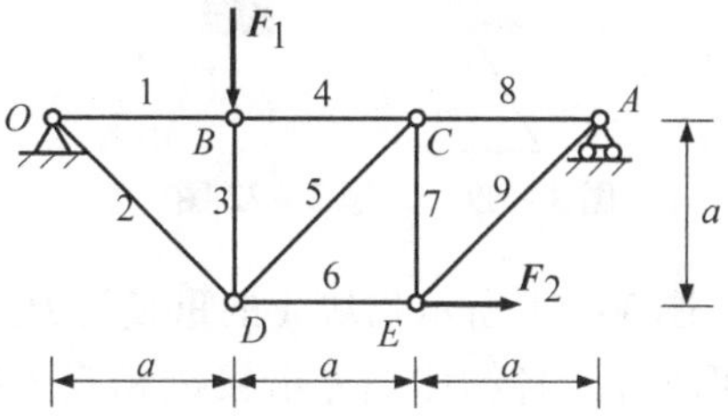

$(F_1=F,\ F_1=\sqrt{3}F)$

（b）

图3－46　习题3－19图

3－20　在图3－47所示平面结构中，已知 $F_1=6\ \text{kN}$，$F_2=4\ \text{kN}$，$F_3=7\ \text{kN}$。若不计各杆件的自重和各连接处的摩擦，试求杆件1，2，3所受的力。

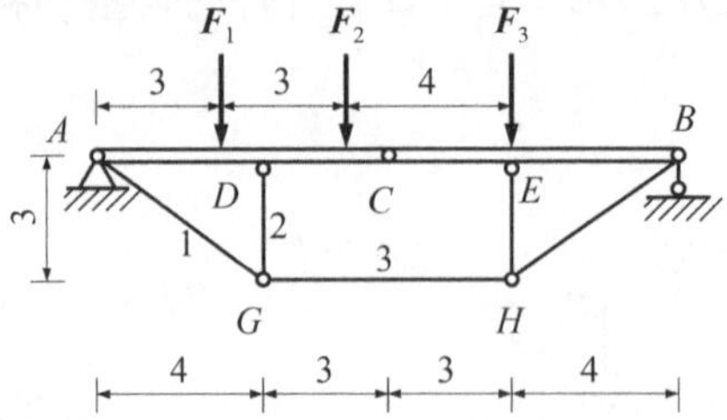

图3－47　习题3－20图（单位：m）

3－21　试求图3－48所示桁架中杆件1和2的内力。

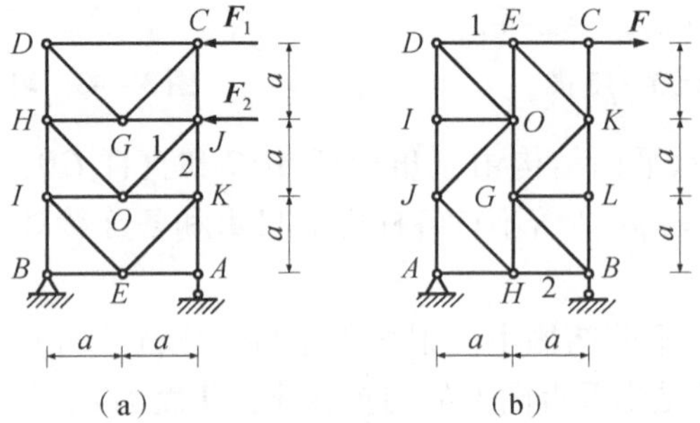

（a）　　（b）

图3－48　习题3－21图

3－22　图3－49所示物体 A 的重量为 $P_1=10\ \text{N}$，与斜面间的摩擦因数 $f=0.4$，通过绕于定滑轮 O 的绳索与物体 B 相连，O 处为光滑固定铰支座。若不计绳索和滑轮的质量，试求物体 B 的重量 P_2 分别为5 N，8 N，10 N时，物体 A 与斜面间的摩擦力的大小与方向。

3－23　图3－50所示均质杆的重量为 P，长为 $2l$，水平放置于一粗糙的直角V形槽内，已知杆两端与槽的静摩擦因数均为 f_s。试求在图示位置能使杆发生滑动（此时 A，B 两处均处于临界状态，摩擦力均为最大静滑动摩擦力）所需施加的力偶矩 M 的值。

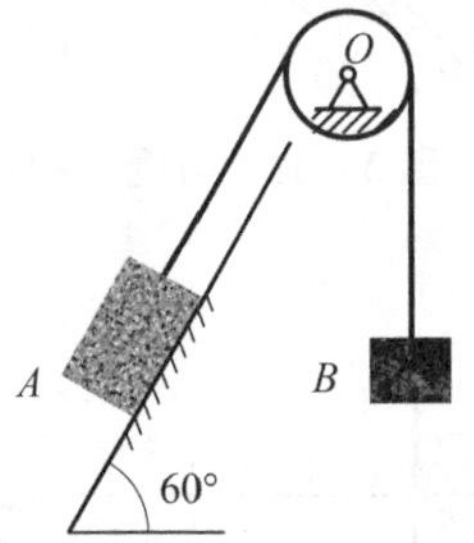

图3－49　习题3－22图

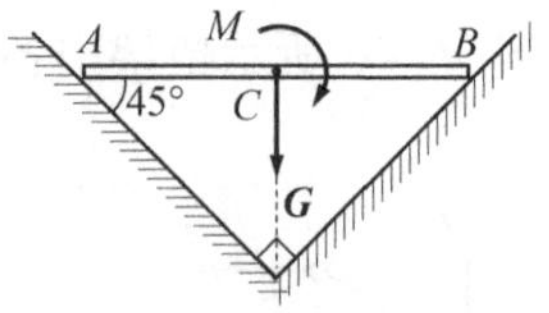

图3－50　习题3－23图

3－24　图3－51所示物块 A 的重量为 $P_A=20\ \text{N}$，物块 B 的重量为 $P_B=9\ \text{N}$，直杆 AC 和 BC 的自重可不计，各物体用光滑铰链相互连接，并处于同一铅垂面内。已知物块 A，B 与接触面间的静摩擦因数均为 $f_s=0.25$，且在图示位置处于平衡状态。试求此时铅垂向下的主动力 $\boldsymbol{F}$ 的大小。

3－25　如图3－52所示，热轧钢机由两个直径为 d 的轧辊构成，两轧辊的缝隙宽度为

a，以相反的转向绕各自中心 O_1，O_2转动，已知烧红的钢板与轧辊之间的摩擦因数为 f，试求该热轧钢机上能压延的钢板厚度 b 的范围（提示：两轧辊对钢板全约束力应保持水平向右，方可使钢板自动被带进两轧辊间的缝隙而得以压延）。

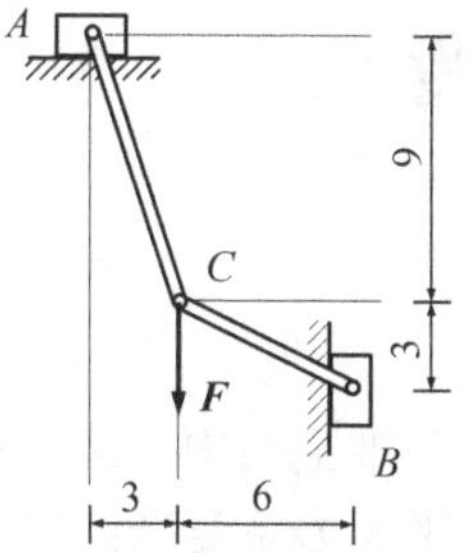

图 3-51　习题 3-24 图（单位：m）

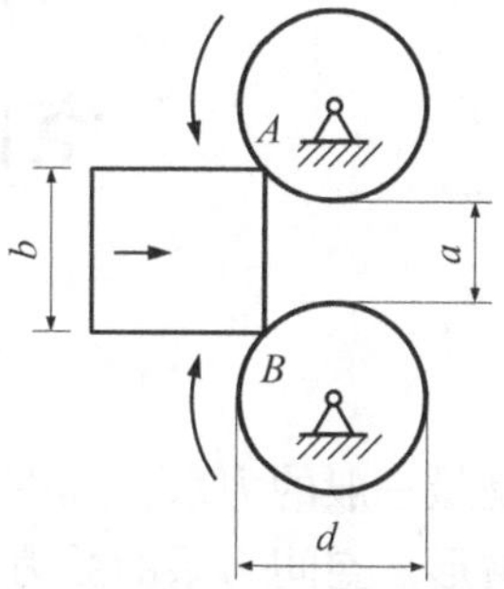

图 3-52　习题 3-25 图

3-26　用图 3-53 所示砖夹子夹持砖头，砖夹子由两个在 B 处铰接的金属构件组成。已知砖夹子与砖头的接触面间的静摩擦因数为 $f_s = 0.5$，忽略砖夹子的自重和 B 处的摩擦，现以图示铅垂向上主动力 $\boldsymbol{F}$ 不滑落地提起重量为 $\boldsymbol{G}$ 的砖块，试求 h（点 B 到砖块所受正压力的作用线的距离）。

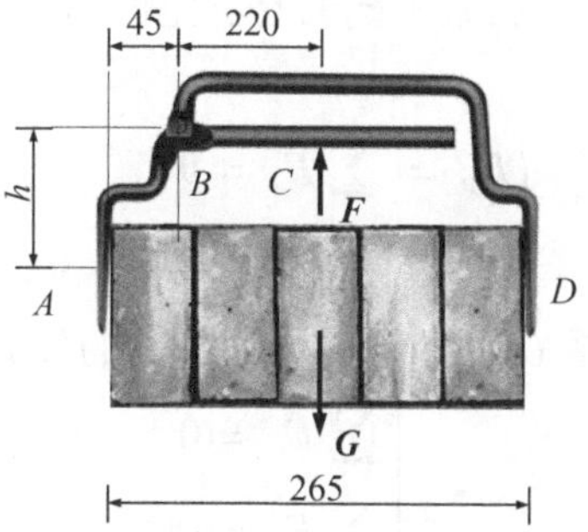

图 3-53　习题 3-26 图（单位：mm）

第4章

空间力系的平衡

空间力系是最一般的力系，其中各力的作用线分布于三维空间中，第3章所介绍的平面力系是其特殊情形。空间力系的受力分析、简化和平衡比平面力系复杂。本章简要介绍空间力系的受力分析、平衡方程及其应用，而空间力系的简化理论可参考其他相关教材。

4.1 空间力系平衡方程

与平面力系平衡的充要条件一样，空间力系平衡的充要条件仍然是**力系的主矢 $\boldsymbol{F}_{\mathrm{R}}$ 和对任一点之主矩 $\boldsymbol{M}_O$ 均为零**。与平面力系不同的是，空间力系的主矢和对点之主矩均为空间矢量。该充要条件的矢量表达式为

$$\begin{cases} \boldsymbol{F}_{\mathrm{R}} = \sum \boldsymbol{F}_i = \boldsymbol{0} \\ \boldsymbol{M}_O = \sum \boldsymbol{M}_O(\boldsymbol{F}_i) = \boldsymbol{0} \end{cases} \tag{4-1}$$

若在点 O 处建立直角坐标系 $Oxyz$，则式（4－1）的代数形式为

$$\begin{cases} \sum F_x = 0 \\ \sum F_y = 0 \\ \sum F_z = 0 \\ \sum M_x = 0 \\ \sum M_y = 0 \\ \sum M_z = 0 \end{cases} \tag{4-2}$$

即空间力系平衡的充要条件为：各力分别在各坐标轴上的投影的代数和为零以及各力分别对各坐标轴之矩的代数和为零。空间力系的六个独立平衡方程［式（4－2）］可以求解6个未知量，式（4－2）是空间力系平衡方程的基本形式。需要说明的是，虽然这6个独立平衡方程是由直角坐标系导出的，但在对具体问题进行求解时，3个投影轴并不需要一定相互垂直，只要3个投影轴方向线性无关即可，也没有必要使矩轴和投影轴相同，可以分别选取适宜的轴为投影轴和矩轴，从而使每个独立平衡方程所包含的未知量最少，以简化计算。

当空间力系满足某种条件而形成空间汇交力系、空间平行力系或空间力偶系时，式（4－2）中的某些独立平衡方程自然成立而失去求解意义，故在这种情况下独立平衡方程的个数少于6。

1. 空间汇交力系

设空间汇交力系的汇交点为点 O，则各力对点 O 之矩必为零，则 $\sum \boldsymbol{M}_O = \mathbf{0}$ 自动成立而失去求解意义，因此平衡方程变为

$$\begin{cases} \sum F_x = 0 \\ \sum F_y = 0 \\ \sum F_z = 0 \end{cases} \tag{4-3}$$

2. 空间平行力系

设直角坐标系 $Oxyz$ 中的 z 轴与空间平行力系中的各力平行，则 $\sum F_x = 0$，$\sum F_y = 0$，$\sum M_z = 0$ 自动成立而失去求解意义，因此平衡方程变为

$$\begin{cases} \sum F_z = 0 \\ \sum M_x = 0 \\ \sum M_y = 0 \end{cases} \tag{4-4}$$

3. 空间力偶系

空间力偶系的主矢自动为零，即有 $\sum F_x = 0$，$\sum F_y = 0$，$\sum F_z = 0$ 自动成立而失去求解意义，因此平衡方程变为

$$\begin{cases} \sum M_x = 0 \\ \sum M_y = 0 \\ \sum M_z = 0 \end{cases} \tag{4-5}$$

综上所述，在一般情况下，空间汇交力系、空间平行力系和空间力偶系的独立平衡方程的个数均为 3。

4.2　空间力系平衡方程的应用

例 4－1　图 4－1（a）所示均质长方形薄板，重量 $P = 200$ N，角 O 通过光滑球铰链与固定墙相连，角 C 通过光滑合页固定于墙上，使角 C 的运动在 x，z 方向受到约束，而在 y 方向不受约束，并用不计质量的钢索 BD 将薄板支持在水平位置上，试求 O、C 处的约束力及钢索 BD 的拉力。

解： 取长方形薄板为研究对象，其受力图如图 4－1（b）所示。为了便于计算，将 $\boldsymbol{F}_{\mathrm{T}}$ 按图示正交分解为 $\boldsymbol{F}_{\mathrm{T}x}$、$\boldsymbol{F}_{\mathrm{T}y}$ 和 $\boldsymbol{F}_{\mathrm{T}z}$，它们的大小分别为

$$F_{\mathrm{T}x} = F_{\mathrm{T}} \cdot \frac{OB}{BD} \cdot \frac{BC}{OB} = F_{\mathrm{T}} \cdot \frac{BC}{BD} = F_{\mathrm{T}} \cdot \frac{2}{\sqrt{2^2+4^2+2^2}} = \frac{1}{\sqrt{6}} F_{\mathrm{T}}$$

$$F_{\mathrm{T}y} = F_{\mathrm{T}} \cdot \frac{OB}{BD} \cdot \frac{AB}{OB} = F_{\mathrm{T}} \cdot \frac{AB}{BD} = F_{\mathrm{T}} \cdot \frac{4}{\sqrt{2^2+4^2+2^2}} = \frac{2}{\sqrt{6}} F_{\mathrm{T}}$$

$$F_{\mathrm{T}z} = F_{\mathrm{T}} \cdot \frac{OD}{BD} = F_{\mathrm{T}} \cdot \frac{2}{\sqrt{2^2+4^2+2^2}} = \frac{1}{\sqrt{6}} F_{\mathrm{T}}$$

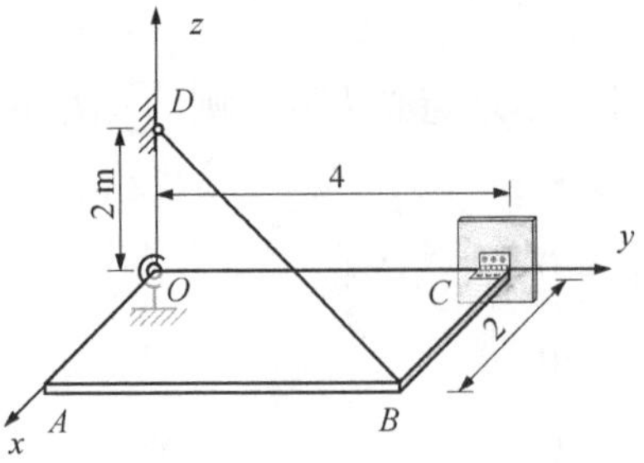

（a）

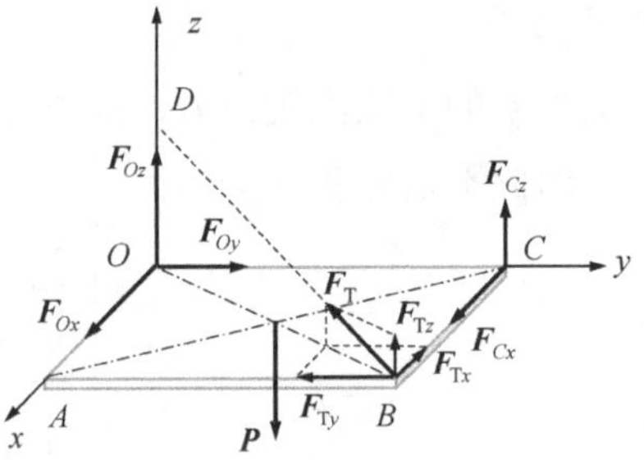

（b）

图4－1　例4－1图（单位：m）

长方形薄板上共有6个未知量，可用空间力系的6个独立的平衡方程进行求解。根据力对轴之矩为零的情况，合适地选择取矩轴，使更多未知力与该轴共面而不出现在所列写的平衡方程中，从而实现快速求解。针对本例，列写如下平衡方程并求解。

$$\sum M_y = 0 \quad \Rightarrow P\cdot\frac{BC}{2} - F_{Tz}\cdot BC = 0 \quad \Rightarrow F_{Tz} = \frac{1}{2}P = 100\ \text{N}$$

于是有

$$F_T = \sqrt{6}F_{Tz} = 100\sqrt{6}\text{N},\ F_{Tx} = \frac{1}{\sqrt{6}}F_T = 100\ \text{N},\ F_{Ty} = \frac{2}{\sqrt{6}}F_T = 200\ \text{N}$$

$$\sum M_x = 0 \quad \Rightarrow -P\cdot\frac{AB}{2} + F_{Tz}\cdot AB + F_{Cz}\cdot AB = 0 \Rightarrow F_{Cz} = \frac{1}{2}P - F_{Tz} = 0$$

$$\sum M_z = 0 \quad \Rightarrow -F_{Cx}\cdot OC = 0 \qquad \Rightarrow F_{Cx} = 0$$

$$\sum F_x = 0 \quad \Rightarrow F_{Ox} - F_{Tx} + F_{Cx} = 0 \qquad \Rightarrow F_{Ox} = F_{Tx} = 100\ \text{N}$$

$$\sum F_y = 0 \quad \Rightarrow F_{Oy} - F_{Ty} = 0 \qquad \Rightarrow F_{Oy} = F_{Ty} = 200\ \text{N}$$

$$\sum F_z = 0 \quad \Rightarrow F_{Oz} + F_{Tz} + F_{Cz} - P = 0 \qquad \Rightarrow F_{Oz} = P - F_{Tz} - F_{Cz} = 100\ \text{N}$$

讨论：注意到仅$\boldsymbol{F}_{Cz}$不与OB轴相交，因此由$\sum M_{OB} = 0$，立即得到$F_{Cz}=0$；注意到只有$\boldsymbol{F}_{Oz}$不与BC轴相交或平行，也可由$\sum M_{BC} = 0$，立即得到$F_{Oz}=100$ N。

例4－2　图4－2（a）所示重量为$G=800$ N的重物通过绳索悬挂于杆OA的O端销钉，并由两根水平面内的绳索OB和OC牵拉而保持静止，支座A为球铰支座。A，B，C，D位于同一铅垂墙面内。不计杆、绳索的自重和摩擦，试求绳索OB，OC和杆OA所受的力。

解：取销钉O、重物以及二者之间的绳索为研究对象，其受力图如图4－2（b）所示，其中杆OA为二力杆，容易判断其受压，而绳索OB，OC受拉，它们对销钉O的作用力分别记为$\boldsymbol{F}_A$，$\boldsymbol{F}_{TB}$，$\boldsymbol{F}_{TC}$，此三力与重物的重力$\boldsymbol{G}$构成空间汇交力系。建立图示直角坐标系$Oxyz$。根据空间汇交力系平衡方程［式（4－3）］，可得

$$\sum F_z = 0 \quad \Rightarrow F_A\cdot\sin 45° - G = 0 \qquad \Rightarrow F_A = \frac{G}{\cos 45°} = 1\ 131.37\ \text{N}$$

$$\sum F_x = 0 \quad \Rightarrow F_{TB}\cdot\cos 60° - F_{TC}\cdot\cos 60° = 0 \qquad \Rightarrow F_{TB} = F_{TC}$$

$$\sum F_y = 0 \quad \Rightarrow F_A\cdot\cos 45° - F_{TB}\cdot\sin 60° - F_{TC}\cdot\sin 60° = 0$$

$$\Rightarrow F_{TB} = F_{TC} = 461.88\ \text{N}$$

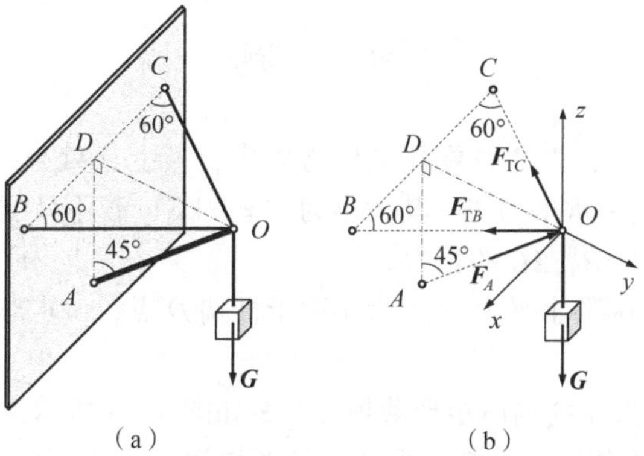

图4－2　例4－2图

因此，绳索 OB，OC 受到461.88 N的拉力，杆 OA 受到1 131.37 N的压力。

例4－3　静止的三轮平板车如图4－3所示，其自重以及承载的货物重量共为 $G=800$ N，作用位置如图所示。试求三个轮子受到的地面的作用力。

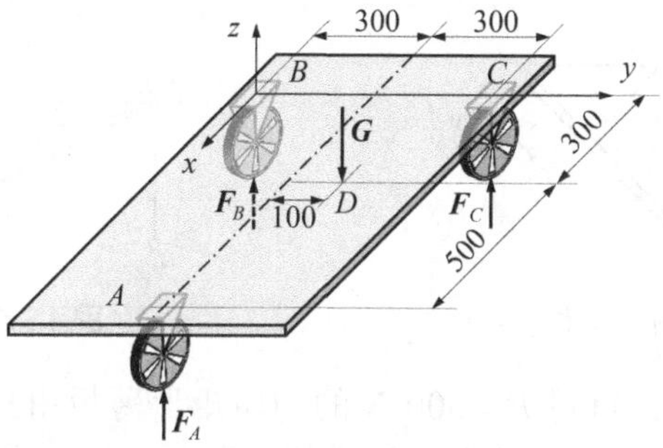

图4－3　例4－3图（单位：mm）

解：取平板车为研究对象，其受力图如图4－3所示。地面对三个轮子的作用力 $\boldsymbol{F}_A$，$\boldsymbol{F}_B$，$\boldsymbol{F}_C$ 和重力 $\boldsymbol{G}$ 构成空间平行力系。建立图示直角坐标系 $Bxyz$。根据空间平行力系平衡方程［式（4－4）］，可得

$$\sum M_y = 0 \quad \Rightarrow G \cdot 300 - F_A \cdot 800 = 0 \qquad \Rightarrow F_A = \frac{3}{8}G = 300 \text{ N}$$

$$\sum M_x = 0 \quad \Rightarrow F_A \cdot 300 - G \cdot 400 + F_C \cdot 600 = 0 \qquad \Rightarrow F_C = \frac{1}{6}(G \cdot 4 - F_A \cdot 3) = 383.3 \text{ N}$$

$$\sum F_z = 0 \quad \Rightarrow F_A + F_B + F_C - G = 0 \qquad \Rightarrow F_B = G - F_A - F_C = 116.7 \text{ N}$$

本章小结

本章介绍了空间力系平衡方程的基本形式及简单的应用，包括以下内容。

（1）空间任意力系平衡的充要条件：力系的主矢 $\boldsymbol{F}_R$ 和对任一点之主矩 $\boldsymbol{M}_O$ 均为零。

（2）空间任意力系的平衡方程为

$$\sum F_x = 0, \quad \sum F_y = 0, \quad \sum F_z = 0$$

$$\sum M_x = 0, \quad \sum M_y = 0, \quad \sum M_z = 0$$

习　题

4－1　如图4－4所示，立柱O端用球铰链固定，杆上A处与绳索AB，AC相连。现在Oyz平面内，从点A作用一水平力$\boldsymbol{F}$，其大小为$F=1$ kN，若不计立柱和绳索的自重，试求立柱OA的内力以及绳索AB，AC的张力。

4－2　若习题4－1中的水平力$\boldsymbol{F}$改为作用于杆端D点，试求球铰链O处的约束力以及绳索AB，AC的张力。

4－3　长为$2a$、宽为a的均质矩形薄板$ABDE$如图4－5所示，其重量为$P=200$ N，由六根无重直杆支撑在水平位置，已知铅垂杆的长度均为a。现沿边ED和DB作用水平力$\boldsymbol{F}_1$和$\boldsymbol{F}_2$，大小均为100 N，若不计摩擦，试求各杆对板的约束力。

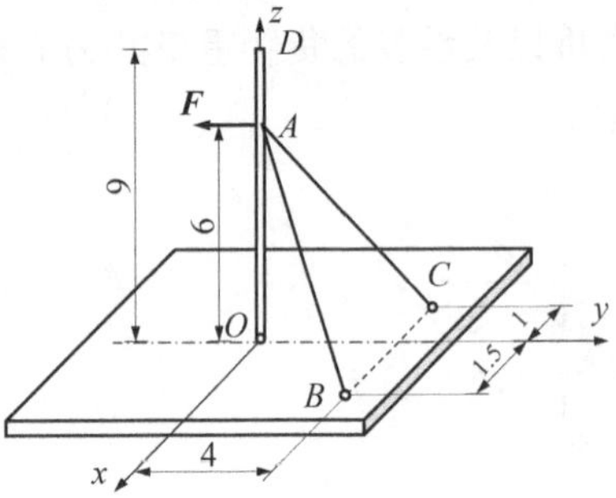

图4－4　习题4－1图（单位：m）

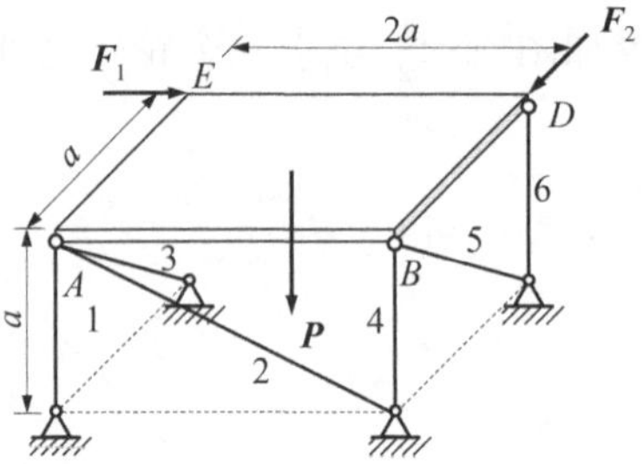

图4－5　习题4－3图

4－4　如图4－6所示，重量$P=300$ N的均质矩形薄板由三根铅垂柔索悬挂在水平位置而保持平衡。(1) 若$a=1$ m，试求三根柔索的张力。(2) 若要求三根柔索的张力均为100 N，试求长度a应为多少。

4－5　图4－7所示曲杆有两个直角，$\angle ABC=\angle BCD=90°$，且平面$ABC$与平面$BCD$垂直，杆端$D$为球铰支座，$A$端由轴承支承，三力偶矩沿$AB$，$CB$，$DC$的轴向作用，若$AB=a$，$BC=b$，$CD=c$，已知$M_2$和$M_3$，试求平衡时力偶矩$M_1$的大小及$A$，$D$处的约束力。

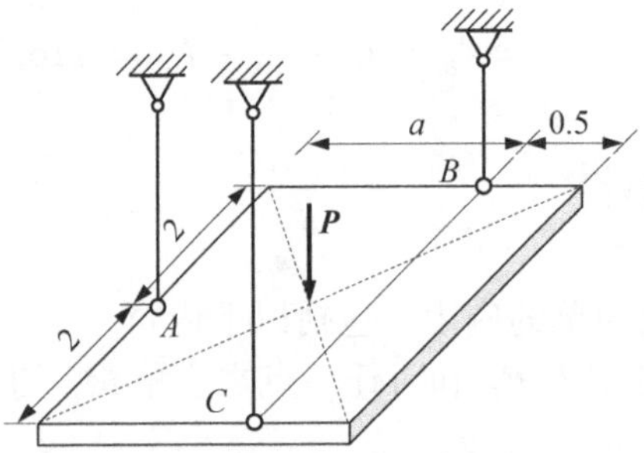

图4－6　习题4－4图（单位：m）

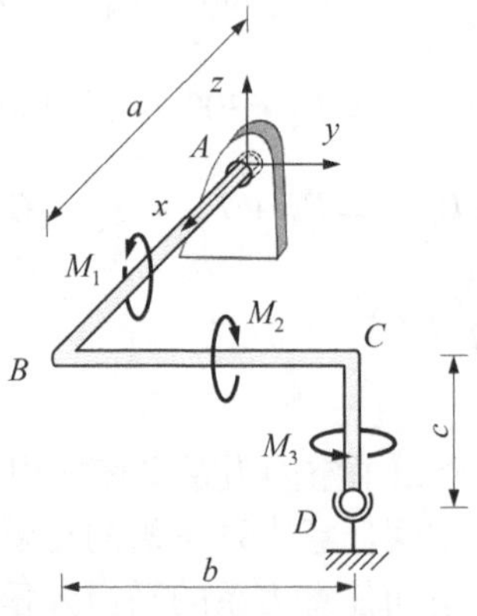

图4－7　习题4－5图

4－6　图 4－8 所示悬臂刚架上作用有 $q=2$ kN/m 的均布载荷，以及作用线分别平行于 x 轴、y 轴的集中力 $\boldsymbol{F}_1$，$\boldsymbol{F}_2$，已知 $F_1=5$ kN，$F_2=4$ kN，试求固定端 O 处的全部约束力。

4－7　水平方向放置的传动轴如图 4－9 所示，皮带轮 D 带着整个传动轴匀速转动，此处皮带紧边的张力为 200 N，松边的张力为 100 N，均铅垂向上，C 处齿轮的啮合力 $\boldsymbol{F}$ 作用于齿轮顶点处，与齿轮切线的夹角如图所示。试求 $\boldsymbol{F}$ 的大小以及轴承 A，B 的约束力（忽略各构件的自重和摩擦）。

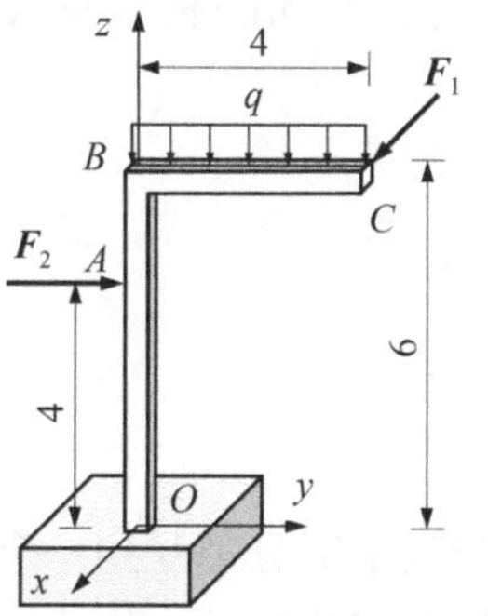

图 4－8　习题 4－6 图（单位：m）

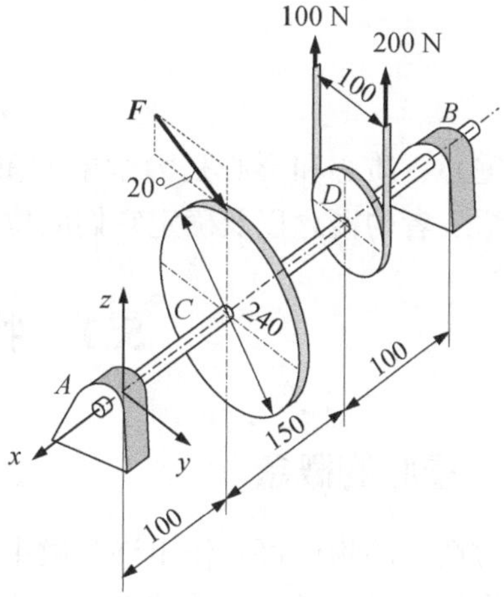

图 4－9　习题 4－7 图（单位：mm）

第5章 物体的重心、质心和形心

物体的重心、质心和形心是力学中的重要概念，三者具有不同的物理意义，又彼此关联。本章介绍三者的概念以及确定它们的位置的方法。

5.1 物体的重心

5.1.1 重心的概念

置于重力场中的物体可看作由许多微小部分组成，每个微小部分都受到一个微小重力作用。工程中物体的尺寸远小于地球半径，此时物体的每个微小部分的重力组成一个空间平行力系。该平行力系的主矢不为零（主矢的大小为物体的重量），存在合力，即物体的**重力**。当物体各质点的相对位置保持不变时，不论物体在空间中的什么位置或如何放置，其重力的作用线都必须通过相对于物体上的某一确定点，该点就称为物体的**重心**。下面证明之。

如图5－1所示，建立与物体固连的直角坐标系 $O'x'y'z'$，设物体的某一微小部分的重力为 $\Delta \boldsymbol{G}_i$，其位置由矢径 $\boldsymbol{r}'_i$表示，则物体的重力可表示为 $\boldsymbol{G} = \sum \Delta \boldsymbol{G}_i$。设重力 $\boldsymbol{G}$ 的作用线过点 C，其位置由矢径 $\boldsymbol{r}'_C$表示。为了讨论方便，设重力方向的单位矢量为 $\boldsymbol{e}$，则有 $\Delta \boldsymbol{G}_i = \Delta G_i \boldsymbol{e}$，$\boldsymbol{G} = G\boldsymbol{e}$，由合力矩定理，合力 $\boldsymbol{G}$ 对点 O'的矩等于各分力 $\Delta \boldsymbol{G}_i$ 对同一点 O'之矩的矢量和，即有

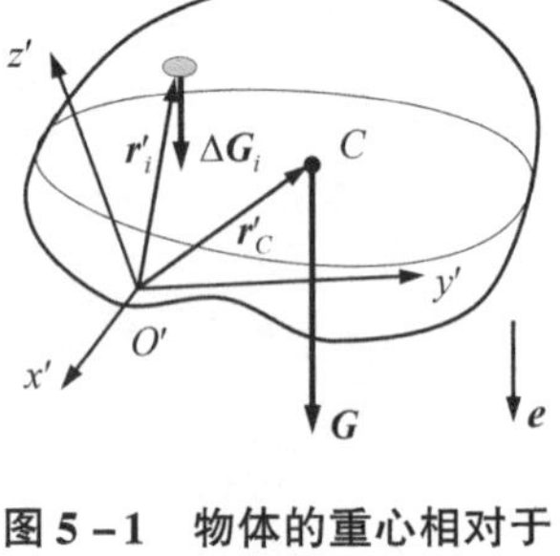

图5－1 物体的重心相对于物体位置的确定示意

$$\boldsymbol{r}'_C \times \boldsymbol{G} = \sum (\boldsymbol{r}'_i \times \Delta \boldsymbol{G}_i)$$

即

$$\boldsymbol{r}'_C \times G\boldsymbol{e} = \sum (\boldsymbol{r}'_i \times \Delta G_i \boldsymbol{e})$$

改写成

$$\left(\boldsymbol{r}'_C G - \sum \boldsymbol{r}'_i \Delta G_i\right) \times \boldsymbol{e} = 0$$

或

$$\left(\boldsymbol{r}'_C - \frac{\sum \boldsymbol{r}'_i \Delta G_i}{G}\right) \times \boldsymbol{e} = 0 \qquad (5-1)$$

当物体处于任意位置时（对应于 $\boldsymbol{e}$ 相对于物体位置的方向任意性），式（5－1）均应成立，则有

$$\boldsymbol{r}'_C = \frac{\sum \boldsymbol{r}'_i \Delta G_i}{G} \tag{5-2}$$

由于物体上每一微小部分的重力大小不变，相对于物体固连坐标系的矢径也不变，所以由上式可唯一确定一点 C，它为物体上一个确定不变的点，该点即刚体的重心。

5.1.2　重心的坐标公式

当物体放置位置已知时，建立直角坐标系 $Oxyz$，并使坐标平面 Oxy 在水平面内，z 轴铅垂向上，与物体重力系的方向相反，重力为 ΔG_i 的微小部分的坐标为(x_i, y_i, z_i)，重心 C 的坐标为(x_C, y_C, z_C)，根据合力矩定理，物体的重力 $\boldsymbol{G}$ 对 y 轴、x 轴之矩分别等于各微小部分的重力 ΔG_i 对 y 轴、x 轴之矩的代数和，即

$$G \cdot x_C = \sum \Delta G_i \cdot x_i$$

$$-G \cdot y_C = \sum (-\Delta G_i \cdot y_i)$$

由于物体的重心是刚体上的一个确定点，所以可将物体固连在坐标系 $Oxyz$ 中，随同坐标系一起绕 x 轴负向转过 90°，使 y 轴正向变为铅垂向下，此时物体的重力系与 y 轴正向同向，如图5－2 中带箭头的虚线所示，在此时再对 x 轴应用合力矩定理，有

$$-G \cdot z_C = \sum (-\Delta G_i \cdot z_i)$$

由上述三式，可分别求得物体的重心 C 的坐标公式为

$$x_C = \frac{\sum x_i \Delta G_i}{G},\quad y_C = \frac{\sum y_i \Delta G_i}{G},\quad z_C = \frac{\sum z_i \Delta G_i}{G} \tag{5-3}$$

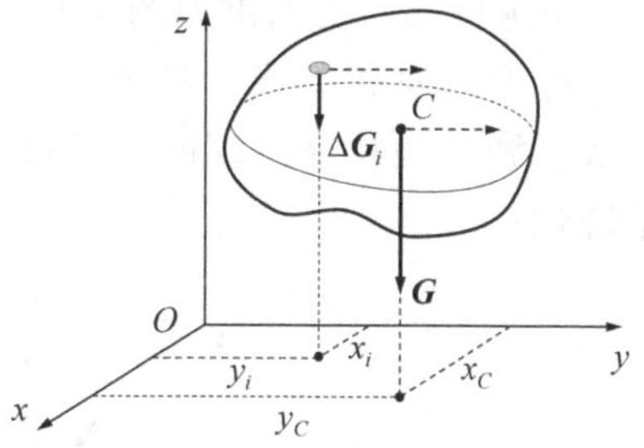

图 5－2　物体的重心坐标确定示意

其中，x_i，y_i，z_i 是 $\Delta \boldsymbol{G}_i$ 的作用点的位置坐标，x_C，y_C，z_C 是重心 C 的位置坐标。

5.2　物体的质心

如果物体的每个微小部分的质量为 Δm_i，在物体所占据空间中重力加速度大小相等，为 g，则物体的质量 $m = \sum \Delta m_i$，同时有 $\Delta G_i = \Delta m_i g$ 和 $G = mg$，将它们代入式（5－2），分子、分母同时约去 g 后可得

$$\boldsymbol{r}_C = \frac{\sum \boldsymbol{r}_i \Delta m_i}{m} \tag{5-4}$$

由该式确定的点 C 只与物体的质量分布有关，是物体的质量中心，称为物体的**质心**。式（5－4）的直角坐标形式为

$$x_C = \frac{\sum x_i \Delta m_i}{m},\quad y_C = \frac{\sum y_i \Delta m_i}{m},\quad z_C = \frac{\sum z_i \Delta m_i}{m} \tag{5-5}$$

5.3 物体的形心

进一步地，如果物体是均质的，即其密度 ρ 各处相同，设物体的每个微小部分的体积为 ΔV_i，则整个物体的体积 $V=\sum \Delta V_i$，同时有 $\Delta m_i=\rho\Delta V_i$ 和 $m=\rho V$，将它们代入式（5-4），分子、分母同时约去密度 ρ 后可得

$$\boldsymbol{r}_C=\frac{\sum \boldsymbol{r}_i\Delta V_i}{V} \tag{5-6}$$

由该式确定的点 C 只与物体的几何形状有关，是物体的几何形状中心，称为物体的**形心**。式（5-6）的直角坐标形式为

$$x_C=\frac{\sum x_i\Delta V_i}{V},\ y_C=\frac{\sum y_i\Delta V_i}{V},\ z_C=\frac{\sum z_i\Delta V_i}{V} \tag{5-7}$$

由上可知，均匀重力场中的均质物体的重心、质心和形心重合。

对于曲面和曲线，将式（5-7）中的微小体积 ΔV_i 和总体积 V 相应地换为微小面积 ΔA_i 和总面积 A，或微小长度 ΔL_i 和总长度 L，即可得到相应的曲面或曲线的形心坐标公式：

$$x_C=\frac{\sum x_i\Delta A_i}{A},\ y_C=\frac{\sum y_i\Delta A_i}{A},\ z_C=\frac{\sum z_i\Delta A_i}{A} \tag{5-8}$$

$$x_C=\frac{\sum x_i\Delta L_i}{L},\ y_C=\frac{\sum y_i\Delta L_i}{L},\ z_C=\frac{\sum z_i\Delta L_i}{L} \tag{5-9}$$

对于平面图形或平面曲线，如取其所在平面为 Oxy 平面，则 $z_C=0$，此时只需用式（5-8）或式（5-9）的前两式计算 x_C 和 y_C 即可。

5.4 均质物体的重心的求法

5.4.1 根据对称性确定重心的位置

对于具有对称面、对称轴或对称中心的均质物体（或几何形体），不难证明，其重心必定在对称面、对称轴或对称中心上。由此可知，常见的平行四边形、圆面（环）、椭圆面（环）等的形心位于它们的几何中心上，圆柱体、圆锥体的形心位于它们的中心轴上。

5.4.2 用积分法确定重心的位置

若均质物体的形状（体、曲面或曲线）是连续分布的，则式（5-7）~式（5-9）中的求和变为积分，得到

$$x_C=\frac{\int x\mathrm{d}V}{V},\ y_C=\frac{\int y\mathrm{d}V}{V},\ z_C=\frac{\int z\mathrm{d}V}{V} \tag{5-10}$$

以及

$$x_C=\frac{\int x\mathrm{d}A}{A},\quad y_C=\frac{\int y\mathrm{d}A}{A},\quad z_C=\frac{\int z\mathrm{d}A}{A} \tag{5-11}$$

$$x_C=\frac{\int x\mathrm{d}L}{L},\ y_C=\frac{\int y\mathrm{d}L}{L},\ z_C=\frac{\int z\mathrm{d}L}{L} \tag{5-12}$$

它们可用于确定有明确函数表示的体、面或线形状的均质物体的重心。

对于平面图形或平面曲线形状的均质物体，如取其所在平面为 Oxy 平面，则 $z_C=0$，此时只需用式（5-11）或式（5-12）的前两式计算 x_C 和 y_C 即可。

例 5-1　试求图 5-3 所示均质等厚薄板 OAB 的重心，Oxy 为其对称面。

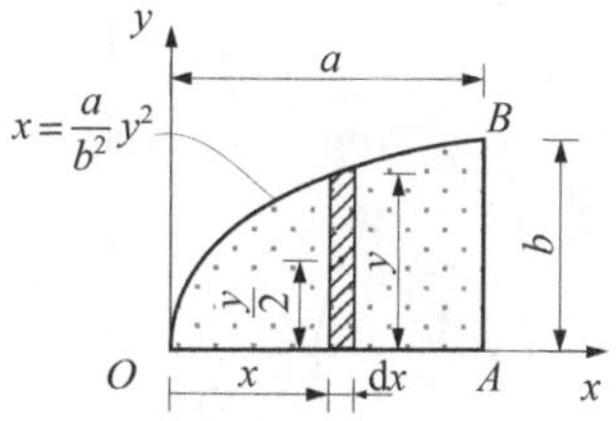

图 5-3　例 5-1 图

解：将薄板分成许多宽为 dx、高为 $y=\frac{b}{\sqrt{a}}\sqrt{x}$ 的微小矩形，该微小矩形的面积为 $\mathrm{d}A=y\mathrm{d}x=\frac{b}{\sqrt{a}}\sqrt{x}\,\mathrm{d}x$，其重心坐标为 $\left(x,\frac{y}{2}\right)$，如图 5-3 所示。$OAB$ 的总面积为

$$A=\int_0^a\frac{b}{\sqrt{a}}\sqrt{x}\mathrm{d}x=\frac{2ab}{3}$$

根据重心公式有

$$x_C=\frac{\int x\mathrm{d}A}{A}=\frac{\int_0^a x\cdot\frac{b}{\sqrt{a}}\sqrt{x}\mathrm{d}x}{\frac{2ab}{3}}=\frac{3}{5}a$$

$$y_C=\frac{\int y\mathrm{d}A}{A}=\frac{\int_0^a\frac{y}{2}\cdot\frac{b}{\sqrt{a}}\sqrt{x}\mathrm{d}x}{\frac{2ab}{3}}=\frac{\int_0^a\frac{1}{2}\frac{b^2}{a}x\mathrm{d}x}{\frac{2ab}{3}}=\frac{3}{8}b$$

表 5-1 列出了常见的简单形体的重心位置以供参考。

表 5-1　常见的简单形体的重心位置

图形	重心位置	图形	重心位置
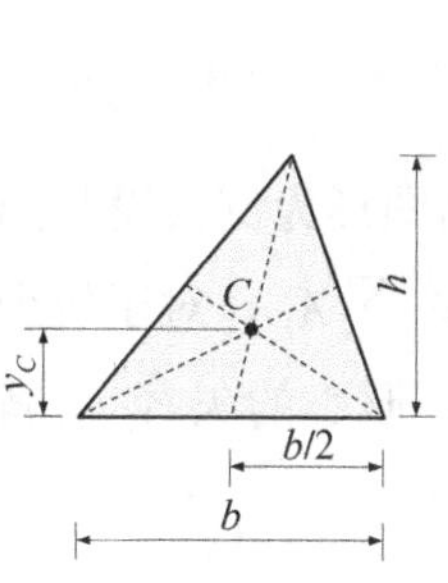	在中线的交点处： $y_C=\frac{1}{3}h$ $\left(面积\ A=\frac{1}{2}bh\right)$	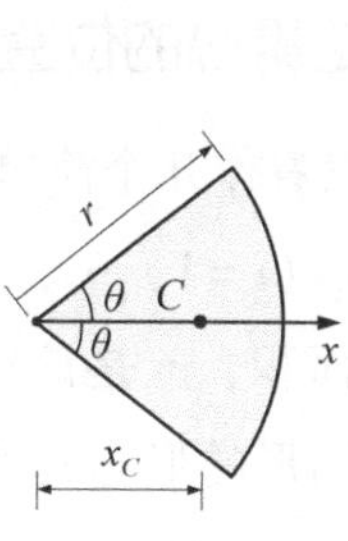	$x_C=\frac{2}{3}\cdot\frac{r\sin\theta}{\theta}$ （θ 用弧度表示，下同） （面积 $A=r^2\theta$） 对于半圆，有 $x_C=\frac{4r}{3\pi}$

续表

图形	重心位置	图形	重心位置
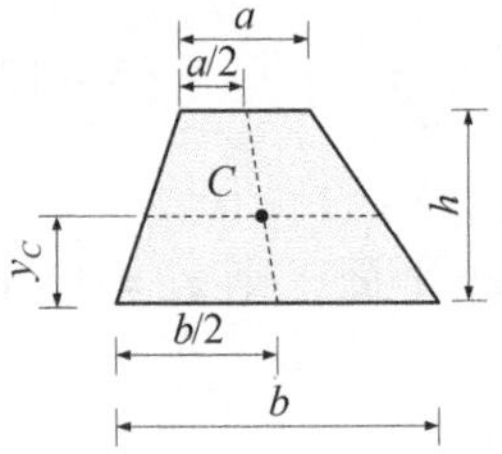	$y_C=\dfrac{h(2a+b)}{3(a+b)}$ $\left[\text{面积} A=\dfrac{1}{2}(a+b)h\right]$	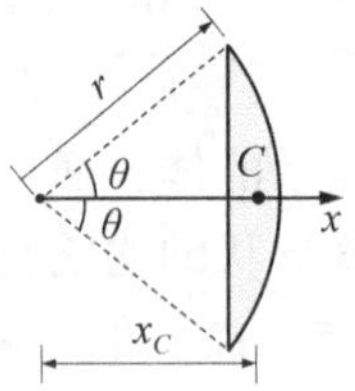	$x_C=\dfrac{2}{3}\cdot\dfrac{r^3\sin^3\theta}{A}$ $\left[\text{面积} A=\dfrac{r^2(2\theta-\sin 2\theta)}{2}\right]$
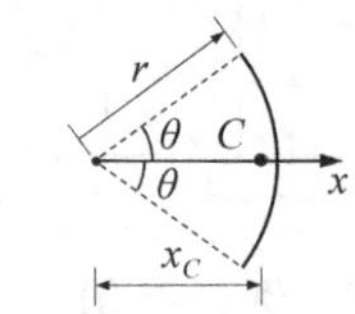	$x_C=\dfrac{r\sin\theta}{\theta}$ 对于半圆弧，有 $x_C=\dfrac{2r}{\pi}$	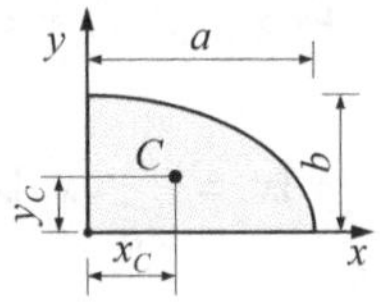	$x_C=\dfrac{4a}{3\pi}$ $y_C=\dfrac{4b}{3\pi}$ $\left(\text{面积} A=\dfrac{\pi}{4}ab\right)$
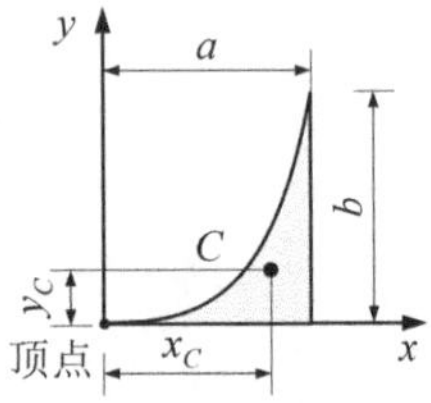	$x_C=\dfrac{3}{4}a$ $y_C=\dfrac{3}{10}a$ $\left(\text{面积} A=\dfrac{1}{3}ab\right)$	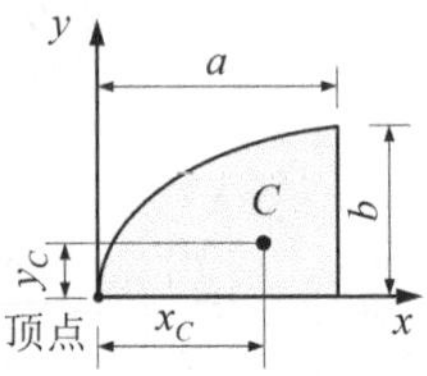	$x_C=\dfrac{3}{5}a$ $y_C=\dfrac{3}{8}b$ $\left(\text{面积} A=\dfrac{2}{3}ab\right)$
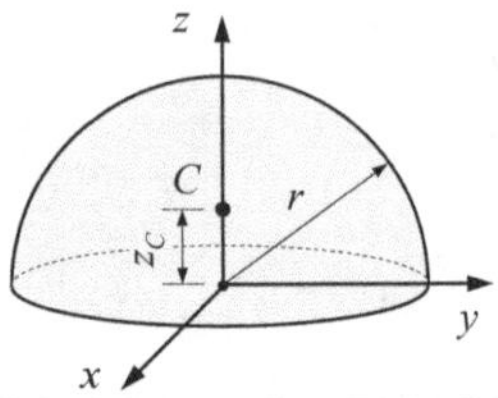	$z_C=\dfrac{3}{8}r$ $\left(\text{体积} V=\dfrac{2}{3}\pi r^3\right)$	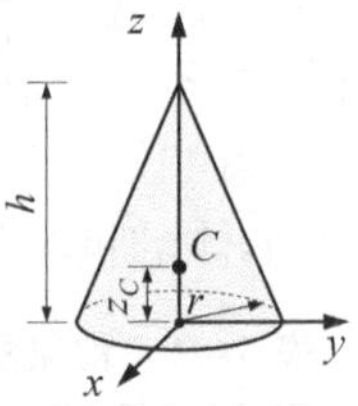	$z_C=\dfrac{1}{4}h$ $\left(\text{体积} V=\dfrac{1}{3}\pi r^2 h\right)$

5.4.3 用分割法确定重心的位置

一些复杂的形体往往可以看作几个简单规则的形体的组合。以平面图形为例，设某图形的面积为 A，由 n 个面积为 A_i（$i=1,\cdots,n$）的图形组合而成，即 $A=\sum A_i$。对于每个面积 A_i，设 ΔA_j 是其上的微小面积，$\boldsymbol{r}_j$ 是该微小面积的矢径，则面积 A_i 形心的矢径 $\boldsymbol{r}_{Ci}$ 满足 $\boldsymbol{r}_{Ci}A_i=\sum\boldsymbol{r}_j\Delta A_j$，因此组合图形的形心 $\boldsymbol{r}_C$ 为

$$\boldsymbol{r}_C=\frac{\sum\limits_{A}\boldsymbol{r}_j\Delta A_j}{A}=\frac{\sum\limits_{A_1}\boldsymbol{r}_j\Delta A_j+\cdots+\sum\limits_{A_i}\boldsymbol{r}_j\Delta A_j+\cdots+\sum\limits_{A_n}\boldsymbol{r}_j\Delta A_j}{A}$$

$$= \frac{\boldsymbol{r}_{C1}A_1 + \cdots + \boldsymbol{r}_{Ci}A_i + \cdots + \boldsymbol{r}_{Cn}A_n}{A} = \frac{\sum \boldsymbol{r}_{Ci}A_i}{A}$$

即组合图形的形心公式为

$$x_C = \frac{\sum x_{Ci}A_i}{\sum A_i},\ y_C = \frac{\sum y_{Ci}A_i}{\sum A_i} \tag{5-13}$$

这也就是以这些图形形式的均质物体组合的物体的重心公式。

当形体或图形中有被挖去的部分时，该部分可视为负的体积或面积。这种确定物体的重心位置的方法称为分割法或叠加法。

例 5-2　求图 5-4 所示两种均质薄板的重心。

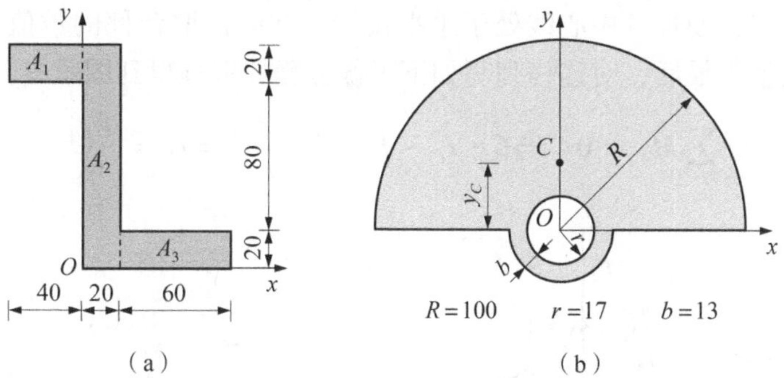

图 5-4　例 5-2 图（单位：mm）

解： 将均质薄板视为平面图形，平面图形的形心即其重心。

（1）将图 5-4（a）所示图形分为三个矩形，它们的面积和形心坐标分别为

$$A_1 = 40 \times 20 = 800(\text{mm}^2),(x_{C_1},\ y_{C_1}) = (-20\ \text{mm}, 110\ \text{mm})$$

$$A_2 = 20 \times (20 + 80 + 20) = 2\ 400(\text{mm}^2),(x_{C_2},\ y_{C_2}) = (10\ \text{mm}, 60\ \text{mm})$$

$$A_3 = 60 \times 20 = 1\ 200(\text{mm}^2),(x_{C_3},\ y_{C_3}) = (50\ \text{mm}, 10\ \text{mm})$$

将以上数据代入式（5-13），得到图形的形心坐标，即均质薄板的重心坐标为

$$x_C = \frac{800 \times (-20) + 2\ 400 \times 10 + 1\ 200 \times 50}{800 + 2\ 400 + 1\ 200}\text{mm} = \frac{170}{11}\ \text{mm} \approx 15.5\ \text{mm}$$

$$y_C = \frac{800 \times (-110) + 2\ 400 \times 60 + 1\ 200 \times 10}{800 + 2\ 400 + 1\ 200}\ \text{mm} = \frac{610}{11}\ \text{mm} \approx 55.5\ \text{mm}$$

（2）图 5-4（b）所示图形由三个分图形组成——两个半径分别为 R 和 $r+b$ 的半圆和一个半径为 r 的完整的圆，其中半径为 r 的圆的面积为负值。图形关于 y 轴对称，故其形心必在 y 轴上，即 $x_C = 0$。三个分图形的面积和形心的 y 坐标分别为

$$A_1 = \frac{1}{2}\pi R^2 = 15\ 708\ \text{mm}^2,\ y_{C_1} = \frac{4R}{3\pi} \approx 42.44\ \text{mm}$$

$$A_2 = \frac{1}{2}\pi\ (r+b)^2 = 1\ 413.72\ \text{mm}^2,\ y_{C_1} = -\frac{4(r+b)}{3\pi} \approx -12.73\ \text{mm}$$

$$A_3 = -\pi r^2 \approx -907.92\ \text{mm}^2,\ y_{C_3} = 0$$

故图形的形心坐标，即均质薄板的重心的 y 坐标为

$$y_C = \frac{A_1 \times y_{C_1} + A_2 \times y_{C_2} + A_3 \times y_{C_3}}{A_1 + A_2 + A_3} \approx 40\ \text{mm}$$

5.4.4 用实验法确定重心的位置

当物体或几何形体既不能分成简单的形体，又无法使用积分法时，可用实验法求其重心位置。

（1）悬挂法。如图 5-5（a）所示，用细绳在均质薄板上任取一点 A 将其悬挂，根据二力平衡条件，薄板的重力必位于过悬挂点的铅垂线上，过点 A 在薄板上作铅垂线 AA'；再取薄板上另一点 B，将其悬挂，并过点 B 作铅垂线 BB'，如图 5-5（b）所示，则两条直线 AA'，BB' 的交点 C 即薄板的重心。该方法适用于均质薄板或具有质量对称面的均质薄零件。

（2）称重法。活塞连杆如图 5-6 所示，由对称性知其重心必在其对称轴上，现求其重心 C 的位置 x_C。首先，称得连杆的重量 G。其次，如图 5-6 所示，将连杆 B 端置于台秤上，A 端支承于固定支点，使连杆中心线处于水平位置，此时读取台秤的数值，即 $\boldsymbol{F}_{\mathrm{N}}$ 的值，并测量得到图中 l 的值。最后，对连杆列写如下平衡方程并求解得到图示 x_C

$$\sum M_A = 0 \quad \Rightarrow G \cdot x_C - F_{\mathrm{N}} \cdot l = 0 \quad \Rightarrow x_C = \frac{F_{\mathrm{N}}}{G} l$$

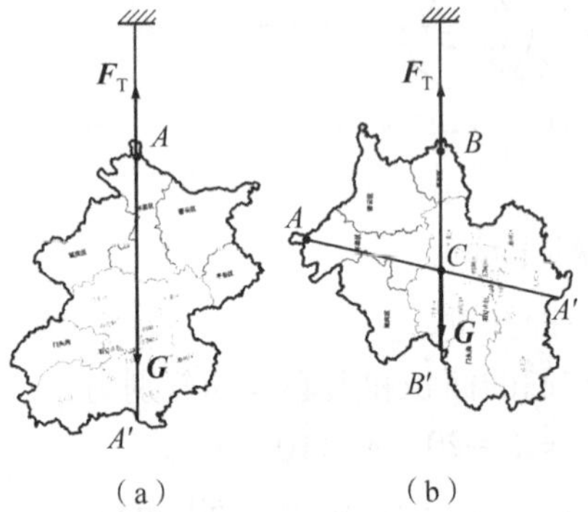

图 5-5 用悬挂法确定物体的重心

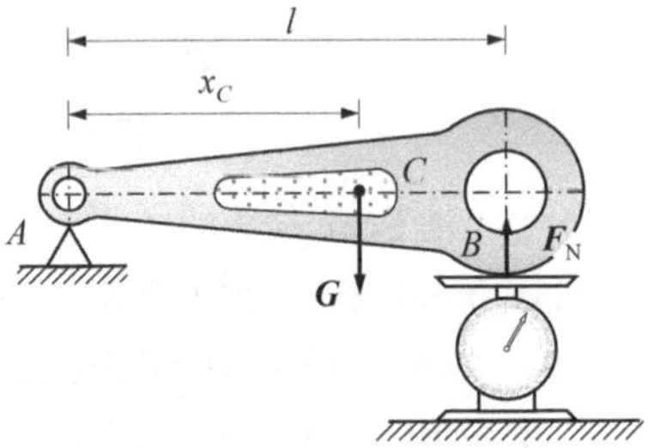

图 5-6 用称重法确定物体的重心

本章小结

本章介绍了物体的重心、质心和形心的概念，包括以下内容。

（1）物体的重心公式。

物体的重心的矢径 $\boldsymbol{r}_C = \dfrac{\sum \boldsymbol{r}_i \Delta G_i}{G}$。

其直角坐标形式为 $x_C = \dfrac{\sum x_i \Delta G_i}{G}$，$y_C = \dfrac{\sum y_i \Delta G_i}{G}$，$z_C = \dfrac{\sum z_i \Delta G_i}{G}$。

（2）物体的质心公式。

物体的质心的矢径 $\boldsymbol{r}_C = \dfrac{\sum \boldsymbol{r}_i \Delta m_i}{m}$。

其直角坐标形式为 $x_C = \dfrac{\sum x_i \Delta m_i}{m}$，$y_C = \dfrac{\sum y_i \Delta m_i}{m}$，$z_C = \dfrac{\sum z_i \Delta m_i}{m}$。

(3) 物体的形心公式。

物体的形心的矢径 $\boldsymbol{r}_C = \dfrac{\sum \boldsymbol{r}_i \Delta V_i}{V}$。

其直角坐标形式为 $x_C = \dfrac{\sum x_i \Delta V_i}{V}$，$y_C = \dfrac{\sum y_i \Delta V_i}{V}$，$z_C = \dfrac{\sum z_i \Delta V_i}{V}$。

均匀重力场中的均质物体的重心、质心和形心重合。

(4) 物体的重心的求法。

①根据对称性确定重心的位置。

②用积分法确定重心的位置。

③分割法确定重心的位置。

面积为 A 的图形，由 n 个面积为 $A_i(i=1,\cdots,n)$ 的分图形组合而成，则组合图形的重心公式为

$$x_C = \frac{\sum x_{Ci} A_i}{\sum A_i},\quad y_C = \frac{\sum y_{Ci} A_i}{\sum A_i}$$

④用实验法确定重心的位置。

悬挂法和称重法是常用的两种确定重心位置的方法。

习　题

5-1　试求在图 5-7 所示情况下均质等厚薄平板的重心位置。

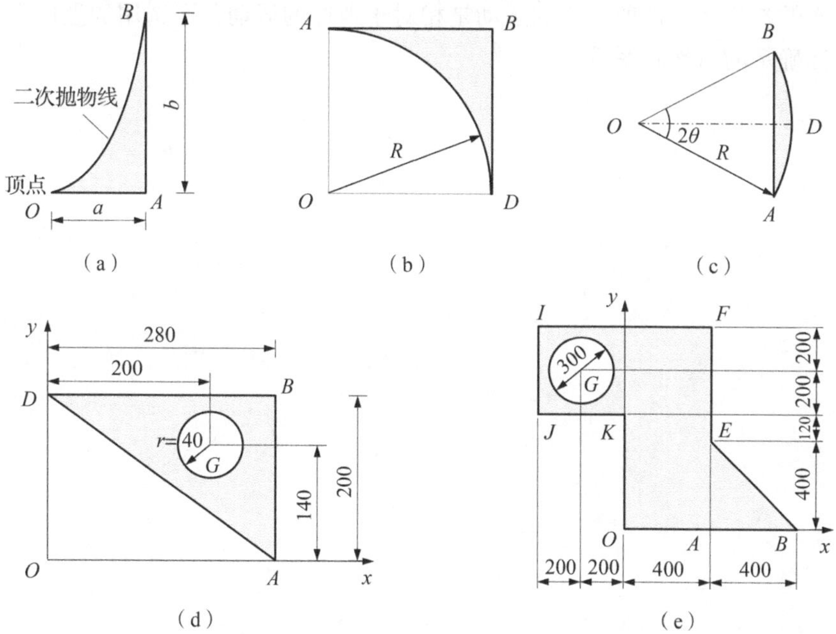

图 5-7　习题 5-1 图（单位：mm）

运　动　学

运动学是研究物体运动的几何性质的科学，也就是从几何的角度来研究物体运动的描述方法和有关运动学量之间的相互关系，而不研究引起物体运动的原因。根据研究对象的不同，运动学分为点的运动学和刚体的运动学。所谓点，是指没有大小的几何点，在运动学中称为**动点**。动点可以是某物体上某个确定的点，也可以是其运动范围远远大于其几何尺寸的物体。点的运动学主要研究点的运动描述方法、点的运动方程和轨迹以及点的速度和加速度等内容。所谓刚体，是指具有一定大小和形状的不可变形的物体。刚体的运动学主要研究刚体运动的描述方法、刚体运动方程以及刚体的角速度和角加速度等内容；同时，刚体由点组成，刚体上任意两点的速度和加速度之间的关系也属于刚体的运动学的研究内容。

物理学指出，运动是相对的，因此研究物体在空间中的位置及其变化规律，必须建立事先约定的参考空间，称之为**参考系**。相对于不同的参考系，同一物体的运动是不同的，动点相对于不同参考系的运动关系也属于运动学的研究内容。为了定量地研究运动，还需要在参考系中建立适当的坐标系，从而确定物体在参考系中的位置与其坐标值之间的对应关系，以便使用恰当的数学方法研究物体的坐标值及其变化规律。在工程问题中，通常选用的参考系是与地球固连的参考系，即所讨论的运动是相对于地球的运动，而选用的坐标系有直角坐标系或由弧坐标确定的自然轴系等。

第 6 章

点的运动学

本章首先介绍点的运动的一般描述方法，给出点的运动方程以及位移、速度和加速度等，然后给出它们在两种常用坐标系，即直角坐标系和自然轴系下的具体表达形式。

6.1 点的运动描述方法·点的运动方程、位移、速度和加速度

参考空间内一个动点 M 的位置可由一个事先选定的固定不动参考点 O 引至该点 M 的矢径 $\boldsymbol{r}$ 来确定，如图 6－1 所示。当点 M 运动时，该矢径是时间 t 的函数

$$\boldsymbol{r}=\boldsymbol{r}(t) \tag{6-1}$$

该式称为点 M **运动的矢径方程**。随着时间变化，在矢径 $\boldsymbol{r}$ 的末端绘出点 M 的运动轨迹。

设动点在 t 时刻位于 M 位置，动点的矢径为 $\boldsymbol{r}(t)$，经过 Δt 的时间间隔后，即在 $t+\Delta t$ 时刻，动点沿其轨迹运动至 M' 位置，动点的矢径为 $\boldsymbol{r}(t+\Delta t)$，如图 6－2 所示。

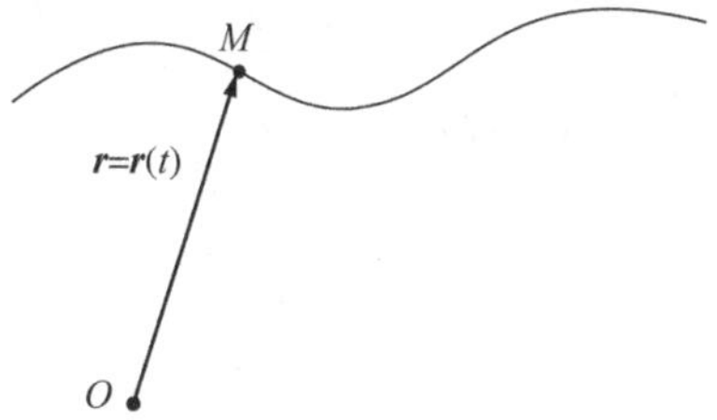

图 6－1　动点的矢径

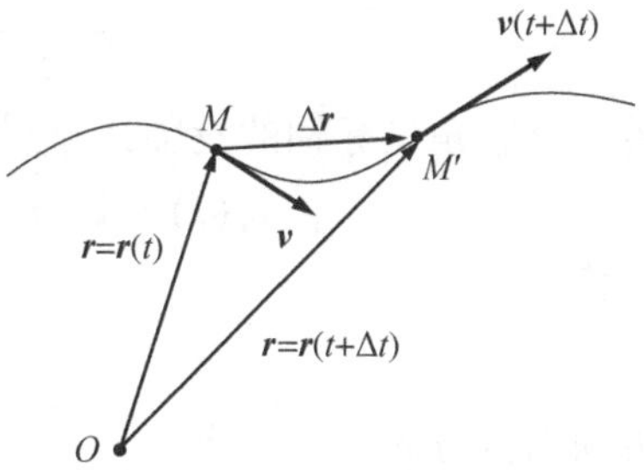

图 6－2　动点的位移和速度

定义

$$\Delta\boldsymbol{r}=\boldsymbol{r}(t+\Delta t)-\boldsymbol{r}(t) \tag{6-2}$$

为动点在时间间隔 $t\to t+\Delta t$ 内的**位移**。

定义

$$\bar{\boldsymbol{v}}=\frac{\Delta\boldsymbol{r}}{\Delta t} \tag{6-3}$$

为动点在时间间隔 $t\to t+\Delta t$ 内的平均速度。而动点在 t 时刻的**速度**定义为

$$\boldsymbol{v}=\lim_{\Delta t\to 0}\frac{\Delta\boldsymbol{r}}{\Delta t}=\frac{\mathrm{d}\boldsymbol{r}}{\mathrm{d}t}=\dot{\boldsymbol{r}} \tag{6-4}$$

其方向为沿着动点运动轨迹在点 M 处的切向，指向动点的运动方向。$\dot{\boldsymbol{r}}$ 是矢径 $\boldsymbol{r}$ 对时间 t 的一阶导数的简便记号。速度 $\boldsymbol{v}$ 反映了矢径 $\boldsymbol{r}(t)$ 在大小和方向两个方面随时间的变化率。速度

的单位是米/秒（m/s）。

定义

$$a=\lim_{\Delta t\to 0}\frac{\boldsymbol{v}(t+\Delta t)-\boldsymbol{v}(t)}{\Delta t}=\lim_{\Delta t\to 0}\frac{\Delta\boldsymbol{v}}{\Delta t}=\frac{\mathrm{d}\boldsymbol{v}}{\mathrm{d}t}=\dot{\boldsymbol{v}}=\ddot{\boldsymbol{r}} \tag{6-5}$$

为动点在 t 时刻的**加速度**。其方向由 $\Delta t\to 0$ 时 $\Delta\boldsymbol{v}$ 的极限方向确定。$\ddot{\boldsymbol{r}}$ 是矢径 $\boldsymbol{r}$ 对时间 t 的二阶导数的简便记号。加速度 $\boldsymbol{a}$ 反映了速度矢量 $\boldsymbol{v}$ 在大小和方向两个方面随时间的变化率。加速度的单位是米/秒²（m/s^2）。

以上给出了点的运动及其运动特性的一般描述方法，采用了较为简洁的矢量表示。为了便于表达这些矢量以及进行定量计算，还需要引入适当的坐标系。

6.2 描述点的运动的直角坐标法

以参考系中固定不动的参考点 O 为原点，建立一直角坐标系，如图 6-3 所示，点 M 的坐标为(x,y,z)，确定点 M 位置的矢径 $\boldsymbol{r}(t)$可表示为

$$\boldsymbol{r}(t)=x(t)\boldsymbol{i}+y(t)\boldsymbol{j}+z(t)\boldsymbol{k} \tag{6-6}$$

其中 $\boldsymbol{i}$，$\boldsymbol{j}$，$\boldsymbol{k}$ 分别为 x，y，z 轴的单位矢量。

点 M 的在该直角坐标系中的运动方程为

$$x=x(t),\ y=y(t),\ z=z(t) \tag{6-7}$$

若能消去时间参数 t，便可得到点的运动轨迹的曲线方程。

点 M 的速度为

$$\boldsymbol{v}=\frac{\mathrm{d}\boldsymbol{r}}{\mathrm{d}t}=\dot{x}(t)\boldsymbol{i}+\dot{y}(t)\boldsymbol{j}+\dot{z}(t)\boldsymbol{k} \tag{6-8}$$

其有沿着三个直角坐标轴的投影，分别记为

$$v_x(t)=\dot{x}(t),\ v_y(t)=\dot{y}(t),\ v_z(t)=\dot{z}(t) \tag{6-9}$$

速度大小为

$$v=\sqrt{v_x^2+v_y^2+v_z^2} \tag{6-10}$$

速度的方向由其方向余弦确定

$$\cos(\boldsymbol{v},\boldsymbol{i})=\frac{v_x}{v},\ \cos(\boldsymbol{v},\boldsymbol{j})=\frac{v_y}{v},\ \cos(\boldsymbol{v},\boldsymbol{k})=\frac{v_z}{v} \tag{6-11}$$

点 M 的加速度为

$$\boldsymbol{a}=\frac{\mathrm{d}\boldsymbol{v}}{\mathrm{d}t}=\dot{v}_x(t)\boldsymbol{i}+\dot{v}_y(t)\boldsymbol{j}+\dot{v}_z(t)\boldsymbol{k}=\ddot{x}(t)\boldsymbol{i}+\ddot{y}(t)\boldsymbol{j}+\ddot{z}(t)\boldsymbol{k} \tag{6-12}$$

其有沿着三个直角坐标轴的投影，分别记为

$$a_x(t)=\dot{v}_x(t)=\ddot{x}(t),\ a_y(t)=\dot{v}_y(t)=\ddot{y}(t),\ a_z(t)=\dot{v}_z(t)=\ddot{z}(t) \tag{6-13}$$

加速度大小和方向余弦分别为

$$a=\sqrt{a_x^2+a_y^2+a_z^2} \tag{6-14}$$

$$\cos(\boldsymbol{a},\boldsymbol{i})=\frac{a_x}{a},\ \cos(\boldsymbol{a},\boldsymbol{j})=\frac{a_y}{a},\ \cos(\boldsymbol{a},\boldsymbol{k})=\frac{a_z}{a} \tag{6-15}$$

若点 M 在某个平面内运动，则仅需在此平面内建立 Oxy 直角坐标系即可，以上各式也

仅需保留与 x，y 坐标相关的项。

例 6-1　如图 6-4 所示，直杆 AB 两端分别沿铅垂和水平轨道运动，已知 $\varphi=\omega t$（ω 为常量），试求杆 AB 上点 M 的运动方程、轨迹方程、速度和加速度。

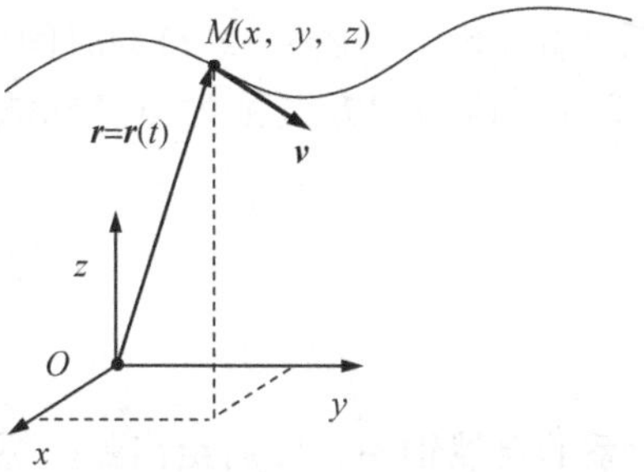

图 6-3　直角坐标系中的点的运动

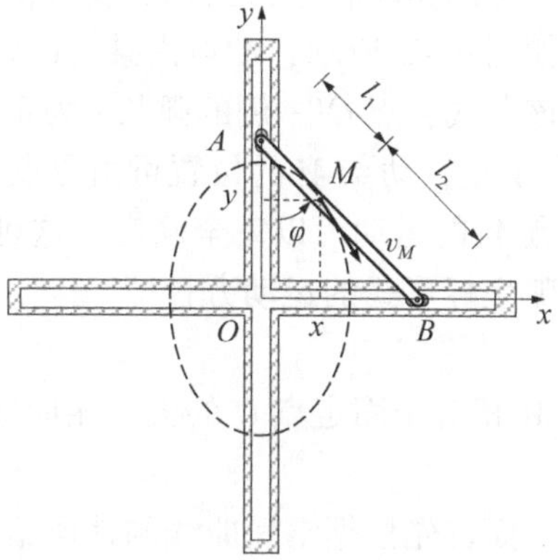

图 6-4　例 6-1 图

解： 点 M 在轨道所在的平面内运动，在该平面内建立图 6-4 所示的直角坐标系。

（1）在 t 瞬时点 M 的坐标为

$$\begin{cases} x=l_1\sin\varphi=l_1\sin\omega t \\ y=l_2\cos\varphi=l_2\cos\omega t \end{cases} \tag{6-16}$$

此即其运动方程。消去参数 t，得其轨迹方程为

$$\frac{x^2}{l_1^2}+\frac{y^2}{l_2^2}=1 \tag{6-17}$$

其轨迹为椭圆，如图中虚线椭圆所示。

（2）点 M 的速度。式（6-16）对时间求一阶导数得点 M 的速度在 x，y 轴上的投影：

$$\begin{cases} v_x=\dot{x}=\omega l_1\cos\omega t \\ v_y=\dot{y}=-\omega l_2\sin\omega t \end{cases} \tag{6-18}$$

速度的大小为

$$v=\sqrt{v_x^2+v_y^2}=\omega\sqrt{l_1^2\cos^2\omega t+l_2^2\sin^2\omega t}$$

方向沿点 M 的椭圆轨迹在此时刻的切线方向，斜向下，如图 6-4 所示。

（3）点 M 的加速度。式（6-18）对时间求一阶导数得点 M 的加速度在 x，y 轴上的投影：

$$\begin{cases} a_x=\dot{v}_x=-\omega^2 l_1\sin\omega t=-\omega^2 x \\ a_y=\dot{v}_y=-\omega^2 l_2\cos\omega t=-\omega^2 y \end{cases} \tag{6-19}$$

式（6-19）表明点 M 的加速度的矢量为

$$\boldsymbol{a}=a_x\boldsymbol{i}+a_y\boldsymbol{j}=-\omega^2(x\boldsymbol{i}+y\boldsymbol{j})=-\omega^2\,\overrightarrow{OM}=\omega^2\,\overrightarrow{MO}$$

加速度的大小为

$$a=\omega^2\cdot OM$$

加速度的方向由点 M 指向点 O。必须注意：点 M 的加速度的结论仅当 ω 为常量时才正确。

6.3 描述点的运动的弧坐标法

当点的运动轨迹为已知曲线时，可利用该曲线定义弧坐标来研究点的运动。

如图 6－5 所示，动点沿某一已知曲线运动，在该曲线上任选一点 O' 作为原点，并规定沿着该曲线，点 O' 一侧的弧长 s 为正，另一侧的弧长为负，由此得到一曲线坐标，称为弧坐标 s。于是，动点 M 的位置可由原点 O' 到该位置的弧坐标 s 确定。若 $s=s(t)$ 为时间的函数，则动点 M 的运动可以完全确定。这种利用弧坐标描述点的运动的方法称为弧坐标法。动点 M 的弧坐标形式的运动方程即

$$s=s(t) \tag{6-20}$$

动点 M 相对于固定点 O 的矢径相应地可表示为

$$\boldsymbol{r}=\boldsymbol{r}(s) \tag{6-21}$$

下面首先根据空间曲线的性质给出类似直角坐标系的自然轴系，然后给出弧坐标法中的动点的速度和加速度在自然轴系中的表达形式。

如图 6－6 所示，设动点做空间运动，其轨迹已知，t 时刻该动点位于 M 位置，该动点的切线为 MT；在 $t+\Delta t$ 时刻该动点位于 M' 位置，令 $\Delta s=\widehat{MM'}$；则由切线 MT 和点 M' 可确定一个平面，随着动点由 M' 位置无限靠近点 M 位置，即 $\Delta s\to 0$ 时，该平面有一极限位置，该极限位置的平面称为动点轨迹在点 M 处的密切面。过点 M，与切线 MT 垂直的平面为法平面。法平面与密切面的交线 MN 为曲线在点 M 处的主法线。在法平面内过点 M，与主法线垂直的直线 MB 称为副法线。由于副法线在法平面内，所以副法线 MB 垂直于切线 MT，这样在点 M 处的切线、主法线和副法线三者相互垂直，形成了与直角坐标系类似的轴系，称它们为动点的**自然轴系**，并记切线 MT、主法线 MN 和副法线 MB 的单位矢量为 $\boldsymbol{e}_{\mathrm{t}}$，$\boldsymbol{e}_{\mathrm{n}}$ 和 $\boldsymbol{e}_{\mathrm{b}}=\boldsymbol{e}_{\mathrm{t}}\times\boldsymbol{e}_{\mathrm{n}}$，其中 $\boldsymbol{e}_{\mathrm{t}}$ 指向动点弧坐标增加的方向，$\boldsymbol{e}_{\mathrm{n}}$ 指向动点轨迹在点 M 的凹侧。如图 6－7 所示，设动点轨迹在点 M 处的曲率为 k，在动点轨迹的凹向一侧的点 M 处的法线上取一点 C，使得 $MC=1/k=\rho$，以 C 为圆心，以 ρ 为半径画圆，这个圆叫作动点轨迹在点 M 处的密切圆（曲率圆），点 C 和 ρ 分别称为动点轨迹在点 M 处的曲率中心和曲率半径，因此 $\boldsymbol{e}_{\mathrm{n}}$ 指向动点在该瞬时的曲率中心。在讨论动点轨迹在点 M 处的一阶和二阶导数的性质时，可视点 M 的微小邻域的曲线为密切面内的密切圆的一段微小圆弧，如图 6－7 所示的 $\Delta s=\widehat{MM'}$（当 $\Delta t\to 0$ 时）。若动点的运动轨迹为平面曲线，则该平面曲线所在的平面即动点在任一瞬时的密切面。

下面推导出由弧坐标形式的运动方程［式（6－20）］所表示的点的速度、加速度公式。

由点的速度的定义，可得

$$\boldsymbol{v}=\frac{\mathrm{d}\boldsymbol{r}}{\mathrm{d}t}=\frac{\mathrm{d}\boldsymbol{r}}{\mathrm{d}s}\cdot\frac{\mathrm{d}s}{\mathrm{d}t}$$

而 $\dfrac{\mathrm{d}\boldsymbol{r}}{\mathrm{d}s}=\lim\limits_{\Delta s\to 0}\dfrac{\Delta\boldsymbol{r}}{\Delta s}$，由图 6－7 可知，其大小 $\left|\dfrac{\mathrm{d}\boldsymbol{r}}{\mathrm{d}s}\right|=\lim\limits_{\Delta s\to 0}\left|\dfrac{\Delta\boldsymbol{r}}{\Delta s}\right|=1$；其方向为 $\Delta s\to 0$（即 $\Delta t\to 0$）时 $\Delta\boldsymbol{r}$ 的极限方向，即点在该瞬时的切向。于是，$\dfrac{\mathrm{d}\boldsymbol{r}}{\mathrm{d}s}=\boldsymbol{e}_{\mathrm{t}}$。因此，点的速度可表示为

$$\boldsymbol{v}=\frac{\mathrm{d}s}{\mathrm{d}t}\boldsymbol{e}_{\mathrm{t}}=\dot{s}\boldsymbol{e}_{\mathrm{t}}=v\boldsymbol{e}_{\mathrm{t}} \tag{6-22}$$

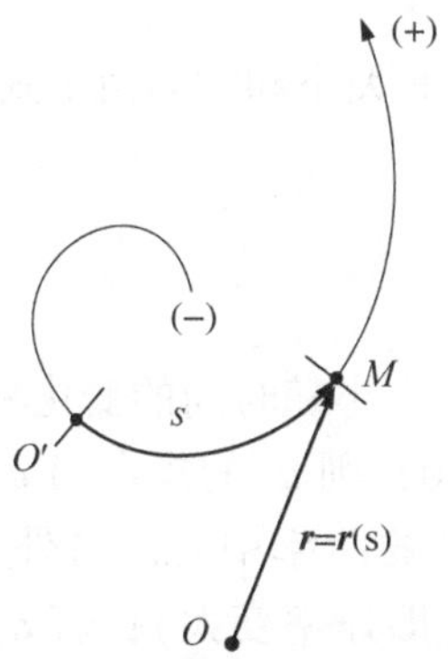

图6-5　动点的弧坐标描述

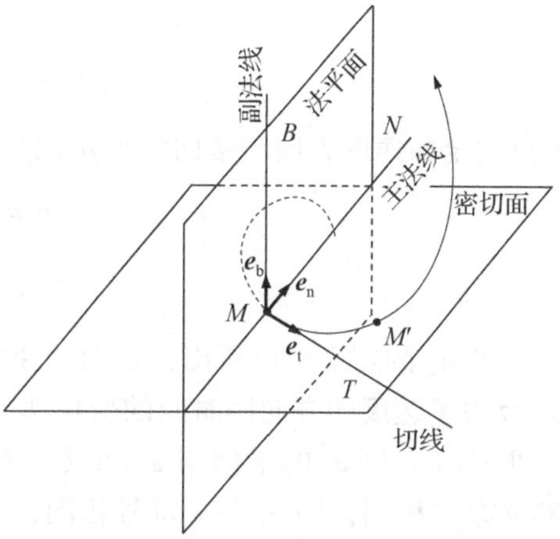

图6-6　自然轴系

其中 $v=\dot{s}$，其绝对值为速度的大小，反映了弧坐标 s 随时间的变化率。速度的方向沿着动点轨迹的切线方向。

由点的加速度定义，可得

$$\boldsymbol{a}=\frac{\mathrm{d}\boldsymbol{v}}{\mathrm{d}t}=\frac{\mathrm{d}\dot{s}}{\mathrm{d}t}\boldsymbol{e}_{\mathrm{t}}+\dot{s}\frac{\mathrm{d}\boldsymbol{e}_{\mathrm{t}}}{\mathrm{d}t}=\frac{\mathrm{d}\dot{s}}{\mathrm{d}t}\boldsymbol{e}_{\mathrm{t}}+\dot{s}\frac{\mathrm{d}\boldsymbol{e}_{\mathrm{t}}}{\mathrm{d}s}\cdot\frac{\mathrm{d}s}{\mathrm{d}t}$$

对于其中的$\dfrac{\mathrm{d}\boldsymbol{e}_{\mathrm{t}}}{\mathrm{d}s}$，如图6-8所示，是两腰大小等于1的等腰三角形（$\Delta\boldsymbol{e}_{\mathrm{t}}$ 为该等腰三角形的底边），于是其大小 $\left|\dfrac{\mathrm{d}\boldsymbol{e}_{\mathrm{t}}}{\mathrm{d}s}\right|=\lim\limits_{\Delta s\to 0}\left|\dfrac{\Delta\boldsymbol{e}_{\mathrm{t}}}{\Delta s}\right|=\lim\limits_{\Delta\varphi\to 0}\left|\dfrac{2\cdot 1\cdot\sin\dfrac{\Delta\varphi}{2}}{\rho\cdot\Delta\varphi}\right|=\dfrac{1}{\rho}$；其方向为 $\Delta s\to 0$（即 $\Delta t\to 0$）时 $\Delta\boldsymbol{e}_{\mathrm{t}}$ 的极限方向$\left(\dfrac{\pi}{2}-\dfrac{\Delta\varphi}{2}\to\dfrac{\pi}{2}\right)$，即主法向，故$\dfrac{\mathrm{d}\boldsymbol{e}_{\mathrm{t}}}{\mathrm{d}s}=\dfrac{1}{\rho}\boldsymbol{e}_{\mathrm{n}}$。因此，点的加速度可表示为

$$\boldsymbol{a}=\ddot{s}\boldsymbol{e}_{\mathrm{t}}+\frac{\dot{s}^2}{\rho}\boldsymbol{e}_{\mathrm{n}}=\dot{v}\boldsymbol{e}_{\mathrm{t}}+\frac{v^2}{\rho}\boldsymbol{e}_{\mathrm{n}} \tag{6-23}$$

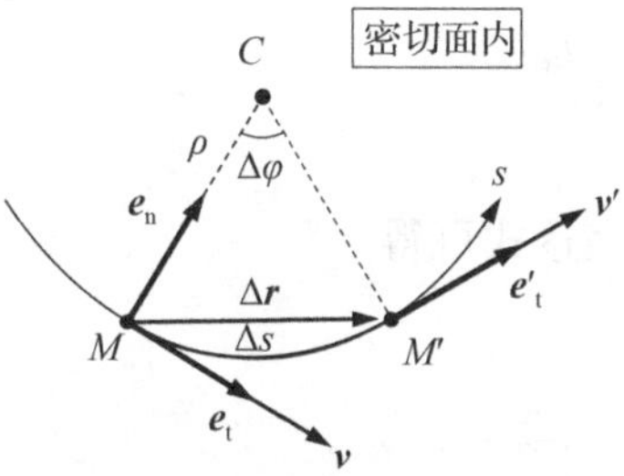

图6-7　密切面内点的运动轨迹

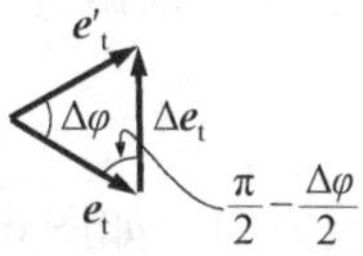

图6-8　切向单位矢量的变化量

由此可知点的加速度无副法线方向的分量，只有切线和主法线两个相互垂直方向的分量，分别称为**切向加速度** $\boldsymbol{a}_{\mathrm{t}}$ 和**法向加速度**（又称为**向心加速度**）$\boldsymbol{a}_{\mathrm{n}}$。点的加速度（又称为全加速度）可记为

$$\boldsymbol{a}=\boldsymbol{a}_{\mathrm{t}}+\boldsymbol{a}_{\mathrm{n}}=a_{\mathrm{t}}\boldsymbol{e}_{\mathrm{t}}+a_{\mathrm{n}}\boldsymbol{e}_{\mathrm{n}} \tag{6-24}$$

其中

$$a_t = \ddot{s} = \dot{v},\quad a_n = \frac{\dot{s}^2}{\rho} = \frac{v^2}{\rho} \tag{6-25}$$

若点的全加速度方向与法向的夹角记为 θ，则点的加速度的大小和方向由下式确定：

$$a = \sqrt{a_t^2 + a_n^2} \tag{6-26}$$

$$\theta = \arctan\frac{|a_t|}{a_n} \tag{6-27}$$

由 $\boldsymbol{a}_t$ 和 $\boldsymbol{a}_n$ 的定义可以看出，切向加速度 $\boldsymbol{a}_t$ 反映了速度的大小随时间的变化率，法向加速度 $\boldsymbol{a}_n$ 反映了速度的方向随时间的变化率。若 $\dot{v}>0$，即 $a_t>0$，则 $\boldsymbol{a}_t$ 的指向与 $\boldsymbol{e}_t$ 相同，若 $\dot{v}<0$，即 $a_t<0$，则 $\boldsymbol{a}_t$ 的指向与 $\boldsymbol{e}_t$ 相反；而 $\boldsymbol{a}_n$ 始终指向轨迹的曲率中心。另外需要指出，若 $\boldsymbol{a}_t$ 和 $\boldsymbol{v}$ 方向相同，即 a_t 与 v 符号相同，则点做加速运动（即速率变大）；若 $\boldsymbol{a}_t$ 和 $\boldsymbol{v}$ 方向相反，即 a_t 与 v 符号相异，则点做减速运动（即速率变小）。

为了区分不同点的运动学的量，在表示时可将点 M 的速度、加速度、切向加速度和法向加速度的符号记为 $\boldsymbol{v}_M$，$\boldsymbol{a}_M$，$\boldsymbol{a}_M^t$ 和 $\boldsymbol{a}_M^n$，其他各点依此类推。

由上述结论可知，速度和加速度在自然轴系中的表示反映了它们的更清晰的本质，具有明确的几何和物理意义。一般来说，当点的运动轨迹已知时，采用自然轴系来研究点的速度和加速度较为简便；当点的运动轨迹未知时，采用直角坐标系来研究点的速度和加速度较为简便。

例 6-2 曲柄导杆机构如图 6-9 所示，曲柄 OA 绕定轴 O 转动，通过套于杆 O_1B 上的套筒 A 带动其绕定轴 O_1摆动。已知 $\varphi=\omega t$（ω 为常量），$OA=OO_1=r$，$O_1B=l$。求杆端点 B 的运动方程、速度和加速度。

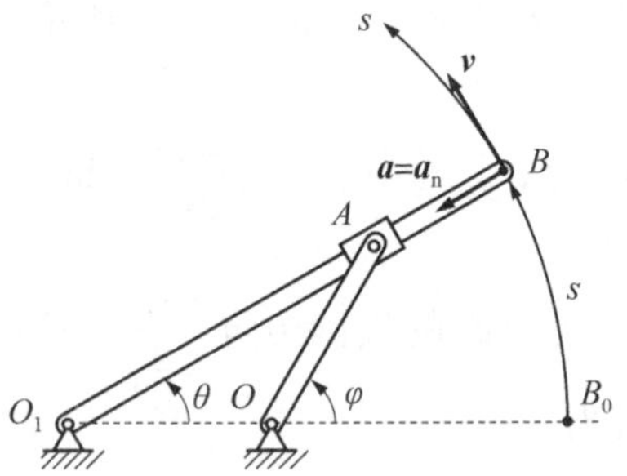

图 6-9 例 6-2 图

解：由题意知，点 B 的运动轨迹为以点 O_1 为圆心、以 $O_1B=l$ 为半径的圆弧。

（1）建立以 $t=0$ 时点 B 的位置 B_0 为弧坐标原点的弧坐标 s，其正方向与 θ 逆时针转向一致，如图 6-9 所示。在 t 瞬时点 B 的弧坐标为

$$s = l\theta = l\cdot\frac{1}{2}\varphi = \frac{1}{2}l\omega t \tag{6-28}$$

此即点 B 的弧坐标形式的运动方程。

（2）点 B 的速度。根据自然轴系下速度的大小表达式可得

$$v = \dot{s} = \frac{1}{2}l\omega \tag{6-29}$$

其方向沿轨迹切线方向，如图 6-9 所示。

（3）点 B 的加速度。点 B 具有切向和法向加速度，它们的大小分别为

$$a_t = \dot{v} \equiv 0,\quad a_n = \frac{v^2}{l} = \frac{1}{4}l\omega^2$$

因此，点 B 的法向加速度为其全加速度，即

$$a = a_n = \frac{1}{4}l\omega^2$$

其方向由点 B 指向其轨迹曲率中心，即其圆弧轨迹的圆心点 O_1，如图 6－9 所示。

例 6－3　如图 6－10 所示，半径为 r 的车轮 C 沿水平轨道（x 轴）在铅垂面内向右做无滑动滚动，这种运动形式称为纯滚动。已知车轮中心的速度恒为 v_C，试求车轮轮缘任一点 M 的运动轨迹、速度和加速度，以及轨迹的曲率半径。

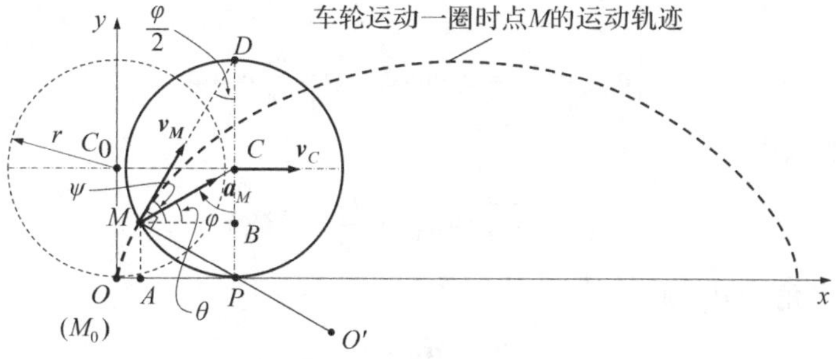

图 6－10　例 6－3 图

解：(1) 不失一般性，选择车轮轮缘上点 M 与地面触时为初始时刻，以此时轨道与车轮的接触点 O 为原点，建立图 6－10 所示的直角坐标系 Oxy，图中虚线圆所示为初始时刻车轮位置。

(2) 求点 M 的运动方程。车轮从初始时刻开始到 t 瞬时，车轮运动到图示实线圆所示位置，车轮与地面接触点为点 P，设 CP 与 CM 的夹角为 φ。轮心做匀速直线水平运动，则有 $x_C=v_Ct$。车轮只滚不滑，故圆弧 $\overset{\frown}{PM}=r\varphi$ 与直线段 $OP=C_0C=v_Ct$ 等长，即 $r\varphi=x_C=v_Ct$，该式普遍成立，对之求一阶时间导数，得 $r\dot{\varphi}=v_C$，整理为

$$\begin{cases}\varphi=\dfrac{x_C}{r}\\[2ex]\dot{\varphi}=\dfrac{v_C}{r}\end{cases}\tag{6-30}$$

由点 M 分别向 OP 和 CP 作垂线，垂足分别为点 A 和点 B，则点 M 的运动方程为

$$\begin{cases}x_M=OA=OP-PA=r\varphi-r\sin\varphi\\ y_M=AM=PC-BC=r-r\cos\varphi\end{cases}\tag{6-31}$$

由运动方程可计算出不同瞬时的 x_M 与 y_M 值，便可描绘出点 M 的运动轨迹曲线，此曲线常称为摆线或旋轮线，如图中虚线所示。

(3) 求点 M 的速度。对点 M 的运动方程式（6－31）求一阶时间导数，并考虑式（6－30），得

$$\begin{cases}v_{Mx}=\dot{x}_M=r\dot{\varphi}-r\cos\varphi\cdot\dot{\varphi}=v_C(1-\cos\varphi)=2v_C\sin^2\dfrac{\varphi}{2}\\[2ex] v_{My}=\dot{y}_M=r\sin\varphi\cdot\dot{\varphi}=v_C\sin\varphi=2v_C\sin\dfrac{\varphi}{2}\cos\dfrac{\varphi}{2}\end{cases}\tag{6-32}$$

故点 M 的速度的大小为

$$v_M=\sqrt{v_{Mx}^2+v_{My}^2}=2v_C\sin\frac{\varphi}{2}$$

设 $\boldsymbol{v}_M$ 与水平线（x 轴方向）的夹角为 ψ，则

$$\tan\psi=\frac{v_{My}}{v_{Mx}}=\cot\frac{\varphi}{2}$$

将 $\boldsymbol{v}_M$ 标于点 M 处，其方向通过车轮的最高点 D，即 $\boldsymbol{v}_M \perp PM$，则$\overrightarrow{MP}$方向为点 M 轨迹的法向。

（4）求点 M 的加速度。对式（6－32）求一阶时间导数，并考虑式（6－30），得

$$\begin{cases} a_{Mx} = \dot{v}_{Mx} = v_C \sin\varphi \cdot \dot{\varphi} = \dfrac{v_C^2}{r}\sin\varphi \\ a_{My} = \dot{v}_{My} = v_C \cos\varphi \cdot \dot{\varphi} = \dfrac{v_C^2}{r}\cos\varphi \end{cases}$$

故点 M 的加速度的大小为

$$a_M = \sqrt{a_{Mx}^2 + a_{My}^2} = \frac{v_C^2}{r}(\text{常数})$$

设 $\boldsymbol{a}_M$ 与水平线的夹角为 θ，则

$$\tan\theta = \frac{a_{My}}{a_{Mx}} = \cot\varphi$$

将 $\boldsymbol{a}_M$ 标于点 M 处，其方向由点 M 指向车轮中心 C。

（5）求点 M 的曲率半径。

$$a_M^{\mathrm{t}} = \dot{v}_M = 2v_C \cdot \frac{2}{\dot{\varphi}} \cdot \cos\frac{\varphi}{2} = \frac{v_C^2}{r}\cos\frac{\varphi}{2}$$

$$a_M^{\mathrm{n}} = \sqrt{a_M^2 - (a_M^{\mathrm{t}})^2} = \frac{v_C^2}{r}\sin\frac{\varphi}{2}$$

又

$$a_M^{\mathrm{n}} = \frac{v_M^2}{\rho_M} = \frac{4v_C^2 \sin^2\dfrac{\varphi}{2}}{\rho_M}$$

于是

$$\rho_M = 4r\sin\frac{\varphi}{2} = 2PM$$

因此，点 M 的曲率中心为 MP 的延长线上的点 O'，且 $O'M = 2PM$，如图 6－10 所示。

本章小结

本章介绍了点的运动学的描述方法以及相应的点的运动方程、位移、速度和加速度等概念，并给出了两种坐标系中相关物理量的具体表达，主要内容如下。

（1）点的运动的一般描述方法——矢径描述法，其速度以及加速度的定义为其矢径 $\boldsymbol{r}$ 对时间的一阶、二阶导数

$$\boldsymbol{v} = \dot{\boldsymbol{r}},\ \boldsymbol{a} = \dot{\boldsymbol{v}}$$

（2）直角坐标系中点的运动的描述方法，其矢径、速度和加速度的表达式为

$$\boldsymbol{r}(t) = x(t)\boldsymbol{i} + y(t)\boldsymbol{j} + z(t)\boldsymbol{k}$$
$$\boldsymbol{v} = \dot{\boldsymbol{r}} = \dot{x}(t)\boldsymbol{i} + \dot{y}(t)\boldsymbol{j} + \dot{z}(t)\boldsymbol{k}$$
$$\boldsymbol{a} = \dot{v}_x(t)\boldsymbol{i} + \dot{v}_y(t)\boldsymbol{j} + \dot{v}_z(t)\boldsymbol{k} = \ddot{x}(t)\boldsymbol{i} + \ddot{y}(t)\boldsymbol{j} + \ddot{z}(t)\boldsymbol{k}$$

（3）自然轴系中点的运动的弧坐标描述方法，其速度和加速度与其弧坐标 $s(t)$ 及其轨

迹切向、主法向单位矢量 $\boldsymbol{e}_t$，$\boldsymbol{e}_n$ 的表达式为

$$\boldsymbol{v} = \dot{s}\boldsymbol{e}_t = v\boldsymbol{e}_t$$

$$\boldsymbol{a} = \ddot{s}\boldsymbol{e}_t + \frac{\dot{s}^2}{\rho}\boldsymbol{e}_n = \dot{v}\boldsymbol{e}_t + \frac{v^2}{\rho}\boldsymbol{e}_n$$

习　题

6－1　简谐机构如图6－11所示，绕定轴 O 转动的曲柄 OA 与置于T形杆上滑槽内的滑块 A 铰接，从而带动T形杆在水平滑道内运动。已知 $OA = r$，$BC = l$，曲柄与水平线的夹角 φ 的变化规律为 $\varphi = \omega t$，其中 ω 为常量，试求杆 BC 的端点 C 的速度和加速度。

6－2　曲柄—连杆—滑块平面机构如图6－12所示。曲柄 OA 绕定轴 O 转动，A 端与杆 AB 铰接，连杆 B 端与滑块 B 铰接，滑块可在水平滑道内运动。已知 $AB = OA = l$，曲柄与水平线的夹角 φ 的变化规律为 $\varphi = \omega t$，其中 ω 为常量。试求连杆 AB 上任一点 M 的运动方程、轨迹，以及速度和加速度在 x，y 轴上的投影。

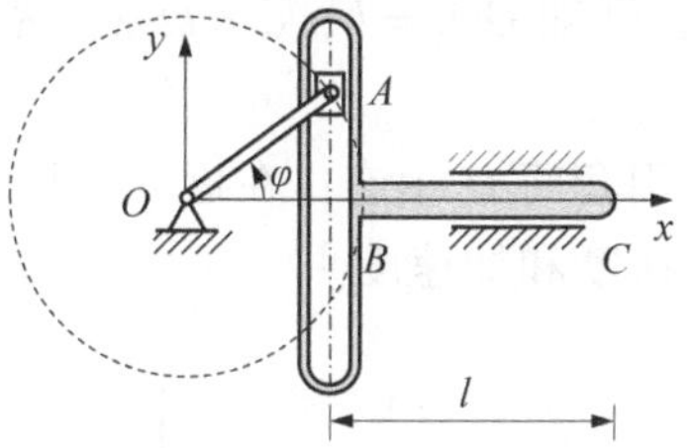

图6－11　习题6－1图

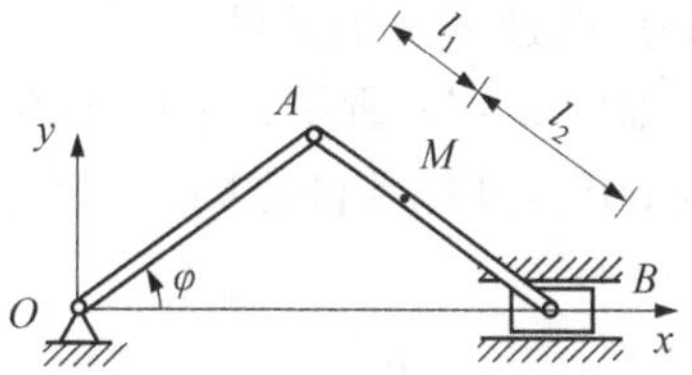

图6－12　习题6－2图

6－3　图6－13所示为雷达跟踪火箭的发射过程，火箭从水平地面铅垂上升，雷达与发射点的水平距离为 l，测得角 φ 的变化规律为 $\varphi = Ct$（C 为常量），试写出火箭的运动方程，计算当 $\varphi = \pi/6$ 和 $\varphi = \pi/3$ 时，火箭的速度和加速度。

6－4　图6－14所示为曲柄—滑道铅垂平面机构，销钉 M 同时在固定圆弧形槽 BC 和曲柄 OA 的直槽内滑动，圆弧 BC 的半径为 r，绕定轴 O 转动的曲柄与水平线的夹角 φ 的变化规律为 $\varphi = \omega t$，其中 ω 为常量。$t = 0$ 时曲柄在水平位置，试分别用直角坐标法和弧坐标法求销钉 M 的运动方程、速度和加速度。

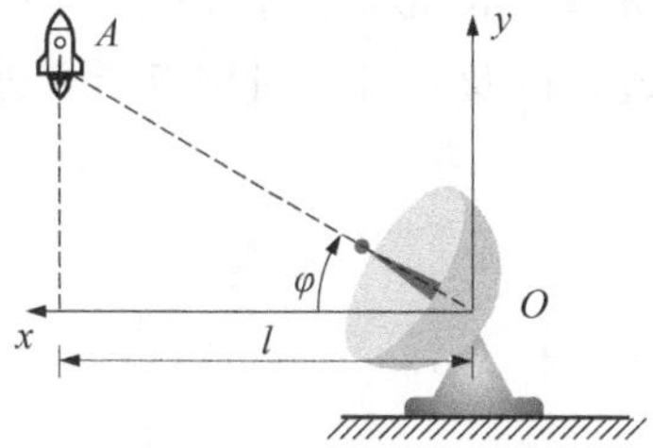

图6－13　习题6－3图

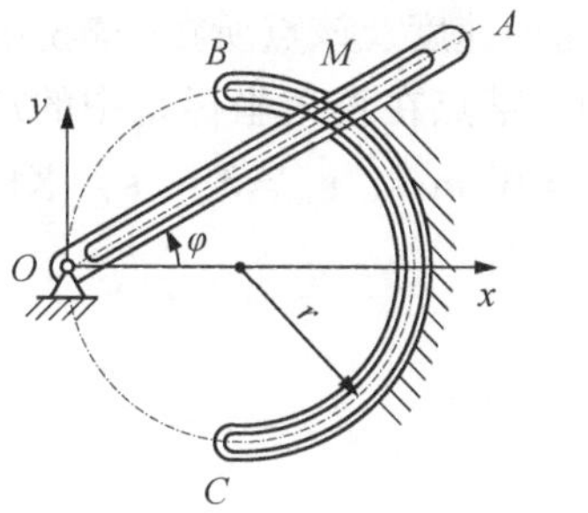

图6－14　习题6－4图

6－5　图6－15所示销钉 M 由其上有直槽的水平运动的T形杆 ABC 带动而沿着图示固定曲线轨道运动，T形杆以匀速度 v 向右运动，轨道曲线的方程为 $y^2 = 2px$（p 为常数），当

$t=0$ 时，$x=0$，试求 t 时刻销钉 M 的速度和加速度的大小。

6－6　图在 6－16 所示的铅垂平面机构中，绕定轴 O 转动的长度为 r 的曲柄 OA 与长度为 $l=2r$ 的杆 AB 铰接，杆 AB 穿过绕定轴 D 转动的套筒 D，O，D 两点连线为水平直线，曲柄 OA 与水平线的夹角 φ 的变化规律为 $\varphi=\omega t$，其中 ω 为常量，试求点 B 的速度和加速度。

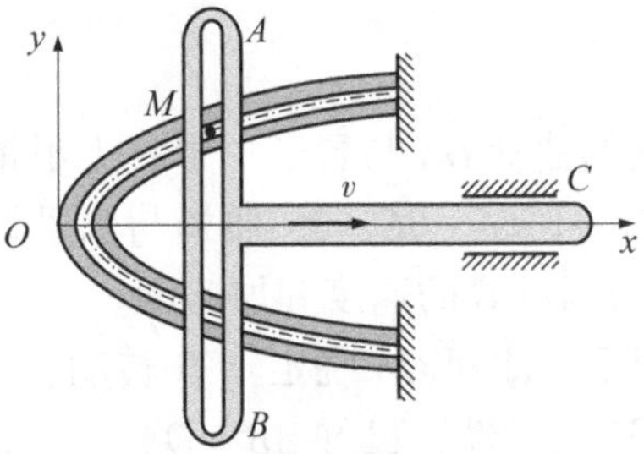

图 6－15　习题 6－5 图

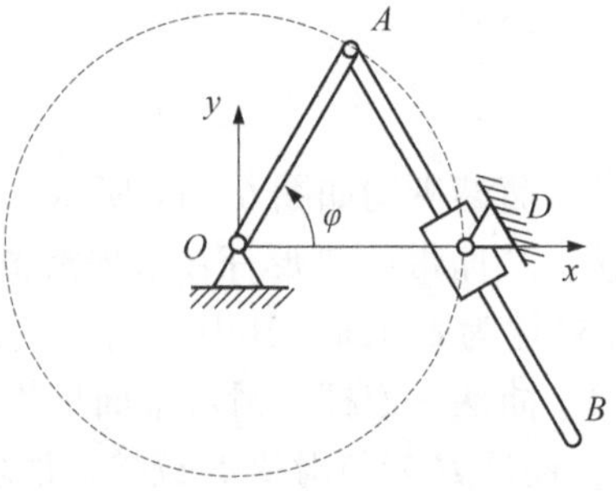

图 6－16　习题 6－6 图

6－7　在图 6－17 所示的平面机构中，OA 与 O_1B 两杆分别绕定轴 O 和 O_1 转动，二者用十字形套筒 D 相连。在运动过程中，两杆保持垂直。已知 $OO_1=b$，$\varphi=kt$（k 为常量）。求套筒 D 中心点的速度和加速度。

6－8　如图 6－18 所示，上题中 OA 与 O_1B 两杆用套筒 D 相连，在运动过程中，两杆的夹角保持为 60°，其他条件相同。求套筒 D 中心点的速度和加速度。

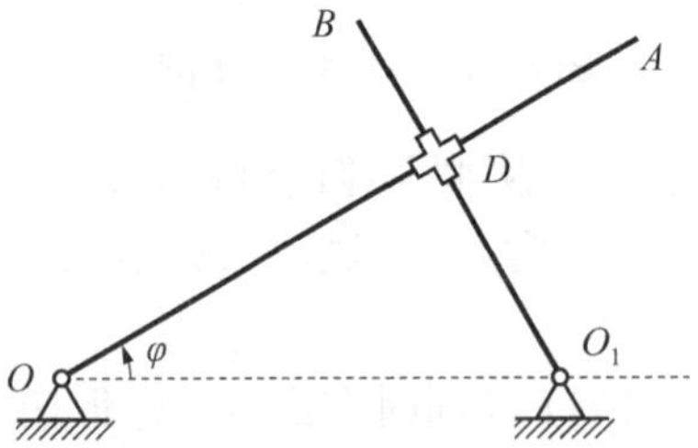

图 6－17　习题 6－7 图

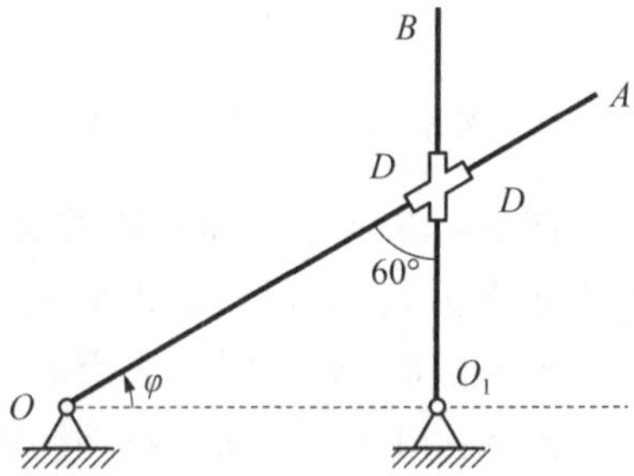

图 6－18　习题 6－8 图

6－9　某点在直角坐标系中的运动方程为 $x=t^2-t$，$y=2t$，x 和 y 的单位为 m，t 的单位为 s。求该点的运动轨迹方程，以及 $t=1$ s 时的速度和加速度，并进一步确定此时的切向加速度、法向加速度及该点所在处轨迹的曲率半径。

6－10　某点在直角坐标系中的加速度方程为 $a_x=-6\ \mathrm{m/s^2}$，$a_y=0$，当 $t=0$ 时，$x_0=y_0=0$，$v_{0x}=10$ m/s，$v_{0y}=3$ m/s，求该点的运动轨迹，以及 $t=1$ s 时该点所在处轨迹的曲率半径。

第 7 章

刚体的基本运动

在工程中，刚体在运动过程中会受到某些约束的限制。根据约束条件的不同，刚体的运动可以分为平行移动、定轴转动、平面运动、定点运动以及特殊的空间运动和空间的自由运动。刚体的平行移动（简称平移）和定轴转动是两种基本的刚体运动形式，复杂的刚体运动可以看作这两种基本运动的合成。本章介绍刚体的平移和定轴转动的描述方法，给出定轴转动刚体上点的速度和加速度与刚体运动的角速度和角加速度之间的关系。

7.1 刚体的平移

刚体在运动过程中，若其上任意一根直线始终与初始位置平行，则刚体的这种运动称为**平行移动**，简称**平移**（或**平动**）。水平路面上沿直线行驶的车厢、发动机气缸中的活塞均是平移刚体的例子。

刚体平移时，具有如下特性。

（1）刚体上任意两点在同一时间间隔内的位移相等。

平移刚体如图 7－1 所示，设 A，B 为平移刚体上任意两点在 t 时刻的位置，在 $t+\Delta t$ 时刻，两点随刚体运动至 A'，B'，由刚体上两点距离保持不变知 $AB \mathrel{\underline{\parallel}} A'B'$，因此 $AA'B'B$ 为平行四边形，从而两点的位移相等，即

$$\overrightarrow{AA'}=\overrightarrow{BB'} \tag{7-1}$$

由 Δt 的任意性，可以得到平移刚体上各点的运动轨迹形状也相同，只是位置不同。假定 $t\to t+\Delta t$ 过程中点 A 轨迹为图 7－1 中 $A\to A'$的虚线，则点 B 轨迹也是同一形状的 $B\to B'$的虚线。

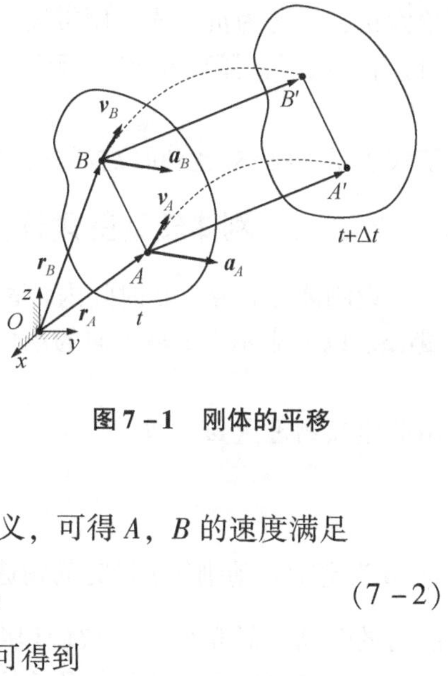

图 7－1　刚体的平移

（2）刚体上任意两点在同一时刻具有相同的速度和加速度。

式（7－1）在 $\Delta t\to 0$ 过程中始终成立，则由速度的定义，可得 A，B 的速度满足

$$\boldsymbol{v}_A=\lim_{\Delta t\to 0}\frac{\overrightarrow{AA'}}{\Delta t}=\lim_{\Delta t\to 0}\frac{\overrightarrow{BB'}}{\Delta t}=\boldsymbol{v}_B \tag{7-2}$$

式（7－2）在任意时刻均成立，两边对时间 t 求导即可得到

$$\boldsymbol{a}_A=\boldsymbol{a}_B \tag{7-3}$$

或$\overrightarrow{AB}=\boldsymbol{r}_B-\boldsymbol{r}_A=$常矢，两边对时间 t 求一阶导数和二阶导数也得到 $\boldsymbol{v}_A=\boldsymbol{v}_B$ 和 $\boldsymbol{a}_A=\boldsymbol{a}_B$。

以上平移刚体的特性表明：刚体平移时，其上各点的运动规律完全相同。因此，研究刚体的平移可归结为研究其上任意一点的运动，即可以“以点代体”。

根据平移刚体上点的运动轨迹的形式，可以将平移分为直线平移、曲线平移，圆弧平移是曲线平移的特殊情况。另外注意，平移可以是平面平移，其上各点的运动轨迹为平面曲线；也可以是空间平移，其上各点的运动轨迹为空间曲线。

7.2 刚体的定轴转动

刚体在运动过程中，若其上或其延拓部分存在一条不动的直线，则刚体的运动称为**定轴转动**，不动的直线称为**转轴**。钟表中的齿轮、通过合页安装的门窗等都是常见的定轴转动的例子。转轴上的点始终不动，转轴以外的点绕转轴做圆周运动，其轨迹为以该点在转轴上的垂足为圆心、以该点到垂足之间的距离为半径的圆。

7.2.1 转角和转动方程

定轴转动刚体如图 7－2 所示，设其转轴为 Oz 轴。选取一个过转轴的固定半平面Ⅰ，再选取一个与刚体固连、过转轴的半平面Ⅱ。在刚体转动过程中，只要半平面Ⅱ的位置确定，则刚体的位置也即确定。半平面Ⅱ的位置可由其与半平面Ⅰ的二面角 φ 确定。因此，从半平面Ⅰ转到半平面Ⅱ的角度 φ 确定了刚体的位置，称之为定轴转动刚体的**转角**，其单位为弧度（rad）。通常以右手法则确定其正转向，即右手拇指指向转轴正向，转角与其余四指的转向一致为正，反之为负。或者，面向转轴负向观察，发生逆时针转向的转角为正，反之为负。通常用带箭头的弧线段表示转角。当刚体转动时，转角 φ 是时间 t 的连续函数，即

$$\varphi=\varphi(t) \tag{7-4}$$

该式表示了刚体的空间位置的变化规律，称为刚体的**定轴转动方程**。

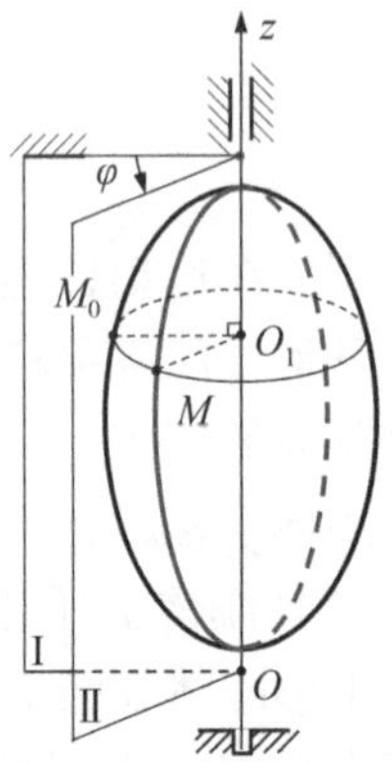

图 7－2　刚体的定轴转动

7.2.2 刚体转动的角速度和角加速度

设刚体在 $t\to t+\mathrm{d}t$ 时间内转过微小转角 $\mathrm{d}\varphi$，可根据右手法则，定义沿转轴（z 轴）的矢量 $\overrightarrow{\mathrm{d}\varphi}$。以 $\boldsymbol{k}$ 表示沿 z 轴正向的单位矢量，则有

$$\overrightarrow{\mathrm{d}\varphi}=\mathrm{d}\varphi\boldsymbol{k}$$

由此定义物理量 $\boldsymbol{\omega}$，即

$$\boldsymbol{\omega}=\frac{\overrightarrow{\mathrm{d}\varphi}}{\mathrm{d}t}=\frac{\mathrm{d}\varphi}{\mathrm{d}t}\boldsymbol{k}=\omega\boldsymbol{k} \tag{7-5}$$

称 $\boldsymbol{\omega}$ 为定轴转动刚体 t 瞬时的**角速度矢量**。$\omega=\dfrac{\mathrm{d}\varphi}{\mathrm{d}t}$为角速度的代数值，其绝对值反映刚体 t 瞬时的转动（转角变化）快慢程度，其单位为弧度/秒（rad/s）。

进一步可定义反映刚体角速度 $\boldsymbol{\omega}$ 对时间变化率的物理量 $\boldsymbol{\alpha}$，即

$$\boldsymbol{\alpha}=\frac{\mathrm{d}\boldsymbol{\omega}}{\mathrm{d}t}=\frac{\mathrm{d}\omega}{\mathrm{d}t}\boldsymbol{k}=\alpha\boldsymbol{k} \tag{7-6}$$

称 $\boldsymbol{\alpha}$ 为定轴转动刚体 t 瞬时的**角加速度矢量**。$\alpha = \dfrac{\mathrm{d}\omega}{\mathrm{d}t}$为角加速度的代数值，其绝对值反映刚体的角速度变化的快慢程度，其单位为弧度/秒^2（$\mathrm{rad/s^2}$）。

与点的切向加速度与速度的关系类似，当 $\boldsymbol{\omega}$ 与 $\boldsymbol{\alpha}$ 方向相同，即 ω 与 α 符号相同时，则 ω 的绝对值增大，刚体做加速转动；当 $\boldsymbol{\omega}$ 与 $\boldsymbol{\alpha}$ 方向相反，即 ω 与 α 符号相异时，则 ω 的绝对值减小，刚体做减速转动。

7.2.3　定轴转动刚体上点的运动方程、速度和加速度

定轴转动刚体上除转轴外任一点的运动轨迹为圆，设其上点 M 的轨迹的半径为 ρ，圆心为转轴上的点 O_1。建立起始于点 M 的初始位置点 M_0（在选定的固定的半平面 I 上）、沿其运动轨迹的弧坐标 s，如图 7－3 所示，则 $s=\rho\varphi$，由弧坐标法可得点 M 的速度大小为

$$v=\frac{\mathrm{d}s}{\mathrm{d}t}=\rho\frac{\mathrm{d}\varphi}{\mathrm{d}t}=\omega\rho \tag{7-7}$$

点 M 的速度方向顺着角速度的转向，沿着轨迹切线方向。

设点 O 是转轴上任一固定点，从点 O 引至点 M 的矢径为 $\boldsymbol{r}$，矢径 $\boldsymbol{r}$ 与角速度 $\boldsymbol{\omega}$ 的夹角为 θ，则有

$$v=\omega\rho=\omega r\sin\theta=|\boldsymbol{\omega}\times\boldsymbol{r}|$$

同时，由图 7－3 可以看出，$\boldsymbol{v}$ 垂直于 O_1M 与 z 轴所确定的平面，则 $\boldsymbol{v}\perp\boldsymbol{r}$，$\boldsymbol{v}\perp\boldsymbol{\omega}$。于是，一并考虑 $\boldsymbol{v}$ 的大小和方向，点 M 的速度可表示为

$$\boldsymbol{v}=\boldsymbol{\omega}\times\boldsymbol{r} \tag{7-8}$$

即定轴转动刚体上任一点的速度等于刚体的角速度矢量与其相对于转轴上某点 O 的矢径的叉积。

由于点 M 与点 O 位于同一刚体上，所以矢径 $\boldsymbol{r}$ 的大小保持不变，仅其方向随着刚体的转动而变化。根据点的运动学知识，$\boldsymbol{v}=\dfrac{\mathrm{d}\boldsymbol{r}}{\mathrm{d}t}$，则有如下关系：

$$\frac{\mathrm{d}\boldsymbol{r}}{\mathrm{d}t}=\boldsymbol{\omega}\times\boldsymbol{r} \tag{7-9}$$

更一般地，若设点 A，B 为定轴转动刚体上任意两点，$\boldsymbol{v}_A=\boldsymbol{\omega}\times\boldsymbol{r}_A$，$\boldsymbol{v}_B=\boldsymbol{\omega}\times\boldsymbol{r}_B$，则$\dfrac{\mathrm{d}\overrightarrow{AB}}{\mathrm{d}t}=\dfrac{\mathrm{d}(\boldsymbol{r}_B-\boldsymbol{r}_A)}{\mathrm{d}t}=\boldsymbol{v}_B-\boldsymbol{v}_A=\boldsymbol{\omega}\times(\boldsymbol{r}_B-\boldsymbol{r}_A)=\boldsymbol{\omega}\times\overrightarrow{AB}$，即有如下结论：定轴转动刚体上**一个大小不变的矢量随时间的变化率等于其转动的角速度矢量与其自身的叉积**。

式（7－8）两边对时间求一阶导数，则得到点 M 的加速度

$$\boldsymbol{a}=\frac{\mathrm{d}\boldsymbol{v}}{\mathrm{d}t}=\frac{\mathrm{d}(\boldsymbol{\omega}\times\boldsymbol{r})}{\mathrm{d}t}=\frac{\mathrm{d}\boldsymbol{\omega}}{\mathrm{d}t}\times\boldsymbol{r}+\boldsymbol{\omega}\times\frac{\mathrm{d}\boldsymbol{r}}{\mathrm{d}t}$$

即

$$\boldsymbol{a}=\boldsymbol{\alpha}\times\boldsymbol{r}+\boldsymbol{\omega}\times\boldsymbol{v} \tag{7-10}$$

其中 $\boldsymbol{\alpha}\times\boldsymbol{r}$ 沿着点 M 的运动轨迹切线方向，记为切向加速度 $\boldsymbol{a}_\mathrm{t}$；$\boldsymbol{\omega}\times\boldsymbol{v}$ 指向点 M 的运动轨迹的曲率中心点 O_1，记为法向加速度 $\boldsymbol{a}_\mathrm{n}$（图 7－4），即

$$\boldsymbol{a}_\mathrm{t}=\boldsymbol{\alpha}\times\boldsymbol{r} \tag{7-11}$$

$$\boldsymbol{a}_{\mathrm{n}} = \boldsymbol{\omega} \times \boldsymbol{v} = \boldsymbol{\omega} \times (\boldsymbol{\omega} \times \boldsymbol{r}) \tag{7-12}$$

即定轴转动刚体上任一点的切向加速度等于刚体的角加速度矢量与其矢径的叉积；法向加速度等于刚体的角速度与其速度矢量的叉积。二者的大小分别为

$$a_{\mathrm{t}} = |\boldsymbol{\alpha} \times \boldsymbol{r}| = \alpha r \sin\theta = \alpha\rho$$

$$a_{\mathrm{n}} = |\boldsymbol{\omega} \times \boldsymbol{v}| = \omega v \sin 90^{\circ} = \omega^2 \rho$$

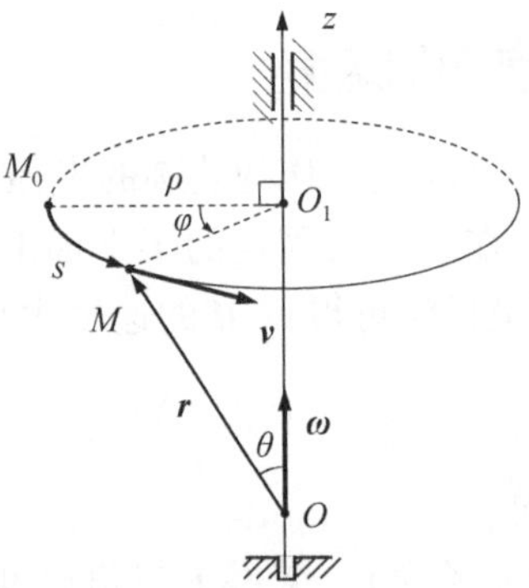

图 7-3　定轴转动刚体上点的速度

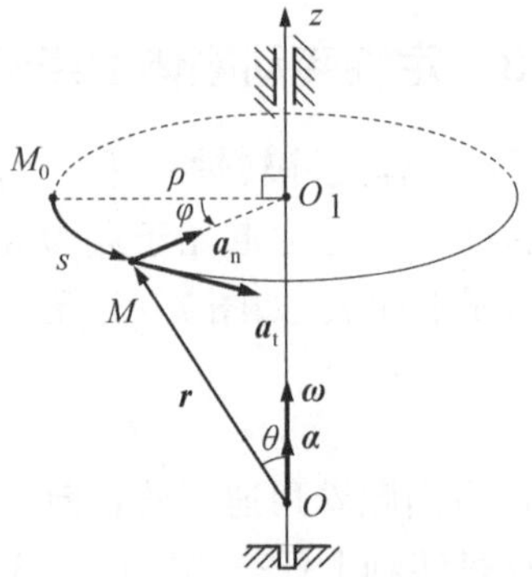

图 7-4　定轴转动刚体上点的切向和法向加速度

根据上述结果可以得出，点 M 的速度和加速度均为点 M 的运动轨迹所在平面内的矢量，除了与刚体的角速度和角加速度有关之外，它们的大小也仅与其运动轨迹的半径这一个几何参数有关。考察过点 M 与转轴平行的直线的运动，可以发现在其随着刚体做定轴转动时，该直线所做运动形式为平移，其上各点的速度和加速度在同一瞬时分别相同。若将定轴转动的刚体向与转轴垂直的任一平面投影，则得到一个平面图形在其自身所在平面内绕垂直于该平面的某轴转动的运动情形，该平面图形上任一点的运动完全代表了过该点与转轴平行的直线的运动，即该平面图形的运动学特征完全描述定轴转动刚体的运动学特征，而刚体的角速度和角加速度则按右手法则相应地以平面内带箭头的弧线段表示，如图 7-5（a）所示。

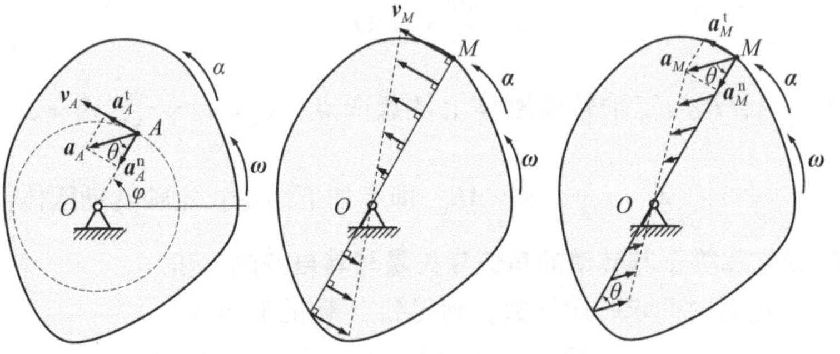

（a）　（b）　（c）

图 7-5　定轴转动的平面表示

根据前述结果可知，图 7-5（a）中点 A 的速度大小为 $v_A = \omega \cdot OA$，即与该点到转轴的距离成正比；方向垂直于 OA 连线，与角速度 ω 的转向一致，故定轴转动刚体上过转轴的直线上各点的速度分布如图 7-5（b）所示。

图 7-5（a）、（b）中点 A 的切向加速度的大小为 $a_A^{\mathrm{t}} = \alpha \cdot OA$，方向垂直于 OA 连线，

与角加速度 $\boldsymbol{\alpha}$ 的转向一致；法向加速度的大小 $a_A^{\mathrm{n}}=\omega^2\cdot OA$，方向由点 A 指向转轴 O。点 A 的全加速度 $\boldsymbol{a}_A$ 大小为

$$a_A=\sqrt{(a_A^{\mathrm{n}})^2+(a_A^{\mathrm{t}})^2}=\sqrt{\omega^4+\alpha^2}\cdot OA \tag{7-13}$$

其大小与该点到转轴的距离成正比。设 $\boldsymbol{a}_A$ 与法向加速度（OA 连线）的夹角为 θ，则

$$\theta=\arctan\frac{a_A^{\mathrm{t}}}{a_A^{\mathrm{n}}}=\arctan\frac{\alpha}{\omega^2} \tag{7-14}$$

点的全加速度不可能指向轨迹凸的一侧，故 $0\leqslant\theta\leqslant\pi/2$。因为 $\boldsymbol{\omega}$ 和 $\boldsymbol{\alpha}$ 为刚体的属性，故式（7-14）表明，在任一瞬时，定轴转动刚体上各点的全加速度矢量与该点到转轴的连线的有向夹角均相同，且该夹角的转向（由 $\boldsymbol{a}_M$ 到 $\overrightarrow{MO}$ 的转向）与刚体的角加速度的转向相同。定轴转动刚体上过转轴的直线上各点的加速度分布如图7-5（c）所示。

7.3　刚体的基本运动的知识应用

利用刚体的基本运动的知识可以解决一些简单机构的运动学分析问题。

例7-1　图7-6（a）所示为四连杆机构，已知 $AB=O_1O_2$，$O_1A=O_2B=r=0.5$ m。曲柄 O_1A 绕轴 O_1 逆时针转动，其运动方程为 $\varphi=\frac{\pi}{6}t^2(\mathrm{rad})$，试求当 $t=1$ s时，试求连杆 AB 上任一点 M 的速度和加速度。

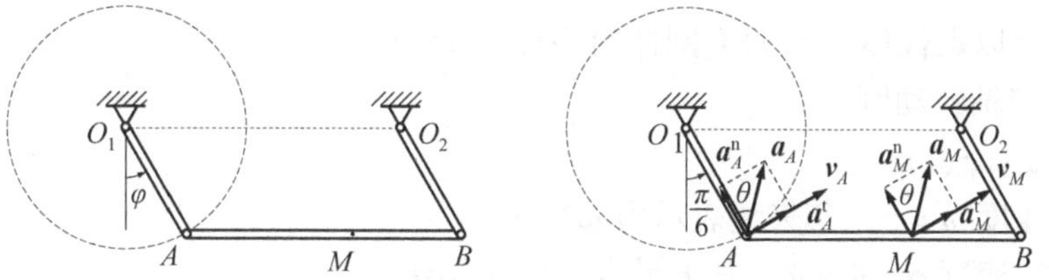

图7-6　例7-1图

解：由题意可知，O_1ABO_2 始终为平行四边形。连杆 AB 始终与 O_1O_2 保持平行，故连杆 AB 做平移，且为圆弧平移。在同一瞬时，连杆上各点的速度和加速度分别相同，即

$$\boldsymbol{v}_M=\boldsymbol{v}_A=\boldsymbol{v}_B$$

$$\boldsymbol{a}_M=\boldsymbol{a}_A=\boldsymbol{a}_B$$

因此，求点 M 的速度和加速度转化为求定轴转动刚体 O_1A 上点 A 的速度和加速度。

将曲柄 O_1A 的转动方程对时间求导，可得到其角速度和角加速度为

$$\omega=\dot{\varphi}=\frac{1}{3}\pi t(\mathrm{rad/s}) \tag{7-15}$$

$$\alpha=\frac{1}{3}\pi(\mathrm{rad/s^2}) \tag{7-16}$$

根据定轴转动刚体上任一点的速度和加速度关系，有

$$v_A=\omega r=\frac{\pi t}{6}(\mathrm{m/s}) \tag{7-17}$$

$$a_A^{n}=\omega^2 r=\frac{\pi^2 t^2}{18}(\mathrm{m/s^2}) \tag{7-18}$$

$$a_A^{t}=\alpha r=\frac{\pi}{6}(\mathrm{m/s^2}) \tag{7-19}$$

将 $t=1$ s 代入转动方程以及式（7－17）~式（7－19），得到

$$\varphi=\frac{\pi}{6},\ v=0.524\ \mathrm{m/s},\ a_A^{n}=0.548\ \mathrm{m/s^2},\ a_A^{t}=0.524\ \mathrm{m/s^2}$$

点 A 的全加速度的大小和方向为

$$a_A=\sqrt{(a_A^{n})^2+(a_A^{t})^2}=0.758\ \mathrm{m/s^2}$$

$$\theta=\arctan\frac{a_A^{t}}{a_A^{n}}=43.71°$$

点 M 的速度和加速度与点 A 相同，如图 7－6（b）所示。

本章小结

本章介绍了刚体做平移和定轴转动这两种刚体的基本运动的知识，包括以下内容。

（1）对于平移刚体。

刚体上任意两点在同一时间间隔内的位移相等。

刚体上任意两点在同一时刻具有相同的速度和加速度。

可以通过“以点代体”来研究刚体的平移。

（2）对于定轴转动刚体。

转动方程 $\varphi=\varphi(t)$。

刚体的加速度 $\omega=\dot{\varphi}$，其矢量表示为 $\boldsymbol{\omega}=\omega\boldsymbol{k}$。

刚体的角加速度 $\alpha=\dot{\omega}=\ddot{\varphi}$，其矢量表示为 $\boldsymbol{\alpha}=\alpha\boldsymbol{k}$。

定轴转动刚体上某点 M 的速度为 $\boldsymbol{v}=\boldsymbol{\omega}\times\boldsymbol{r}$，加速度为 $\boldsymbol{a}=\boldsymbol{a}_t+\boldsymbol{a}_n$，其中：

切向加速度：$\boldsymbol{a}_t=\boldsymbol{\alpha}\times\boldsymbol{r}$；

法向加速度：$\boldsymbol{a}_n=\boldsymbol{\omega}\times\boldsymbol{v}=\boldsymbol{\omega}\times(\boldsymbol{\omega}\times\boldsymbol{r})$。

习　题

7－1　图 7－7 所示机构的尺寸如下：$O_1A=O_2B=DM=r=0.2$ m，$O_1O_2=AB=l$。若已知 O_2 轮按 $\varphi=15\pi t$ 的规律转动，φ 以 rad 为单位，t 以 s 为单位。试求当 $t=0.5$ s 时，杆 AB 上点 M 的速度和加速度。

7－2　可绕固定水平轴 O 转动的摆如图 7－8 所示，其重心 C 至轴 O 的距离为 l。已知其运动方程为 $\varphi=\varphi_0\cos\frac{2\pi}{T}t$，其中 T 为摆的周期，φ 以 rad 为单位，φ_0 为最大偏角，t 以 s 为单位。试求在初瞬时（$t=0$）以及在经过平衡位置（$\varphi=0$）时，摆的重心的速度和加速度。

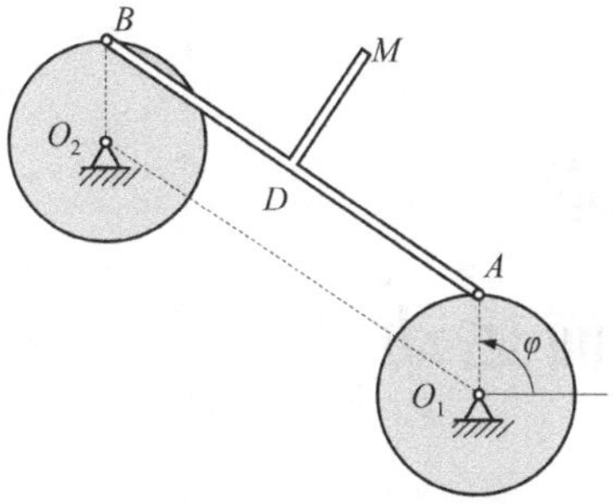

图 7－7　习题 7－1 图

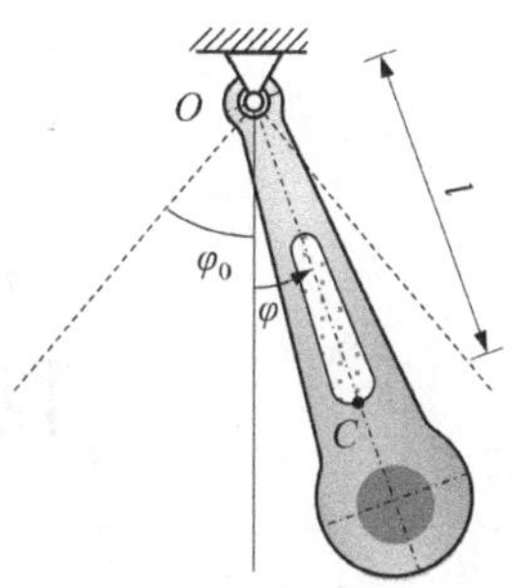

图 7－8　习题 7－2 图

7－3　图 7－9 所示为一绕定轴 O 转动的轮子，在某瞬时轮缘上点 A 的速度大小为 $v_A=50\ \text{cm/s}$，加速度大小为 $a_A=200\ \text{cm/s}^2$，点 A 的速度方向与加速度方向的夹角为 30°；轮上另一点 B 的速度大小为 $v_B=10\ \text{cm/s}$；已知该两点的运动轨迹的半径相差 20 cm。试求在该瞬时轮子的角速度、角加速度以及点 B 的加速度的大小和方向。

7－4　图 7－10 所示轮Ⅰ、Ⅱ的半径分别为 $r_1=15\ \text{cm}$，$r_2=20\ \text{cm}$，它们的中心分别铰接于杆 AB 的两端，两轮在半径 $R=45\ \text{cm}$ 的固定曲面上运动，在图示瞬时，点 A 的加速度大小为 $a_A=120\ \text{cm/s}^2$，其方向与 OA 连线的夹角为 60°，试求杆 AB 的角速度、角加速度及点 B 的加速度大小。

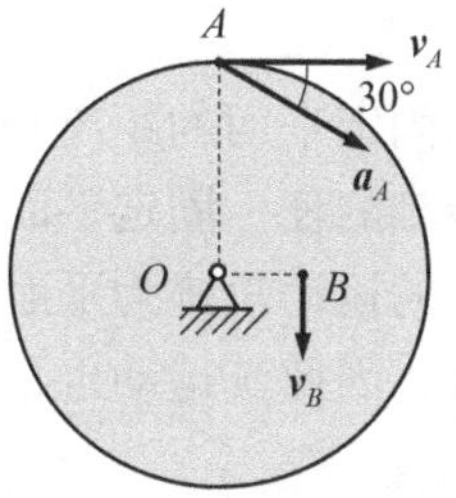

图 7－9　习题 7－3 图

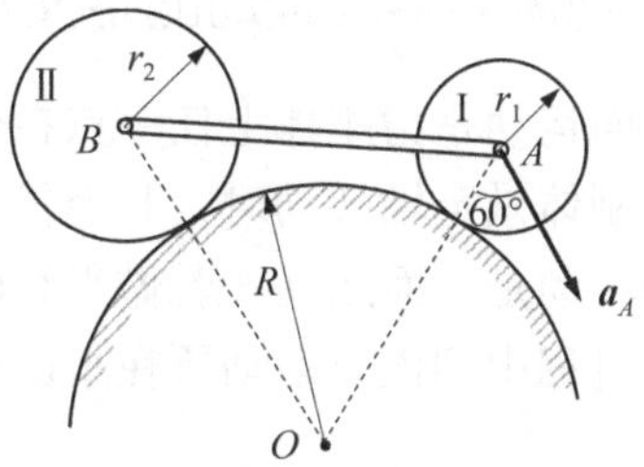

图 7－10　习题 7－4 图

7－5　图 7－11 所示升降机 A 以半径为 $R=50\ \text{cm}$，且绕定轴 O 转动的轮带动，绳子与轮之间无相对滑动，被升降物体的运动方程为 $x=5t^2$，x 以 m 为单位，t 以 s 为单位。试求轮的角速度和角加速度以及轮缘上一点 M 的加速度的大小。

7－6　如图 7－12 所示，一飞轮绕定轴 O 转动。已知轮上任一点的加速度与其半径的夹角恒为 60°，而且当 $t=0$ 时，转角 $\varphi=0$，角速度 $\omega=\omega_0$。试求飞轮的转动方程及其角速度与转角 φ 的关系。

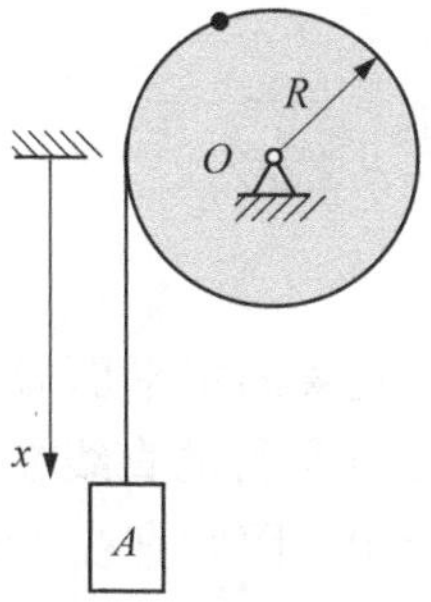

图 7－11　习题 7－5 图

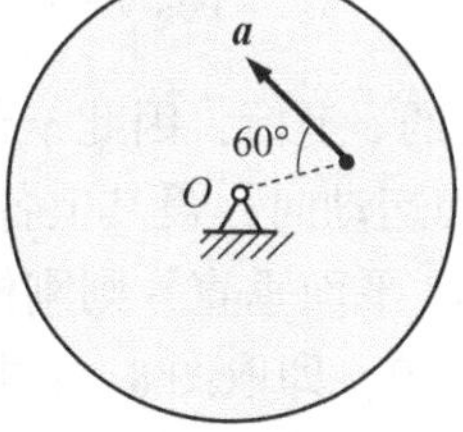

图 7－12　习题 7－6 图

第 8 章

刚体的平面运动

刚体的平面运动是比平移和定轴转动更复杂的一种运动形式，是实际工程中常见的一种运动。研究刚体的平面运动的特性是分析平面机构运动的基础。

8.1 刚体的平面运动的简化和运动方程

首先给出刚体的平面运动的定义和特性，阐述刚体的平面运动的简化办法及其描述方法。

8.1.1 刚体的平面运动的定义及特性

刚体的平面运动是指刚体上任一点在运动过程中到某固定平面的距离始终保持不变的刚体运动形式。刚体做定轴转动时，其上任一点到垂直于转轴的任一固定平面的距离都不会改变，因此定轴转动是平面运动。若做平移的刚体上有一点的运动轨迹为平面曲线，则刚体上其他点在运动过程中到该点运动所在平面的距离不会改变，因此其运动也是平面运动，称之为平面平移。

根据刚体的平面运动的定义可以得出它的一些重要的特性。

（1）刚体做平面运动时，其上各点的运动轨迹是平面曲线，这些曲线所在的平面相互平行或重合。由刚体的平面运动的定义即可证明该特性。

（2）刚体做平面运动时，设其上各点在运动过程中到某固定平面 Oxy 保持不变，z 轴过点 O，且与 Oxy 平面垂直，则刚体上任意两点间连线与 z 轴的夹角在运动过程中保持不变。证明如下。

设点 A 和点 B 为做平面运动的刚上的任意两点，直线 AB 与 z 轴的夹角用 γ 表示，如图 8－1 所示。其中，直线 AM 与 z 轴平行，B'为点 B 向 AM 作垂线的垂足。由刚体上两点之间的距离保持不变，以及特性（1）可知 γ 满足

$$\cos\gamma = \frac{|AB'|}{|AB|} = \frac{|z_B - z_A|}{|AB|} = \text{常数}$$

其中 z_A，z_B 是 A，B 的 z 坐标，因此 γ 保持不变。

（3）刚体做平面运动时，设其上各点在运动过程中到某固定平面 Oxy 的距离保持不变，z 轴过点 O，且与 Oxy 平面垂直，则刚体上任意一条与 z 轴平行的直线在运动过程中做平移。令特性（2）中的 $\gamma=0$，即取图 8－1 中直线 AM，知 $\gamma\equiv 0$，因此直线 AM 在运动过程中始终保持与 z 轴平行，即其做平移。

8.1.2　刚体的平面运动的简化

某刚体做平面运动，设其上各点与固定平面Ⅰ的距离保持不变，如图 8-2 所示。任取一平面Ⅱ与平面Ⅰ平行，该刚体在平面Ⅱ处的截面为图形 S，且刚体上某一直线 A_1A_2 与平面Ⅱ（或平面Ⅰ）垂直，该直线在平面Ⅱ上的投影为点 A。由上述特性（1）和（3）可知，点 A 在平面Ⅱ内运动以及直线 A_1A_2 做平移。因此，直线 A_1A_2 的运动可简化为点 A 在平面Ⅱ内的运动。类似地，刚体上所有垂直于平面Ⅱ的直线的运动都可以简化为其在平面Ⅱ上的投影点在平面Ⅱ内的运动。显然，刚体上可能存在一些点在平面Ⅱ上的投影会超出截面图形 S 的范围，这时需要将图形 S 适当延拓，因此整个刚体的平面运动可简化为刚体在平面Ⅱ处的截面图形 S 及其延拓部分在平面Ⅱ内的运动，如图 8-2 所示。

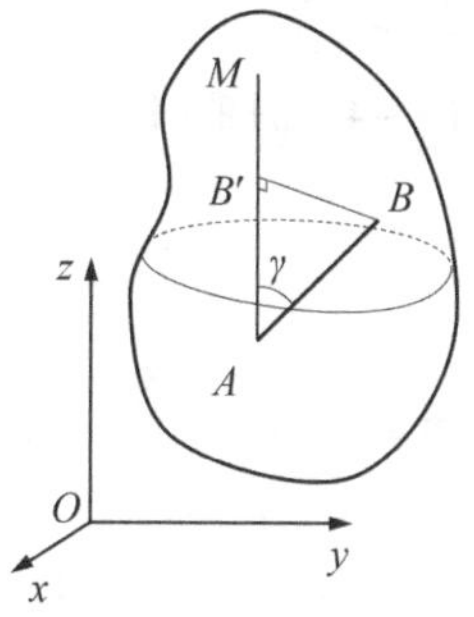

图 8-1　平面运动的刚体

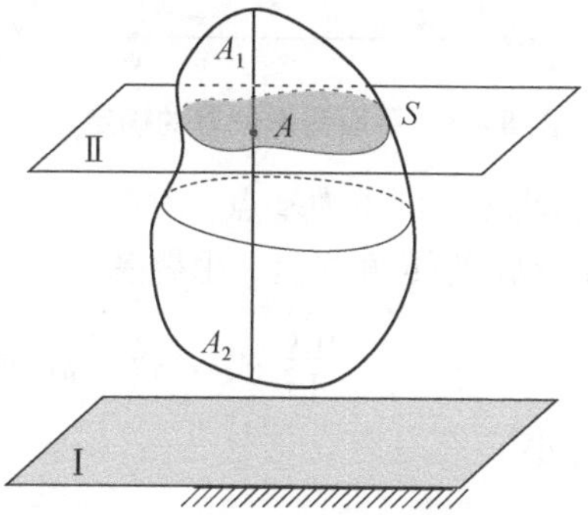

图 8-2　刚体的平面运动的简化

在本书的后文中，平面图形（其形状不作限制，但其上任意两点的距离保持不变）和做平面运动的刚体不加区别。

8.1.3　刚体的平面运动的运动方程

为了研究平面图形在其自身所在平面内的运动，需要确定平面图形的位置，该图形的位置可以用平面图形上任一直线在运动平面中的位置来代替。如图 8-3 所示，设 Oxy 为平面图形所在平面内的固定直角坐标系，取图形 S 上任意两点 A，B 并连线，首先确定点 A 的位置，用点 A 的坐标(x_A, y_A)表示，然后确定 AB 连线的方位，用 x 轴正向到$\overrightarrow{AB}$的有向夹角 φ_{AB} 表示，称为直线 AB 的**方位角**。因此，确定平面图形在平面中的位置需要三个独立的几何参数。平面图形运动时，它们均是时间的函数，即

$$\begin{cases} x_A = x_A(t) \\ y_A = y_A(t) \\ \varphi_{AB} = \varphi_{AB}(t) \end{cases} \tag{8-1}$$

称为平面图形的运动方程。其中 $x_A(t)$，$y_A(t)$描述了点 A 的运动规律；$\varphi_{AB}(t)$描述了图形上直线 AB 的方位的变化规律。通常称点 A 为**基点**。当选取不同的点作为基点时，式（8-1）中的前两个方程将会不同，原因在于平面图形上各点的运动规律一般不相同。然而，选取不同的直线描述平面图形的方位的变化规律时，式（8-1）中的第三个方程则只相差一个常数。如图 8-3 所示，另取平面图形上的直线 CD，其方位角为 φ_{CD}，由于直线 AB 与 CD 是平面图形上的固连直线，所以它们的夹角 θ 为常数，由图示几何关系有

$$\varphi_{CD}=\varphi_{AB}+\theta \tag{8-2}$$

例 8-1 铅垂平面机构如图 8-4 所示，半径为 r 的圆盘 A 由曲柄 OA 带动，沿半径为 R 的固定轨道做纯滚动（无滑动的滚动）。若曲柄 OA 以等角加速度 α 绕定轴 O 转动，当开始运动时，其角速度 $\omega_0=0$，转角 $\varphi_0=0$。试写出圆盘 A 的平面运动方程。

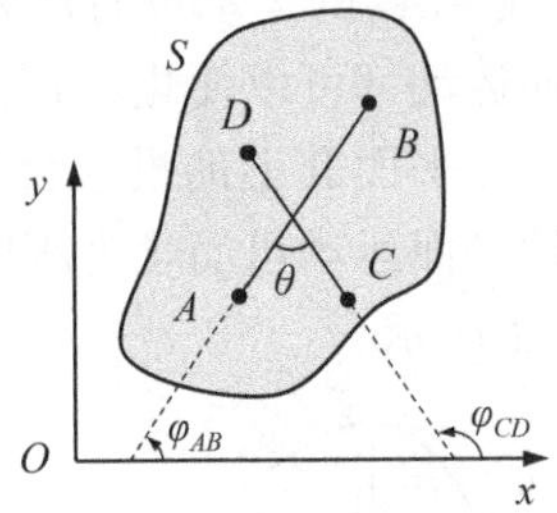

图 8-3 平面图形位置的确定

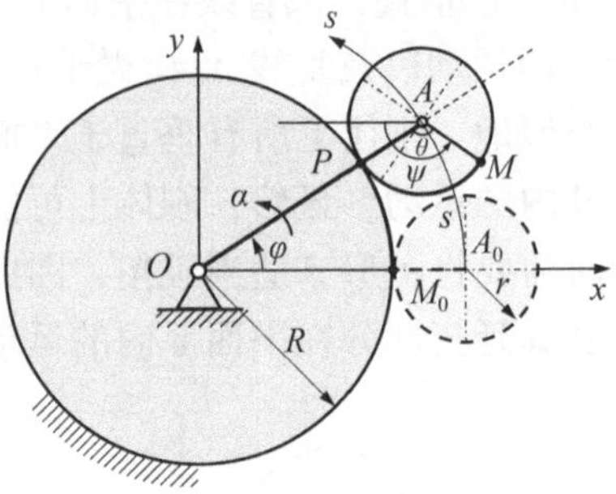

图 8-4 例 8-1 图

解：选择圆盘圆心 A 为基点。

（1）曲柄 OA 的转角方程。由题意有

$$\frac{d^2\varphi}{dt^2}=\alpha,\ \varphi\Big|_{t=0}=\varphi_0=0,\ \frac{d\varphi}{dt}\Big|_{t=0}=\omega_0=0$$

解此微分方程得

$$\varphi=\frac{1}{2}\alpha t^2 \tag{8-3}$$

（2）点 A 的运动方程。由题意可知，点 A 的运动轨迹为以点 O 为圆心、以 $R+r$ 为半径的圆弧，如图 8-4 所示，以其初始瞬时位置点 A_0 为原点，以绕点 O 逆时针转向为弧坐标 s 的正方向，则点的运动可由图示弧长 $s=\widehat{A_0A}$ 表示。由图示几何关系，并将式（8-3）代入可得

$$s=\varphi(R+r)=\frac{1}{2}(R+r)\alpha t^2 \tag{8-4}$$

（3）圆盘 A 的方位角。选择圆盘 A 上的固连直线 AM（初瞬时点 M 为圆盘与固定圆轨迹的接触点），以水平直线与其夹角 ψ 为方位角，如图 8-4 所示。圆盘 A 做纯滚动，则有

$$\widehat{PM_0}=\widehat{PM} \tag{8-5}$$

显然 $\widehat{PM_0}=\varphi R$，$\widehat{PM}=\theta r$，将它们代入式（8-5），得

$$\theta=\frac{R}{r}\varphi \tag{8-6}$$

由图示几何关系，并考虑到式（8-3），有

$$\psi=\varphi+\theta=\frac{R+r}{r}\varphi=\frac{1}{2}\cdot\frac{R+r}{r}\alpha t^2 \tag{8-7}$$

综合式（8-4）、式（8-7）即圆盘 A 的运动方程：

$$\begin{cases}s=\dfrac{1}{2}(R+r)\alpha t^2\\ \psi=\dfrac{1}{2}\cdot\dfrac{R+r}{r}\alpha t^2\end{cases}$$

也可以由点 A 在图示 Oxy 直角坐标系中的运动方程与式（8－7）组成圆盘 A 的运动方程，即

$$\begin{cases} x_A = (R+r)\cos\left(\dfrac{1}{2}\alpha t^2\right) \\ y_A = (R+r)\sin\left(\dfrac{1}{2}\alpha t^2\right) \\ \psi = \dfrac{1}{2}\cdot\dfrac{R+r}{r}\alpha t^2 \end{cases}$$

小结：①平面运动刚体的运动方程中基点的运动可以采用直角坐标形式或弧坐标系形式的运动方程来表示；②平面运动刚体的方位角应为空间某一固定方向与平面运动刚体上某一固连直线的有向夹角。

8.2　平面运动刚体的角速度和角加速度

在图 8－3 中，考虑平面图形方位角的变化规律时，需考虑 φ_{AB} 或 φ_{CD} 对时间 t 的一阶和二阶导数，由式（8－2）得

$$\frac{d\varphi_{AB}}{dt}=\frac{d\varphi_{CD}}{dt},\ \frac{d^2\varphi_{AB}}{dt^2}=\frac{d^2\varphi_{CD}}{dt^2}\quad 或\quad \dot{\varphi}_{AB}=\dot{\varphi}_{CD},\ \ddot{\varphi}_{AB}=\ddot{\varphi}_{CD}$$

上述两个等式表明，选择平面图形上任一直线的方位角 φ 便可得到平面图形方位角的变化规律。因此，通常定义，**刚体上任一直线的方位角对时间的一阶导数称为刚体的角速度**，以 ω 表示，即

$$\omega=\frac{d\varphi}{dt}\quad 或\quad \omega=\dot{\varphi} \tag{8-8}$$

而刚体上任一直线的方位角对时间的二阶导数，或刚体的角速度对时间的一阶导数称为刚体的角加速度，以 α 表示，即

$$\alpha=\frac{d^2\varphi}{dt^2}=\frac{d\omega}{dt}\quad 或\quad \alpha=\ddot{\varphi}=\dot{\omega} \tag{8-9}$$

在默认情况下，角速度和角加速度的转向与方位角 φ 的转向一致。在平面问题中常用有向弧线段来表示角速度和角加速度，根据右手法则，也可将它们定义为矢量。右手除拇指外的四指顺着角速度或角加速度的转向，则拇指指向平面图形所在平面的法向，此即做平面运动的刚体的角速度或角加速度的矢量方向。设该法向的单位矢量为 $\boldsymbol{k}$，则角速度和角加速度的矢量形式为

$$\boldsymbol{\omega}=\omega\boldsymbol{k} \tag{8-10}$$

$$\boldsymbol{\alpha}=\alpha\boldsymbol{k} \tag{8-11}$$

注意，平面运动刚体的角速度矢量和角加速度矢量都是自由矢量，并不依附于某轴，即在平面运动中没有定轴转动时的那种确定转轴。

8.3　平面图形运动的位移定理

通常将不是定轴转动和平面平移的平面运动称为一般平面运动。

定理 一般平面运动图形在其自身平面内的任何非平移的位移，可看成绕图形或其延拓部分上某点的一次转动而达到，该点称为转动中心。该定理又称为**欧拉－沙尔定理**。

证明：平面图形的位置可以用其上任一直线段的位置确定。设 AB 是平面图形上的任一直线段，在 t 瞬时位于图形自身平面上位置Ⅰ，在 $t+\Delta t$ 瞬时，随平面图形运动至位置Ⅱ，用 $A'B'$ 表示，如图 8－5 所示。分别作连线 AA' 和 BB' 的垂直平分线，它们交于点 D。现证明直线段 AB 可绕点 D 一次转动而达到 $A'B'$。连接 A 和 D，B 和 D，A' 和 D，B'、D，显然有 $AD=A'D$，$BD=B'D$，因此 $\triangle ABD$ 和 $\triangle A'B'D$ 各边对应相等，二者全等。于是 $\angle BDA=\angle B'DA'$，二者加上同一个角 $\angle ADB'$，则有 $\angle ADA'=\angle BDB'$，设它们的值为 $\Delta\varphi$，于是 $\triangle ABD$ 绕点 D 转过 $\Delta\varphi$ 角度后，与 $\triangle A'B'D$ 完全重合，即直线段 AB（平面图形）由位置Ⅰ到达位置Ⅱ，点 D 即转动中心，且直线段 AB 的方位角的变化量也是 $\Delta\varphi$。证毕。

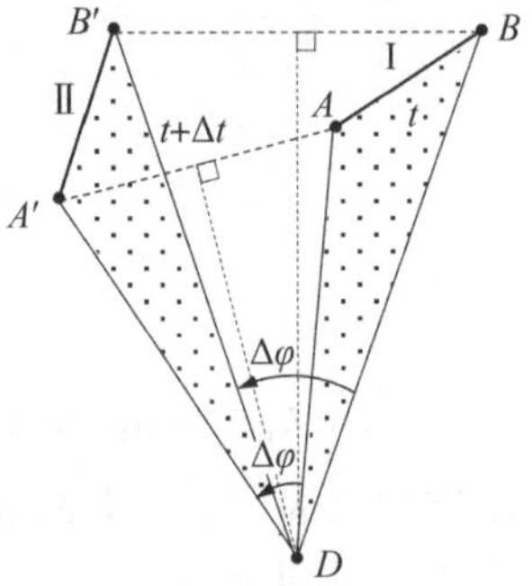

图 8－5 欧拉－沙尔定理的表示

该定理提供了以转动的方式来研究平面图形的运动的理论基础。

8.4 速度瞬心的概念及其应用

当前述欧拉－沙尔定理的证明过程中的 Δt 趋于无限小时，该定理描述的运动即一般平面运动图形在某一瞬时的运动状况。当 $\Delta t\to 0$，$A'B'\to AB$，而转动中心 D 趋于某一确定点 P 时，点 P 可在平面图形或其延拓部分上（后文统称在平面图形上）。因此，直线段 AB（或平面图形）在 t 瞬时的运动可视为绕点 P（或过点 P 与平面图形垂直的轴）的转动，点 P 在 t 瞬时的速度为零，称点 P 为**瞬时速度中心**，简称**速度瞬心**。过点 P 与平面图形垂直的轴称为平面图形的**速度瞬时转轴**。平面图形的瞬时角速度即

$$\omega=\lim_{\Delta t\to 0}\frac{\Delta\varphi}{\Delta t}$$

于是，根据定轴转动的知识，即式（7－8），可得此时平面图形上任意一点 M 的速度为

$$\boldsymbol{v}_M=\boldsymbol{\omega}\times\overrightarrow{PM}\qquad(8-12)$$

其中 $\boldsymbol{\omega}=\omega\boldsymbol{k}$，$\boldsymbol{k}$ 为垂直于平面图形朝外的单位矢量。$\boldsymbol{v}_M$ 的大小为

$$v_M=\omega\cdot PM\cdot\sin 90^\circ=\omega\cdot PM$$

即其大小与该点到速度瞬心的距离成正比。$\boldsymbol{v}_M$ 的方向与该点和速度瞬心的连线垂直，指向与瞬时角速度 $\boldsymbol{\omega}$ 的转向一致。平面图形上各点的速度分布情况与平面图形在该瞬时以角速度 $\boldsymbol{\omega}$ 绕速度瞬心 P 转动一样，如图 8－6 所示。

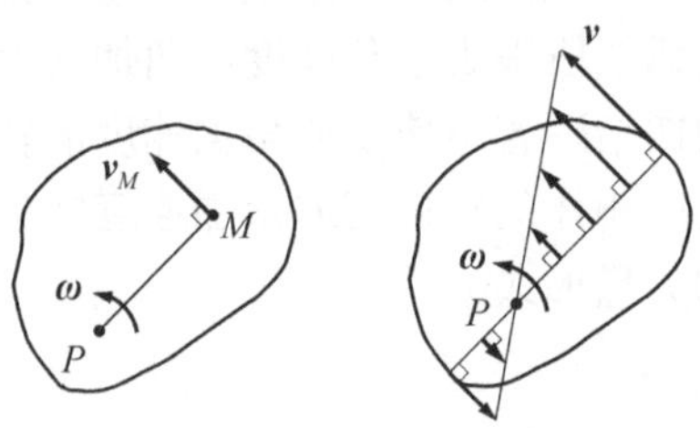

图 8－6 某瞬时平面图形的速度瞬心及速度分布规律

速度瞬心的性质、确定方法及应用

由欧拉－沙尔定理的证明过程可以看出，一般平面运动图形在 t 瞬时的速度瞬心位于过

点 A（或 B）的 AA'（或 BB'）的极限位置的垂线上，由于在不同瞬时线段 AB 的位置不同，所以不同瞬时点 P 在平面图形上的位置也不同。在某一瞬时，平面图形上的某点为速度瞬心，只是在这一瞬时该点的速度为零，在下一瞬时，该点的速度将发生变化而不再为零，速度瞬心将变为平面图形上的另外一点。因此，速度瞬心的加速度不为零。这表明，在对做一般平面运动的刚体进行速度分析时，在每一瞬时，刚体好像绕速度瞬时转轴做定轴转动，但时刻不同，转轴也不同，称其为平面图形速度分析的**瞬时定轴转动**。这与刚体的基本运动之定轴转动有所区别（定轴转动中的转轴始终不动，其上各点的速度和加速度恒为零）。

结合式（8－12）可以得出关于速度瞬心的两个性质：①速度瞬心必在过平面图形上某点且垂直于该点速度方向的直线上；②平面图形沿该垂直线上各点的速度的大小为线性分布。可由这两条性质来确定平面图形的速度瞬心的位置，进而确定平面图形上任意一点的速度，这种方法称为**速度瞬心法**。下面给出一般平面运动图形的速度瞬心的确定方法。

（1）当平面图形在另一个平面或曲面上做纯滚动（无滑动的滚动）时，由于平面图形与固定面的接触点相对于固定面的速度为零，所以该点即平面图形的速度瞬心［图 8－7（a）］。

（2）当已知平面图形上两点 A，B 的速度方向，且二者不平行时，则过点 A 作 $\boldsymbol{v}_A$ 的垂线，过点 B 作 $\boldsymbol{v}_B$ 的垂线，这两条垂线的交点 P 即平面图形的速度瞬心，且 $\omega=\dfrac{v_A}{PA}=\dfrac{v_B}{PB}$［图 8－7（b）］。

（3）当已知平面图形上两点 A，B 的速度方向平行，即 $\boldsymbol{v}_A /\!/ \boldsymbol{v}_B$，且 $\boldsymbol{v}_A \perp \overrightarrow{AB}$ 时：①若 $\boldsymbol{v}_A \neq \boldsymbol{v}_B$（$\boldsymbol{v}_A$ 与 $\boldsymbol{v}_B$ 同向，且 $v_A \neq v_B$；或者 $\boldsymbol{v}_A$ 与 $\boldsymbol{v}_B$ 反向），则两速度的矢量末端的连线与 A，B 两点的连线的交点 P 即平面图形的速度瞬心，且 $\omega=\dfrac{v_A}{PA}=\dfrac{v_B}{PB}$［图 8－7（c）、（d）］；②若 $\boldsymbol{v}_A=\boldsymbol{v}_B$，则两速度的矢量末端的连线与 A，B 两点的连线平行，可视为交于无穷远处，即 $PA=\infty$。由于平面图形上某点的速度为有限值，故 $\omega=\dfrac{v_A}{PA}=0$［图 8－7（e）］。

（4）当已知平面图形上两点 A，B 的速度方向平行，但不与 A，B 两点的连线垂直，即 $\boldsymbol{v}_A /\!/ \boldsymbol{v}_B$，但 $\boldsymbol{v}_A$ 不垂直于 $\overrightarrow{AB}$ 时，则过点 A 作 $\boldsymbol{v}_A$ 的垂线和过点 B 作 $\boldsymbol{v}_B$ 的垂线平行，可视为交于无穷远处，在此种情况下该瞬时有 $\omega=0$［图 8－7（f）］。

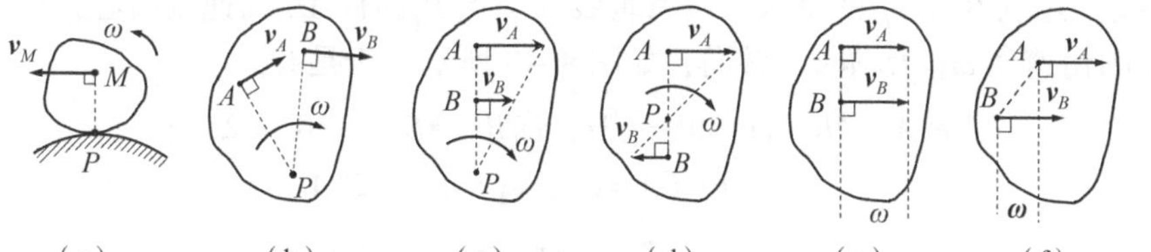

图 8－7　平面图形速度瞬心的确定

综上所述，对于做一般平面运动的刚体在进行速度分析时，在某一瞬时 t，要么刚体的角速度 $\omega \neq 0$，为瞬时定轴转动的情形；要么刚体的角速度 $\omega=0$，有 $\mathrm{d}\varphi=\omega \cdot \mathrm{d}t=0$，即刚体在 $t \to t+\mathrm{d}t$ 时间间隔内没有角位移，而“瞬时不转”，其上任意一条直线的方位角保持不变，其上各点的速度则必须相同（否则刚体上两点之间的距离将发生变化而与刚体模型违背），刚体在此瞬时的运动称为**瞬时平移**。瞬时平移和刚体的基本运动之平移之间存在区别。瞬时平移的刚体在该瞬时的角速度为零，但在该瞬时其角加速度不为零，其上各点在该瞬时的速度相同，但它们的加速度不同；而平移刚体的角速度和角加速度恒为零，其上各点的速度和加速度在同一瞬时也分别相同。图 8－8 所示为瞬时平移与平移的区别，图 8－8（a）中的杆 AB 做瞬时平移，A，B 两点的速度相同，但显然它们的加速度不相同，而图 8－8（b）中的杆 AB 做平移，A，B 两点的速度和加速度分别相同。

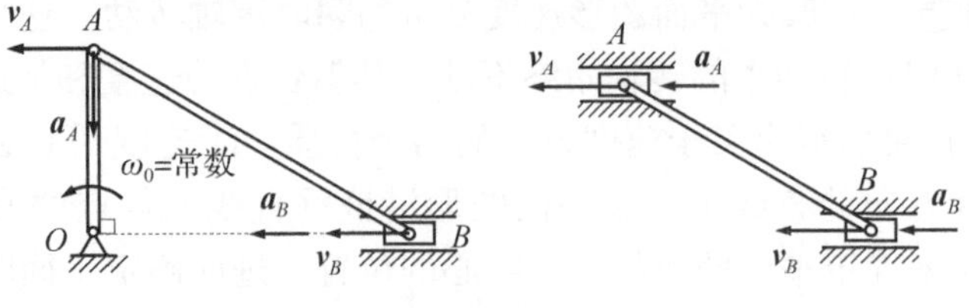

图 8－8　瞬时平移与平移的区别

（a）瞬时平移；（b）平移

速度瞬心法是进行平面运动刚体速度分析的有效方法，下面举例说明其应用。

例 8－2　铅垂平面运动机构如图 8－9 所示，杆 OA 绕定轴 O 做逆时针转向转动，其角速度为 ω。杆 OA、连杆 AB 和绕定轴 O_1 转动的杆 O_1B 组成四连杆机构（OO_1 可以看成一根固定不动的杆），杆 O_1B、连杆 BC 和在铅垂轨道内滑动的滑块 C 组成曲柄—连杆—滑块机构。同时，杆 OA 通过连杆 AD 带动半径为 r 的圆盘 E 在倾角为 30°的斜轨道上做纯滚动，点 D 位于圆盘 E 的盘缘。已知 $OA=r$，$AB=3r$，$O_1B=BC=2r$，$AD=4r$，试求在图示瞬时，杆 AB 的角速度、杆 BC 的角速度、滑块 C 的速度、杆 AD 的角速度以及圆盘 E 的角速度。

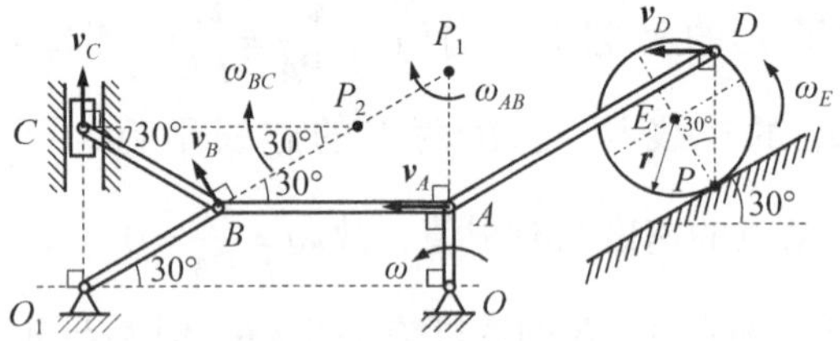

图 8－9　例 8－2 图

解：（1）研究杆 AB。由杆 OA 和杆 O_1B 做定轴转动可知点 A，B 的速度方向，则过点 A 作 $\boldsymbol{v}_A$ 的垂线，过点 B 作 $\boldsymbol{v}_B$ 的垂线，两条垂线的交点 P_1 即杆 AB 的速度瞬心，由 $\boldsymbol{v}_A$ 的方向可确定杆 AB 的角速度 ω_{AB} 为顺时针转向，如图 8－9 所示，于是有

$$P_1A = AB \cdot \tan 30° = \sqrt{3}r,\ P_1B = AB/\cos 30° = 2\sqrt{3}r$$

$$v_A = \omega \cdot OA = \omega r,\ v_A = \omega_{AB} \cdot P_1A$$

$$\omega_{AB} = \frac{v_A}{P_1A} = \frac{\omega r}{\sqrt{3}r} = \frac{\sqrt{3}}{3}\omega(\circlearrowright)$$

$$v_B = \omega_{AB} \cdot P_1B = \frac{\sqrt{3}}{3}\omega \cdot 2\sqrt{3}r = 2\omega r$$

（2）研究杆 BC。由点 B，C 的速度可确定杆 BC 的速度瞬心点 P_2，杆 BC 的角速度 ω_{BC} 为顺时针转向，如图 8－9 所示，于是有

$$P_2B = BC = 2r,\ P_2C = 2BC \cdot \cos 30° = 2\sqrt{3}r$$

$$\omega_{BC}=\frac{v_B}{P_2B}=\frac{2\omega r}{2r}=\omega(\circlearrowright)$$

$$v_C=\omega_{BC}\cdot P_2C=\omega\cdot 2\sqrt{3}r=2\sqrt{3}\omega r$$

$\boldsymbol{v}_C$ 的方向铅垂向上，如图 8 - 9 所示。

（3）研究杆 AD 与圆盘 E。圆盘与斜面的接触点 P 为其速度瞬心，故点 D 的速度为水平方向，则点 A，D 的速度均为水平方向，且不垂直于 A，D 两点连线，故杆 AD 瞬时平移，于是有

$$v_D=v_A=\omega r(\leftarrow)$$

$$\omega_{AD}=0$$

$$\omega_E=\frac{v_D}{PD}=\frac{\omega r}{\sqrt{3}r}=\frac{\sqrt{3}}{3}\omega(\circlearrowleft)$$

由本例可以看出，在一个运动机构中，在某瞬时，各个做一般平面运动的刚体有各自的速度瞬心，速度瞬心可以是做一般平面运动刚体上的点（如本例中的圆盘），也可以在做一般平面运动刚体之外（如本例中的杆 AB、杆 BC，即在各自的延拓部分上）。

8.5　平面图形上两点的速度关系

刚体上任意两点之间的距离始终保持不变，因此做平面运动的刚体上两点 A，B 的速度必须满足一定的关系，下面根据有关于速度瞬心的关系式（8 - 12）得到这一关系。

如图 8 - 10（a）所示，设在某瞬时平面图形的角速度矢量为 $\boldsymbol{\omega}$（图中采用了角速度的平面表示，其矢量方向根据右手法则确定），其上任意两点 A，B 的速度为 $\boldsymbol{v}_A$ 和 $\boldsymbol{v}_B$，其速度瞬心位于点 P，则有

$$\boldsymbol{v}_A=\boldsymbol{\omega}\times\overrightarrow{PA}$$

$$\boldsymbol{v}_B=\boldsymbol{\omega}\times\overrightarrow{PB}$$

两式相减得

$$\boldsymbol{v}_B-\boldsymbol{v}_A=\boldsymbol{\omega}\times(\overrightarrow{PB}-\overrightarrow{PA})$$

即

$$\boldsymbol{v}_B=\boldsymbol{v}_A+\boldsymbol{\omega}\times\overrightarrow{AB}\tag{8-13}$$

参考式（7 - 9），式（8 - 13）中 $\boldsymbol{\omega}\times\overrightarrow{AB}$ 可视为平面图形绕点 A（即过点 A 与平面图形垂直的轴）以图形的角速度 $\boldsymbol{\omega}$ 转动时点 B 所具有的速度，可记为 $\boldsymbol{v}_{BA}$，即

$$\boldsymbol{v}_{BA}=\boldsymbol{\omega}\times\overrightarrow{AB}\tag{8-14}$$

其大小为

$$v_{BA}=\omega\cdot AB\cdot\sin 90^\circ=\omega\cdot AB$$

方向垂直于 A，B 两点的连线，指向角速度 $\boldsymbol{\omega}$ 转向的一侧，如图 8 - 10（b）所示。于是，式（8 - 13）可写为

$$\boldsymbol{v}_B=\boldsymbol{v}_A+\boldsymbol{v}_{BA}\tag{8-15}$$

该式称为同一**平面图形（平面运动刚体）上两点的速度关系**。如前所述，点 A 称为基点。即平面图形上某点 B 的速度等于基点 A 的速度与该平面图形以其角速度 $\boldsymbol{\omega}$ 绕点 A 转动时点 B 所具有的速度的矢量和。该方法称为**基点法**。

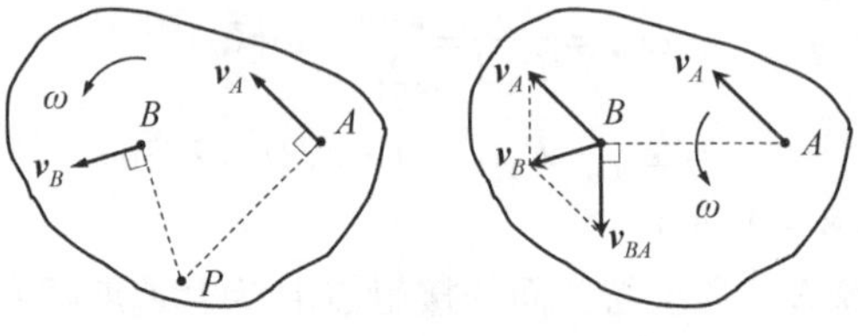

(a)　　(b)

图 8－10　平面图形上两点的速度关系

有两种办法求解式（8－15）：①根据式（8－15）作出形如图 8－10（b）所示的 $\boldsymbol{v}_A$，$\boldsymbol{v}_B$，$\boldsymbol{v}_{BA}$之间的平行四边形合成关系图，求解其中三角形的几何关系，该方法称为**几何法**；②将式（8－15）向平面内两个相交（正交或斜交均可）的坐标轴进行投影，得到两个独立的代数方程并求解，该方法称为**投影法**。无论是几何法还是投影法，都需要正确的矢量图。

将式（8－15）在$\overrightarrow{AB}$方向上进行投影，由于 $\boldsymbol{v}_{BA}\perp\overrightarrow{AB}$，其投影为零，则得

$$[\boldsymbol{v}_B]_{AB}=[\boldsymbol{v}_A]_{AB} \tag{8-16}$$

即同一平面图形上任意两点的速度在这两点连线上的投影相等，称为**速度投影定理**。该定理反映了同一刚体上任意两点之间的距离保持不变的特性。当已知刚体上某点的速度大小和方向以及另一点的速度的方向而需求其大小时，可利用该定理方便地求解。

8.6　平面图形上两点的加速度关系

下面建立平面图形上任意两点 A，B 的加速度关系。由基点法速度关系式（8－13），即

$$\boldsymbol{v}_B=\boldsymbol{v}_A+\boldsymbol{\omega}\times\overrightarrow{AB}$$

将其两边对时间求一阶导数，得

$$\frac{\mathrm{d}\boldsymbol{v}_B}{\mathrm{d}t}=\frac{\mathrm{d}\boldsymbol{v}_A}{\mathrm{d}t}+\frac{\mathrm{d}\boldsymbol{\omega}}{\mathrm{d}t}\times\overrightarrow{AB}+\boldsymbol{\omega}\times\frac{\mathrm{d}\overrightarrow{AB}}{\mathrm{d}t} \tag{8-17}$$

其中

$$\frac{\mathrm{d}\boldsymbol{v}_B}{\mathrm{d}t}=\boldsymbol{a}_B,\ \frac{\mathrm{d}\boldsymbol{v}_A}{\mathrm{d}t}=\boldsymbol{a}_A,\ \frac{\mathrm{d}\boldsymbol{\omega}}{\mathrm{d}t}=\boldsymbol{\alpha}$$

$$\frac{\mathrm{d}\overrightarrow{AB}}{\mathrm{d}t}=\frac{\mathrm{d}(\boldsymbol{r}_B-\boldsymbol{r}_A)}{\mathrm{d}t}=\boldsymbol{v}_B-\boldsymbol{v}_A=\boldsymbol{\omega}\times\overrightarrow{AB}$$

因此式（8－17）可整理为

$$\boldsymbol{a}_B=\boldsymbol{a}_A+\boldsymbol{\alpha}\times\overrightarrow{AB}+\boldsymbol{\omega}\times(\boldsymbol{\omega}\times\overrightarrow{AB}) \tag{8-18}$$

参考式（7－10），式（8－18）的右边第二项可视为平面图形绕基点 A 以平面图形的角加速度 $\boldsymbol{\alpha}$ 转动时点 B 所具有的切向加速度，并以 $\boldsymbol{a}_{BA}^{\mathrm{t}}$表示之，即

$$\boldsymbol{a}_{BA}^{\mathrm{t}}=\boldsymbol{\alpha}\times\overrightarrow{AB} \tag{8-19}$$

其大小为

$$a_{BA}^{\mathrm{t}}=\alpha\cdot AB\cdot\sin 90°=\alpha\cdot AB$$

其方向垂直于 A，B 两点的连线，指向角加速度 $\boldsymbol{\alpha}$ 转向的一侧［图 8－11（a）］；式（8－18）的右边第三项可视为平面图形绕基点 A 以平面图形的角速度 $\boldsymbol{\omega}$ 转动时点 B 所具有的法向加

速度，并以 $\boldsymbol{a}_{BA}^{\mathrm{n}}$表示之，即

$$\boldsymbol{a}_{BA}^{\mathrm{n}} = \boldsymbol{\omega} \times (\boldsymbol{\omega} \times \overrightarrow{AB}) \tag{8-20}$$

其大小为

$$a_{BA}^{\mathrm{n}} = \omega \cdot (\omega \cdot AB \cdot \sin 90^\circ) \cdot \sin 90^\circ = \omega^2 \cdot AB$$

其方向由点 B 指向基点 A ［图 8－11（a）］。一般可将式（8－19）和式（8－20）的矢量和记为 $\boldsymbol{a}_{BA}$ ［图 8－11（a）］，即

$$\boldsymbol{a}_{BA} = \boldsymbol{a}_{BA}^{\mathrm{t}} + \boldsymbol{a}_{BA}^{\mathrm{n}} \tag{8-21}$$

将式（8－19）、式（8－20）代入式（8－18），得

$$\boldsymbol{a}_B = \boldsymbol{a}_A + \boldsymbol{a}_{BA}^{\mathrm{t}} + \boldsymbol{a}_{BA}^{\mathrm{n}} \tag{8-22}$$

该式称为同一**平面图形（平面运动刚体）上两点的加速度关系式**，即同一平面图形上某点 B 的加速度等于基点 A 的加速度与该平面图形以其角速度 $\boldsymbol{\omega}$ 和角加速度 $\boldsymbol{\alpha}$ 绕点 A 转动时点 B 所具有的切向加速度和法向加速度的矢量和［图 8－11（b）］。该方法同样称为**基点法**。

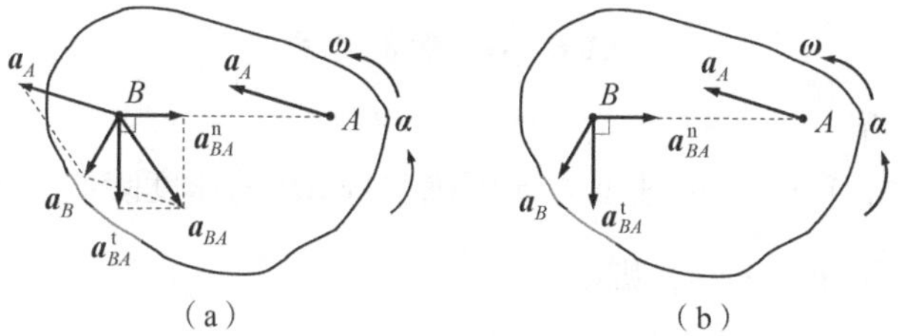

图 8－11　平面图形上两点的加速度关系

平面图形上点的运动轨迹通常是曲线，即各点的加速度一般有切向和法向加速度，因此平面矢量方程［式（8－22）］所包含的矢量的个数会比较多，且其中未知大小的矢量一般不止一个，采用几何法建立各矢量间合成关系并求解其大小关系（即画出对应的多边形并求多边形的相关边长）显得不甚方便，因此通常采用投影法，即将该矢量方程向平面内两个相交（正交或斜交均可）的坐标轴投影，得到与之等价的两个代数方程，可求解其中两个未知量。在特殊情况下，当该矢量方程只包含 3 个矢量时，也可用几何法（三角形法）求解它们之间的关系。

将式（8－22）在$\overrightarrow{AB}$方向上进行投影，由于 $\boldsymbol{a}_{BA}^{\mathrm{t}} \perp \overrightarrow{AB}$，其投影为零，则得

$$[\boldsymbol{a}_B]_{AB} = [\boldsymbol{a}_A]_{AB} + [\boldsymbol{a}_{BA}^{\mathrm{n}}]_{AB} \tag{8-23}$$

当 $\omega \neq 0$ 时，$[\boldsymbol{a}_{BA}^{\mathrm{n}}]_{AB} = -\omega^2 \cdot AB \neq 0$，因此

$$[\boldsymbol{a}_B]_{AB} \neq [\boldsymbol{a}_A]_{AB}$$

只有当 $\omega = 0$，即刚体为瞬时平移或无初速释放的瞬时，才有形如速度投影定理［式（8－10）］那样的关系式：

$$[\boldsymbol{a}_B]_{AB} = [\boldsymbol{a}_A]_{AB}$$

这说明，平面图形上任意两点的加速度在这两点连线上的投影一般不相等，即不存在与速度投影定理类似的所谓加速度投影定理。只有当某瞬时刚体的角速度为零时，该刚体上两点的加速度在这两点连线上的投影才相等。

例 8－3　曲柄—连杆—滑块机构如图 8－12（a）所示，沿着图示轨道以 $\boldsymbol{v}_B \equiv \boldsymbol{v}$ 做匀速

平移的滑块 B 通过连杆 AB 带动杆 OA 绕定轴 O 转动。已知 $OA=4l$，$AB=3l$，试求在图示瞬时（$OA \perp AB$）：（1）杆 OA 的角速度和杆 AB 的角速度；（2）杆 OA 的角加速度和杆 AB 的角加速度。

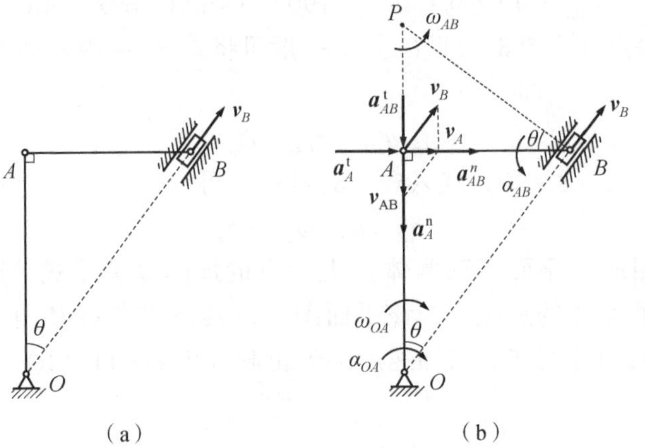

图 8－12　例 8－3 图

解：（1）速度分析。

①速度瞬心法。由点 A，B 的速度方向可确定杆 AB 的速度瞬心，如图 8－12（b）所示点 P，$PB=\dfrac{AB}{\cos\theta}$，$PA=AB\cdot\tan\theta$，则

$$\omega_{AB}=\frac{v_B}{PB}=\frac{v}{AB\cdot\dfrac{5}{4}}=\frac{4v}{15l}(\circlearrowleft)$$

$$v_A=\omega_{AB}\cdot PA=\frac{4v}{15l}\cdot AB\cdot\frac{3}{4}=\frac{3}{5}v$$

ω_{AB} 的转向和 $\boldsymbol{v}_A$ 的方向如图 8－12（b）所示。设杆 OA 的角速度为 ω_{OA}，则

$$\omega_{OA}=\frac{v_A}{OA}=\frac{\dfrac{3}{5}v}{4l}=\frac{3v}{20l}(\circlearrowright)$$

ω_{OA} 的转向如图 8－12（b）所示。

②基点法。以点 B 为基点，由两点速度关系

$$\boldsymbol{v}_A=\boldsymbol{v}_B+\boldsymbol{v}_{AB} \tag{8-24}$$

求解点 A 的速度。已知 $\boldsymbol{v}_B$ 的方向，则由 $\boldsymbol{v}_A$，$\boldsymbol{v}_{AB}$ 的方位，可画出式（8－24）所包含的合成关系对应的平行四边形，如图 8－12（b）所示。由其中三角形边长关系得到

$$v_A=v_B\cdot\sin\theta=\frac{3}{5}v$$

$$v_{AB}=v_B\cdot\cos\theta=\frac{4}{5}v$$

进而求得

$$\omega_{AB}=\frac{v_{AB}}{AB}=\frac{\dfrac{4}{5}v}{3l}=\frac{4v}{15l}(\circlearrowleft)$$

$$\omega_{OA}=\frac{v_A}{OA}=\frac{\frac{3}{5}v}{4l}=\frac{3v}{20l}(\circlearrowright)$$

（2）加速度分析。

设杆 OA、杆 AB 的角加速度分别为 α_{OA}、α_{AB}，如图 8 – 12（b）所示。注意到点 A 的运动轨迹为圆周，则 $\boldsymbol{a}_A=\boldsymbol{a}_A^{\mathrm{n}}+\boldsymbol{a}_A^{\mathrm{t}}$，以点 B 为基点（$a_B=0$），研究点 A 的加速度，将两点加速度关系式展开，分析各项的大小与方向可得

	$\boldsymbol{a}_A^{\mathrm{n}}$	+	$\boldsymbol{a}_A^{\mathrm{t}}$	=	$\boldsymbol{a}_B$	+	$\boldsymbol{a}_{AB}^{\mathrm{n}}$	+	$\boldsymbol{a}_{AB}^{\mathrm{t}}$	（8 – 25）
大小	$\omega_{OA}^2\cdot 4l$		$\alpha_{OA}\cdot 4l$?		0		$\omega_{AB}^2\cdot 3l$		$\alpha_{AB}\cdot 3l$?	
方向	√		√		√		√		√	

式（8 – 26）包含 α_{OA}，α_{AB}两个未知量，为了消去 α_{AB}而求得 α_{OA}，将式（8 – 26）向$\overrightarrow{AB}$方向投影得

$$0+\alpha_{OA}\cdot 4l=\omega_{AB}^2\cdot 3l+0$$

$$\Rightarrow\alpha_{OA}=\frac{3}{4}\omega_{AB}^2=\frac{3}{4}\cdot\frac{16v^2}{225l^2}=\frac{4v^2}{75l^2}$$

为了消去 α_{OA}而求得 α_{AB}，将式（8 – 26）向$\overrightarrow{AO}$方向投影得

$$\omega_{OA}^2\cdot 4l+0=0+\alpha_{AB}\cdot 3l$$

$$\alpha_{AB}=\frac{4}{3}\omega_{OA}^2=\frac{4}{3}\cdot\frac{9v^2}{400l^2}=\frac{3v^2}{100l^2}$$

小结：①比较速度分析的两种方法，可以发现速度瞬心法比较简便快速；②加速度分析式（8 – 25）仅包含两个未知量，在平面问题中可全部求解，选择合适的投影轴可使投影方程只包含一个未知量；③在速度分析和加速度分析中，正确地画出矢量关系图是求解问题的必要基础。

例 8 – 4　四连杆机构如图 8 – 13（a）所示，杆 OA 以匀角速度 ω_0 绕定轴 O 做转动。试求在图示瞬时：（1）杆 BC 和杆 AB 的角速度；（2）杆 BC 和杆 AB 的角加速度。

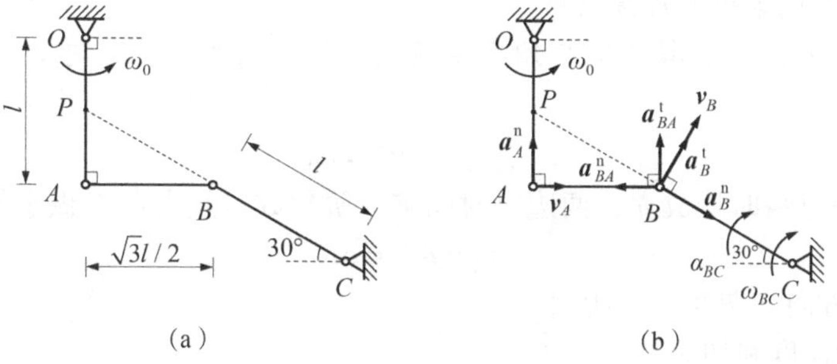

图 8 – 13　例 8 – 4 图

解：（1）速度分析。

由点 A，B 的速度可确定杆 AB 的速度瞬心点 P，与杆 OA 的中点重合，如图 8 – 13（b）所示，于是

$$\omega_{AB}=\frac{v_A}{PB}=\frac{\omega_0 l}{l/2}=2\omega_0(\circlearrowleft)$$

$$v_B=\omega_{AB}\cdot PB=2\omega_0 l\text{［方向如图 8 – 13(b)所示］}$$

$$\omega_{BC}=\frac{v_B}{BC}=\frac{2\omega_0 l}{l}=2\omega_0(\circlearrowright)$$

（2）加速度分析。

点 B 作为定轴转动刚体杆 BC 上的点，具有切向和法向加速度，故以点 A（$a_A^{\mathrm{t}}=0$，$a_A=a_A^{\mathrm{n}}$）为基点，研究点 B 的加速度，将两点加速度关系式展开，分析各项的大小与方向可得

$$\boldsymbol{a}_B^{\mathrm{n}}+\boldsymbol{a}_B^{\mathrm{t}}=\boldsymbol{a}_A^{\mathrm{n}}+\boldsymbol{a}_{BA}^{\mathrm{n}}+\boldsymbol{a}_{BA}^{\mathrm{t}} \tag{8-26}$$

大小　$\omega_{BC}^2\cdot l$　$\alpha_{BC}\cdot l?$　$\omega_0^2\cdot l$　$\omega_{AB}^2\cdot\frac{\sqrt{3}}{2}l$　$\alpha_{AB}\cdot\frac{\sqrt{3}}{2}l?$

方向　√　√　√　√　√

式（8－26）包含 α_{BC}，α_{AB} 两个未知量，为了消去 α_{AB} 而求得 α_{BC}，将式（8－26）沿 $\overrightarrow{AB}$ 方向投影得

$$\omega_{BC}^2\cdot l\cos 30^\circ+\alpha_{BC}\cdot l\cos 60^\circ=0-\omega_{AB}^2\cdot\frac{\sqrt{3}}{2}l+0$$

$$\Rightarrow\alpha_{BC}=-8\sqrt{3}\omega_0^2(\text{负号表示其真实转向与图示相反})$$

为了消去 α_{BC} 而求得 α_{AB}，将式（8－27）沿 $\overrightarrow{BC}$ 方向投影得

$$\omega_{BC}^2\cdot l+0=-\omega_0^2\cdot l\cos 60^\circ-\omega_{AB}^2\cdot\frac{\sqrt{3}}{2}l\cos 30^\circ-\alpha_{AB}\cdot\frac{\sqrt{3}}{2}l\cos 60^\circ$$

$$\Rightarrow\alpha_{AB}=-10\sqrt{3}\omega_0^2(\text{负号表示其真实转向与图示相反})$$

例 8－5　如图 8－14 所示，半径为 R 的圆盘 C 沿水平轨道做纯滚动，已知其角速度和角加速度分别为 ω，α，试求其中心点 C 的速度和加速度、图示圆盘边缘点 M 的速度和加速度，以及圆盘速度瞬心的加速度。

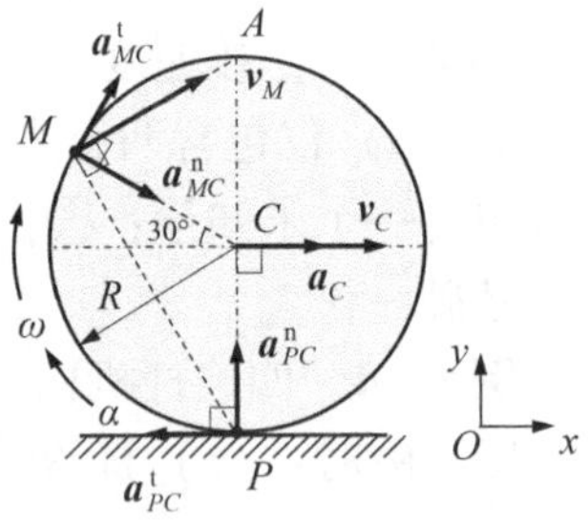

图 8－14　例 8－5 图

解： 圆盘做纯滚动，故其与轨道接触点 P 为其速度瞬心，如图 8－14 所示。

（1）中心点 C 的速度和加速度。

$\boldsymbol{v}_C$ 垂直于 P，C 连线，其方向与角速度转向一致，为水平向左，其大小为

$$v_C=\omega\cdot PC=\omega R \tag{8-27}$$

式（8－27）在任意瞬时均成立，两边对时间求一阶导数，且由点 C 做水平直线运动，得

$$a_C=\dot{\omega}R=\alpha R \tag{8-28}$$

其速度和加速度方向如图 8－14 所示。

（2）点 M 的速度和加速度。

$\boldsymbol{v}_M$ 垂直于 P，M 连线，其方向与角速度转向一致，为斜向上，指向圆盘最高点 A，其大小为

$$v_M=\omega\cdot PM=\sqrt{3}\omega R$$

以圆盘中心点 C 为基点研究点 M 的加速度，得

$$\boldsymbol{a}_M=\boldsymbol{a}_C+\boldsymbol{a}_{MC}^{\mathrm{n}}+\boldsymbol{a}_{MC}^{\mathrm{t}} \tag{8-29}$$

大小　?　αR　$\omega^2 R$　αR

方向　?　√　√　√

将式（8－29）分别向图示 x，y 轴投影得

$$a_{Mx}=a_C+a_{MC}^{\mathrm{n}}\cos 30°+a_{MC}^{\mathrm{t}}\cos 60°=\frac{3}{2}\alpha R+\frac{\sqrt{3}}{2}\omega^2 R=\frac{(3\alpha+\sqrt{3}\omega^2)R}{2}$$

$$a_{My}=0-a_{MC}^{\mathrm{n}}\sin 30°+a_{MC}^{\mathrm{t}}\sin 60°=\frac{\sqrt{3}}{2}\alpha R-\frac{1}{2}\omega^2 R=\frac{(\sqrt{3}\alpha-\omega^2)R}{2}$$

（3）速度瞬心点 P 的加速度。

$$\boldsymbol{a}_P=\boldsymbol{a}_C+\boldsymbol{a}_{PC}^{\mathrm{n}}+\boldsymbol{a}_{PC}^{\mathrm{t}} \tag{8-30}$$

大小	?	αR	$\omega^2 R$	αR
方向	?	√	√	√

将式（8－30）分别向图示 x，y 轴投影得

$$a_{Px}=a_C-a_{PC}^{\mathrm{t}}=0$$

$$a_{Py}=a_{PC}^{\mathrm{n}}=\omega^2 R$$

即速度瞬心的加速度 $a_P=\omega^2 R$，指向圆盘中心点 C，如图 8－14 所示。由于速度瞬心的速度为零，故其法向加速度为零$\left(\text{由其定义可得 } a_P^{\mathrm{n}}=\frac{v_P^2}{\rho}=0\right)$，即速度瞬心只有切向加速度。

由本例可以得到，在某瞬时，平面运动刚体的速度瞬心的速度为零，但其切向加速度不为零，在下一瞬时，其速度大小将发生变化而不再为零，而平面图形的速度瞬心将变为该平面图形上的另外一点。对于纯滚动圆盘而言，以其与地面的接触点为速度瞬心进行速度分析虽然方便，但在进行加速度分析时，一般以圆盘上运动轨迹最简单的点，即圆盘中心为基点较为便捷。

本章小结

本章介绍了刚体的平面运动的定义和性质，以及其上两点的速度关系和加速度关系的分析方法，包括以下内容。

（1）刚体的平面运动是指刚体上任一点在运动过程中到某固定平面的距离始终保持不变的刚体运动形式。

平面运动刚体上任意一点的运动轨迹都是平面曲线；平面运动刚体上垂直于各点所在的运动平面的直线做平移，该直线上各点的运动规律完全相同。

刚体的平面运动可简化为平面图形在自身所在平面内的运动。

（2）平面图形的运动方程如下。

平面图形的位置可由其上某固连直线 AB 的位置确定，即由点 A 的位置和直线 AB 的方位确定：

$$\begin{cases}x_A=x_A(t)\\ y_A=y_A(t)\\ \varphi_{AB}=\varphi_{AB}(t)\end{cases}$$

平面图形的角速度、角加速度分别为

$$\omega=\frac{\mathrm{d}\varphi}{\mathrm{d}t}\text{或 }\omega=\dot{\varphi}，\quad \alpha=\frac{\mathrm{d}^2\varphi}{\mathrm{d}t^2}=\frac{\mathrm{d}\omega}{\mathrm{d}t}\text{或 }\alpha=\ddot{\varphi}=\dot{\omega}$$

其中 φ 可以是平面图形上任意固连直线的方位角。

(3) 对于做一般平面运动的刚体，在某一瞬时，当角速度 $\omega \neq 0$ 时，为瞬时定轴转动；当角速度 $\omega = 0$ 时，为瞬时平移。当 $\omega \neq 0$ 时，可以确定平面图形的速度瞬心点 P，刚体上任意一点的速度为

$$\boldsymbol{v}_M = \boldsymbol{\omega} \times \overrightarrow{PM}$$

$\boldsymbol{v}_M$ 的大小为

$$v_M = \omega \cdot PM$$

即其大小与该点到速度瞬心的距离成正比。$\boldsymbol{v}_M$ 的方向与该点和速度瞬心的连线垂直，指向与瞬时角速度 $\boldsymbol{\omega}$ 的转向一致。

(4) 平面图形上两点的速度关系式为

$$\boldsymbol{v}_B = \boldsymbol{v}_A + \boldsymbol{v}_{BA}$$

其中 $\boldsymbol{v}_{BA} = \boldsymbol{\omega} \times \overrightarrow{AB}$，即同一平面图形上某点 B 的速度等于基点 A 的速度与该平面图形以其角速度 $\boldsymbol{\omega}$ 绕点 A 转动时点 B 所具有的速度的矢量和。可采用几何法或投影法求解平面图形上两点的速度关系式。

平面图形上两点的速度满足速度投影定理：

$$[\boldsymbol{v}_B]_{AB} = [\boldsymbol{v}_A]_{AB}$$

(5) 平面图形上两点的加速度关系式为

$$\boldsymbol{a}_B = \boldsymbol{a}_A + \boldsymbol{a}_{BA}^{t} + \boldsymbol{a}_{BA}^{n}$$

其中 $\boldsymbol{a}_{BA}^{t} = \boldsymbol{\alpha} \times \overrightarrow{AB}$，$\boldsymbol{a}_{BA}^{n} = \boldsymbol{\omega} \times (\boldsymbol{\omega} \times \overrightarrow{AB})$，即同一平面图形上某点 B 的加速度等于基点 A 的加速度与该平面图形以其角速度 $\boldsymbol{\omega}$ 和角加速度 $\boldsymbol{\alpha}$ 绕点 A 转动时点 B 所具有的切向加速度和法向加速度的矢量和。通常采用投影法求解平面图形上两点的加速度关系式。

习　题

8-1　如图 8-15 所示，曲柄 OC 以匀角速度 ω_0 绕定轴 O 转动，通过杆 AB 带动滑块 A，B 分别沿 x，y 轴滑动。已知 $OC = AC = BC = l$；当 $t = 0$ 时，$\theta = 0$。试以杆 AB 端点 A 为基点写出杆 AB 的平面运动方程，并求在任意瞬时点 A 的速度与杆 AB 的角速度。

8-2　如图 8-16 所示，杆 AB 一端 A 沿水平面以匀速 $\boldsymbol{v}_A$ 向右滑动，杆身紧靠高为 h 的墙边角 D。试根据定义求杆与水平面成 φ 角时的角速度和角加速度。

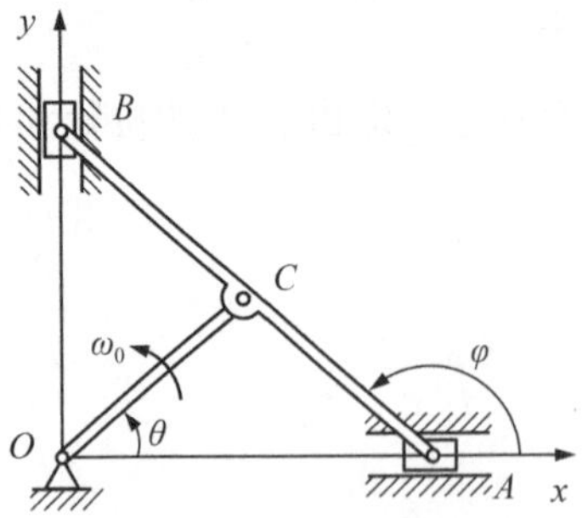

图 8-15　习题 8-1 图

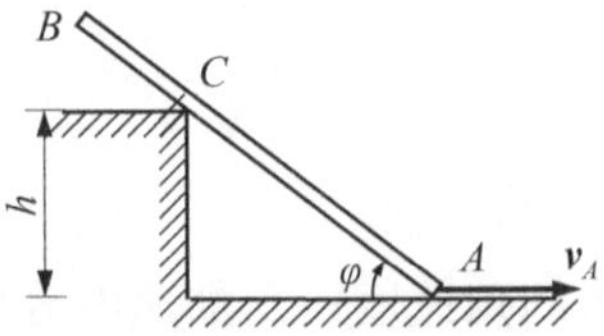

图 8-16　习题 8-2 图

8－3　如图 8－17 所示，靠在固定的半圆柱上的杆 AB 在铅垂面内运动．已知 A 端以匀速 $\boldsymbol{v}_A$ 在水平面上向右运动，固定半圆柱半径为 r，试根据定义求杆与水平面成 φ 角时的角速度和角加速度。

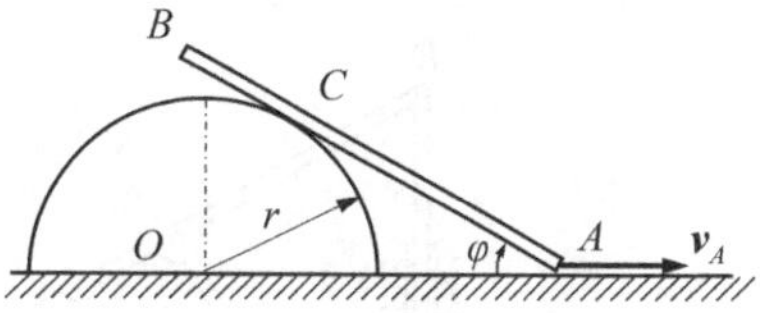

图 8－17　习题 8－3 图

8－4　图 8－18 所示为平面图形的速度分布情况，其中可能的是________，不可能的是________。

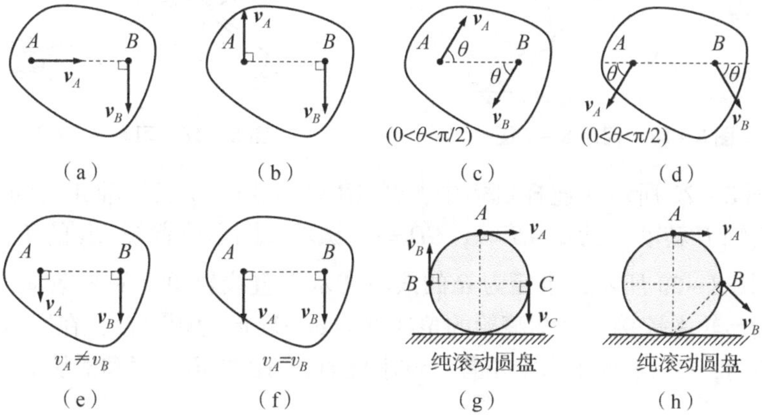

图 8－18　习题 8－4 图

8－5　如图 8－19 所示，两个相同的绕线盘以同一速度 $\boldsymbol{v}$ 拉动，设绳与盘轮之间无相对滑动，盘轮在水平地面上做纯滚动，试问这两个绕线盘往哪边滚动？哪个绕线盘的角速度大？水平段绳子的长度在这两种情形下的变化情况如何？

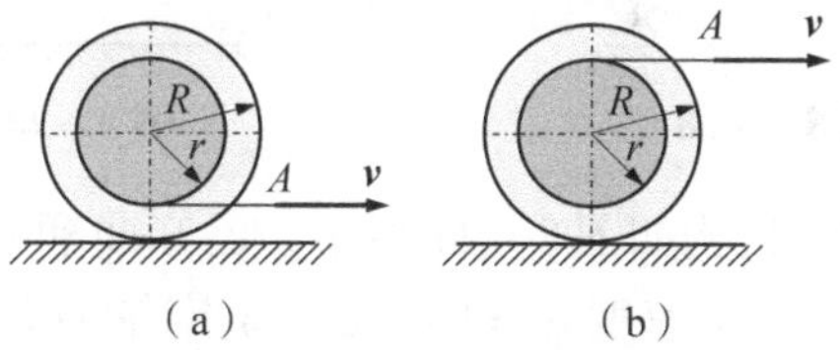

图 8－19　习题 8－5 图

8－6　设同一平面图形上任意两点 A，B 的速度和加速度分别为 $\boldsymbol{v}_A$，$\boldsymbol{v}_B$ 和 $\boldsymbol{a}_A$，$\boldsymbol{a}_B$，点 C 为 A，B 连线的中点，试证：

$$\boldsymbol{v}_C=\frac{1}{2}(\boldsymbol{v}_A+\boldsymbol{v}_B),\ \boldsymbol{a}_C=\frac{1}{2}(\boldsymbol{a}_A+\boldsymbol{a}_B)$$

8－7　图 8－20 所示为一小型压榨机的传动机构简图。已知杆 OA 以匀角速度 ω_0 绕定轴 O 做顺时针转动，通过杆系（杆 O_1C 做定轴转动，杆 AB，BD 做平面运动）带动压头 E 上下移动。已知 $OA=O_1C=r$，$AB=\sqrt{3}r$，$BD=2\sqrt{3}r$，点 C 为杆 BD 的中点。在图示位置，$OA\perp AB$，$O_1C\perp BD$，O_1，B 两点连线在水平位置，O，B 两点连线在铅垂位置。试求该位置压头 E 的速度。

8－8　在图 8－21 所示曲柄—连杆—滑块机构中，杆 OA 以匀角速度 ω 绕定轴 O 转动，通过连杆 AB 带动滑块 B 在水平轨道内滑动，已知 $OA=r$，$AB=\sqrt{3}r$。试求当 $\theta=0°$，$60°$和 $90°$时杆 AB 的角速度以及滑块 B 的速度。

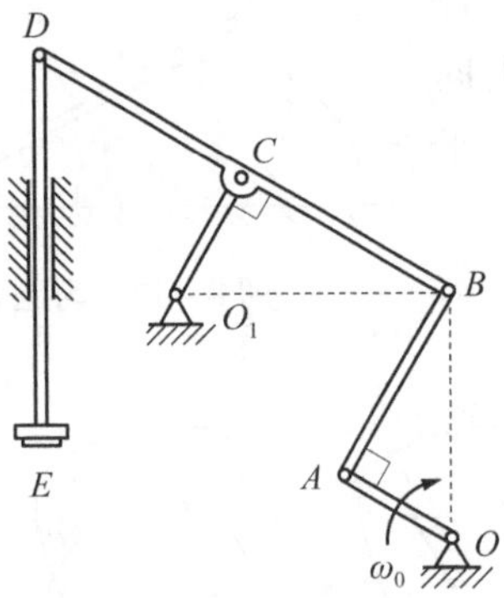

图 8-20　习题 8-7 图

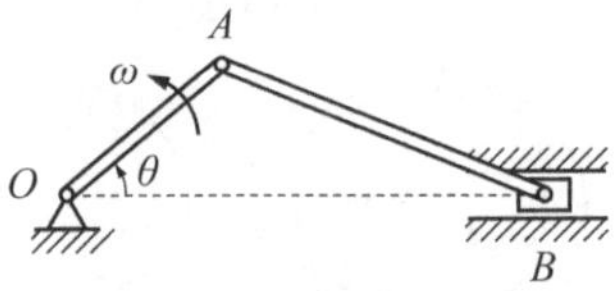

图 8-21　习题 8-8 图

8-9　在图 8-22 所示四连杆机构中，杆 AB 以角速度 ω 绕定轴 A 转动，通过连杆 BC 带动杆 CD 绕定轴 D 转动。已知 $AB=r$，$CD=l$。试求在图示位置杆 CD 的角速度。

8-10　如图 8-23 所示，半径为 R 的滚轮在水平直线轨道上做纯滚动，长度为 $l=\sqrt{3}R$ 的杆 AB 的 A 端与轮缘铰接。已知滚轮的角速度为 ω，转向为顺时针，在图示瞬时，直线 CA 与水平成 30°夹角，杆 AB 处于水平位置。试求此时杆 AB 的角速度和滑块 B 的速度。

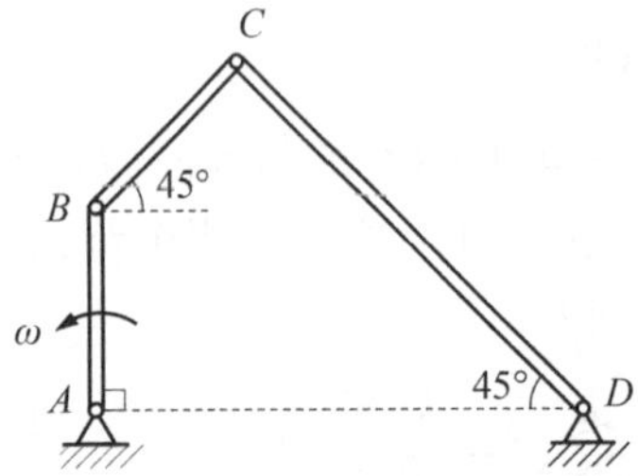

图 8-22　习题 8-9 图

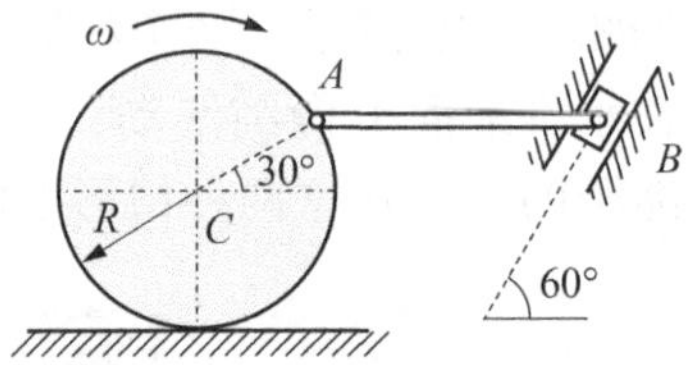

图 8-23　习题 8-10 图

8-11　曲柄—连杆—滑块机构如图 8-24 所示，已知曲柄 OA 的长度 $r=20$ cm，连杆 AB 的长度 $l=100$ cm，曲柄 OA 以匀角速度 $\omega=10$ rad/s 绕定轴 O 转动。试求该机构在图示位置时：(1) 连杆 AB 的角速度和滑块 B 的速度；(2) 连杆 AB 的角加速度和滑块 B 的加速度。

8-12　如图 8-25 所示，长为 $l_1=\sqrt{3}R$ 的杆 OA 绕定轴 O 以匀角速度 ω 转动，通过长度为 $l_2=2R$ 的连杆 AB 带动半径为 R 的圆盘 C 在水平直线轨道上做纯滚动。在图示瞬时，直线 CB 与水平成 30°夹角，杆 AB 处于水平位置，杆 OA 与水平成 60°夹角。试求此时：(1) 圆盘 C 的角速度和杆 AB 的角速度；(2) 圆盘 C 的角加速度和杆 AB 的角加速度。

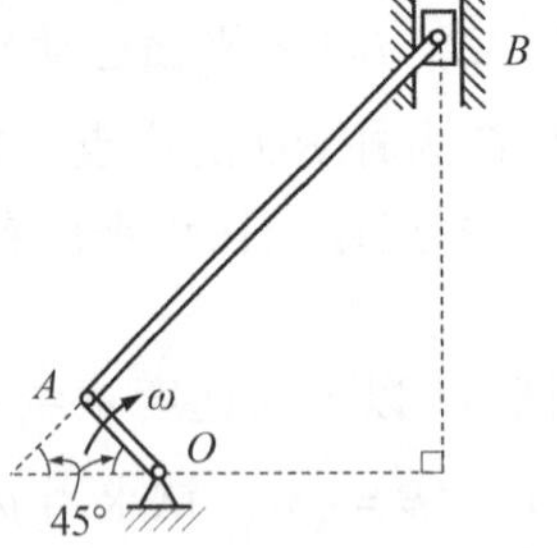

图 8-24　习题 8-11 图

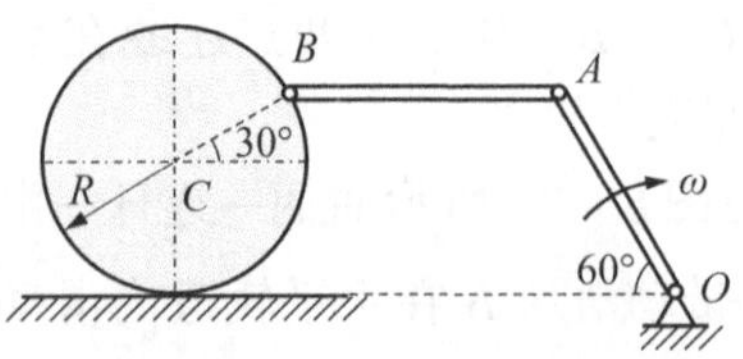

图 8-25　习题 8-12 图

第 9 章
点的复合运动

物体的运动都是相对的，在不同的参考系中所观察到的同一物体的运动规律一般是不同的，但相互之间存在联系。本章讨论同一个点相对于两个不同的参考系的运动关系，称为点的复合运动。该问题在工程中广泛存在，是研究复杂运动的理论基础。

9.1　点的复合运动的概念

首先以沿直线轨道做纯滚动的车轮为例来说明复合运动的概念。如图 9－1 所示，在点的运动学部分已经得到车轮边缘上某点 M 相对于固连于地面参考系 Oxy 中的运动轨迹是较为复杂的轨迹——旋轮线。若观察者跟随车厢一起运动以观察点 M 的运动，则点 M 相对于固连于车厢的参考系 $O'x'y'$（点 O'为车轮的轮心）的运动轨迹是以点 O'为圆心、以车轮半径为半径的圆周运动。点 M 相对于这两个参考系的运动形式通过车厢的运动或运动着的参考系 $O'x'y'$的平移运动建立联系。如此，可将较为复杂的旋轮线运动分解为点 M 相对于车厢运动的较为简单的圆周运动和代表车厢运动的点 O'相对于地面的直线运动。

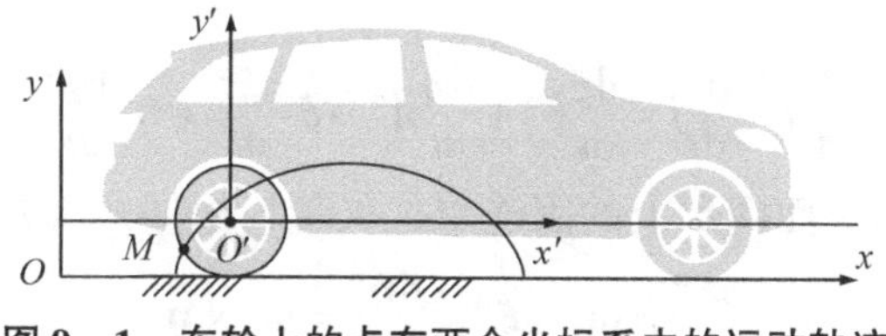

图 9－1　车轮上的点在两个坐标系中的运动轨迹

一般地，将所研究的点称为**动点**；将存在相对运动的两个参考系中的一个参考系视为固定不动，称为**固定参考系**，简称**定系**，而将另一个参考系视为相对于定系做运动的**动参考系**，简称**动系**。在工程问题中，通常选择地面为定系，此时可不必特别说明。动点相对于定系的运动称为**绝对运动**，动点相对于动系的运动称为**相对运动**。动点的绝对运动和相对运动存在差异，其原因在于动系相对于定系存在运动，正是该运动将动点的绝对运动和相对运动建立联系。称动系相对于定系的运动为**牵连运动**。显然，动点的绝对运动和相对运动都是点的运动，常以其运动轨迹来描述，如直线运动、圆周运动，甚至更复杂的曲线运动等；而牵连运动是与动系固连的刚体的运动，常以刚体的运动形式来描述，如平移、定轴转动、平面运动以及其他复杂的刚体运动。上例中选择地面为定系，车厢为动系，则车轮边缘上的点 M 相对于定系（地面）做轨迹为旋轮线的曲线运动，其相对于动系（车厢）做圆周运动；车厢相对于地面做直线平移运动。动点的绝对运动可视为其相对运动和动系的牵连运动的合成运动，通常称这种合成运动为**点的复合运动**，或者说，动点的绝对运动可分解为其相对运动和动系的牵连运动。

9.2 变矢量的绝对导数和相对导数的关系

为了便于研究动点的绝对运动和相对运动的关系，这里先给出一个变矢量在定系和动系中对时间的一阶导数的关系。

如图9－2所示，若动点做平面曲线运动，设定系为 Oxy，动系为 $A\xi\eta$，定系和动系的各坐标轴的单位矢量分别为 $\boldsymbol{i}$，$\boldsymbol{j}$ 和 $\boldsymbol{\xi}^\circ$、$\boldsymbol{\eta}^\circ$。设动系做平面运动，其角速度为 $\boldsymbol{\omega}_e$（也称为牵连角速度）。任意一平面矢量 $\boldsymbol{r}$ 在定系和动系中可表示为

$$\boldsymbol{r}=x\boldsymbol{i}+y\boldsymbol{j}=\xi\boldsymbol{\xi}^\circ+\eta\boldsymbol{\eta}^\circ \tag{9-1}$$

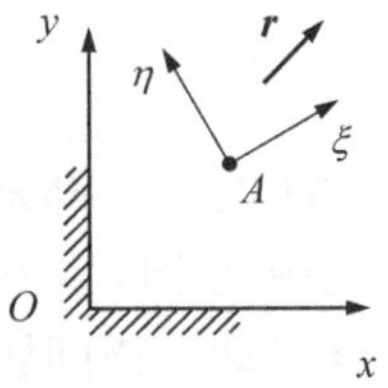

图9－2 变矢量在不同坐标系中的表示

矢量 $\boldsymbol{r}$ 在定系中对时间的变化率称为**矢量的绝对导数**，记为$\dfrac{\mathrm{d}\boldsymbol{r}}{\mathrm{d}t}$，则

$$\frac{\mathrm{d}\boldsymbol{r}}{\mathrm{d}t}=\frac{\mathrm{d}x}{\mathrm{d}t}\boldsymbol{i}+\frac{\mathrm{d}y}{\mathrm{d}t}\boldsymbol{j} \tag{9-2}$$

类似地，矢量 $\boldsymbol{r}$ 在动系中对时间的变化率称为**矢量的相对导数**，记为$\dfrac{\tilde{\mathrm{d}}\boldsymbol{r}}{\mathrm{d}t}$，则

$$\frac{\tilde{\mathrm{d}}\boldsymbol{r}}{\mathrm{d}t}=\frac{\mathrm{d}\xi}{\mathrm{d}t}\boldsymbol{\xi}^\circ+\frac{\mathrm{d}\eta}{\mathrm{d}t}\boldsymbol{\eta}^\circ \tag{9-3}$$

为了得到它们的关系，对式（9－1）两边同时对时间求一阶导数，即在定系中考察等式两边对时间的变化率。注意在定系中 $\boldsymbol{i}$，$\boldsymbol{j}$ 保持不变，$\boldsymbol{\xi}^\circ$，$\boldsymbol{\eta}^\circ$大小保持不变（大小恒为1）而方向随时间变化，则有

$$\frac{\mathrm{d}x}{\mathrm{d}t}\boldsymbol{i}+\frac{\mathrm{d}y}{\mathrm{d}t}\boldsymbol{j}=\frac{\mathrm{d}\xi}{\mathrm{d}t}\boldsymbol{\xi}^\circ+\frac{\mathrm{d}\eta}{\mathrm{d}t}\boldsymbol{\eta}^\circ+\xi\frac{\mathrm{d}\boldsymbol{\xi}^\circ}{\mathrm{d}t}+\eta\frac{\mathrm{d}\boldsymbol{\eta}^\circ}{\mathrm{d}t} \tag{9-4}$$

$\boldsymbol{\xi}^\circ$和 $\boldsymbol{\eta}^\circ$为代表动系运动的平面图形上的固连单位矢量，根据式（7－9），有

$$\frac{\mathrm{d}\boldsymbol{\xi}^\circ}{\mathrm{d}t}=\boldsymbol{\omega}_e\times\boldsymbol{\xi}^\circ,\quad \frac{\mathrm{d}\boldsymbol{\eta}^\circ}{\mathrm{d}t}=\boldsymbol{\omega}_e\times\boldsymbol{\eta}^\circ \tag{9-5}$$

将式（9－2）、式（9－3）以及式（9－5）代入式（9－4），得

$$\frac{\mathrm{d}\boldsymbol{r}}{\mathrm{d}t}=\frac{\tilde{\mathrm{d}}\boldsymbol{r}}{\mathrm{d}t}+\xi\boldsymbol{\omega}_e\times\boldsymbol{\xi}^\circ+\eta\boldsymbol{\omega}_e\times\boldsymbol{\eta}^\circ=\frac{\tilde{\mathrm{d}}\boldsymbol{r}}{\mathrm{d}t}+\boldsymbol{\omega}_e\times(\xi\boldsymbol{\xi}^\circ+\eta\boldsymbol{\eta}^\circ) \tag{9-6}$$

简化后得到

$$\frac{\mathrm{d}\boldsymbol{r}}{\mathrm{d}t}=\frac{\tilde{\mathrm{d}}\boldsymbol{r}}{\mathrm{d}t}+\boldsymbol{\omega}_e\times\boldsymbol{r} \tag{9-7}$$

即矢量的绝对导数等于该矢量的相对导数加上动系的角速度与该矢量的叉积，称之为**矢量的绝对导数与相对导数的关系式**，其由法国科学家科里奥利（G. G. Coriolis）首先提出，又称为**科里奥利公式**。

9.3　点的速度合成定理

如图 9－3 所示，设动系 $A\xi\eta$ 做平面运动，而动点 M 相对于定系 Oxy 和动系 $A\xi\eta$ 的运动均在动系所在的平面内做运动。在任意瞬时，设动系 $A\xi\eta$ 的角速度为 $\boldsymbol{\omega}_e$，动点 M 相对于定系的矢径为 $\boldsymbol{r}_M=\overrightarrow{OM}$，相对于动系的矢径为 $\boldsymbol{r}'_M=\overrightarrow{AM}$，动系的原点在定系中的矢径为 $\boldsymbol{r}_A$，则

$$\boldsymbol{r}_M=\boldsymbol{r}_A+\boldsymbol{r}'_M \tag{9-8}$$

该式两边对时间求一阶绝对导数，有

$$\frac{\mathrm{d}\boldsymbol{r}_M}{\mathrm{d}t}=\frac{\mathrm{d}\boldsymbol{r}_A}{\mathrm{d}t}+\frac{\mathrm{d}\boldsymbol{r}'_M}{\mathrm{d}t} \tag{9-9}$$

注意到 $\boldsymbol{r}'_M$ 是动系中的变矢量，由科里奥利公式（9－7），得

$$\frac{\mathrm{d}\boldsymbol{r}'_M}{\mathrm{d}t}=\frac{\tilde{\mathrm{d}}\boldsymbol{r}'_M}{\mathrm{d}t}+\boldsymbol{\omega}_e\times\boldsymbol{r}'_M \tag{9-10}$$

根据点的运动学知识，动点 M 在定系中的矢径 $\boldsymbol{r}_M$ 对时间的一阶绝对导数为该点在定系中运动（即绝对运动）的速度，称为动点的绝对速度，用 $\boldsymbol{v}_a$ 表示，即 $\boldsymbol{v}_a=\dfrac{\mathrm{d}\boldsymbol{r}_M}{\mathrm{d}t}$；动点 M 在动系中的矢径 $\boldsymbol{r}'_M$ 对时间的一阶相对导数为该点在动系中运动（即相对运动）的速度，称为动点的相对速度，用 $\boldsymbol{v}_r$ 表示，即 $\boldsymbol{v}_r=\dfrac{\tilde{\mathrm{d}}\boldsymbol{r}'_M}{\mathrm{d}t}$；动系的原点 A 在定系中的矢径 $\boldsymbol{r}_A$ 对时间的一阶绝对导数为该点在定系中的速度，即 $\boldsymbol{v}_A$。将式（9－10）代入式（9－9），得到

$$\boldsymbol{v}_a=\boldsymbol{v}_r+\boldsymbol{v}_A+\boldsymbol{\omega}_e\times\boldsymbol{r}'_M \tag{9-11}$$

参照平面图形上两点的速度关系式（8－8），式（9－11）中右边后两项实际上给出了以动系的坐标原点 A 为基点的动系中与动点 M 重合的点 M'（在该瞬时 $\boldsymbol{r}'_M=\overrightarrow{AM}=\overrightarrow{AM'}$）相对于定系的速度，即 $\boldsymbol{v}_{M'}=\boldsymbol{v}_A+\boldsymbol{\omega}_e\times\overrightarrow{AM'}$。因此得出，与动点的牵连运动直接相关的是动系中与动点重合点的运动。随着动点的相对运动，动点在动系中的重合点在不断变化。定义：在任一瞬时，动系（即与动系固连的刚体或其延拓部分上）中与动点重合的点为动点在该瞬时的**牵连点**。该点相对于定系的绝对速度称为动点的**牵连速度**，用 $\boldsymbol{v}_e$ 表示，即

$$\boldsymbol{v}_e=\boldsymbol{v}_{M'}=\boldsymbol{v}_A+\boldsymbol{\omega}_e\times\boldsymbol{r}_{M'} \tag{9-12}$$

于是，将式（9－11）改写为

$$\boldsymbol{v}_a=\boldsymbol{v}_r+\boldsymbol{v}_e \tag{9-13}$$

该式表明：在任一瞬时，动点的绝对速度等于其相对速度和牵连速度的矢量和。这称为**点的速度合成定理**。动点的绝对速度由相对速度和牵连速度为邻边的平行四边形的对角线来确定，结合三个矢量中的某一矢量方向可确定另两个方位已知的矢量的指向，再根据其中的三角形关系，由其中已知的某一矢量的大小求解其余两个矢量的大小，这就是几何法。也可以采用投影法求解此关系式。

在研究点的复合运动时，一般来说，定系通常默认为与地面固连的参考系，除特殊场合外，无须特别声明，但需要首先指明动点、动系，然后分析绝对运动、相对运动以及牵连运动，再进行速度合成分析。下面举例说明速度合成定理的应用。

例 9－1 如图 9－4 所示，半圆凸轮 O 沿水平轨道以速度 $\boldsymbol{v}$ 向右平移，推动顶杆 AB 在铅垂滑槽内滑动。试求图示瞬时顶杆 AB 的速度的大小。

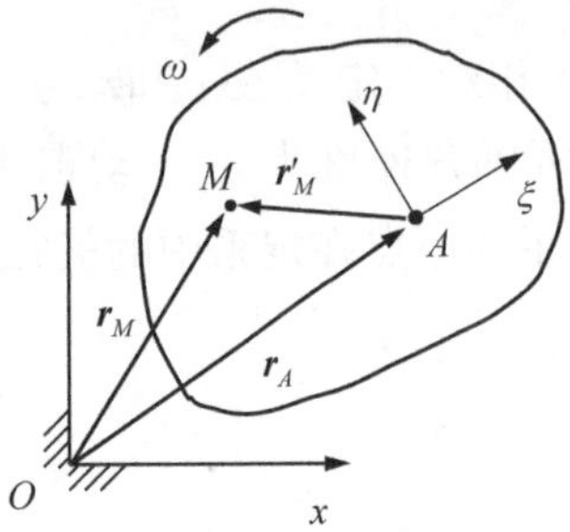

图 9－3 绝对运动和相对运动的矢径关系

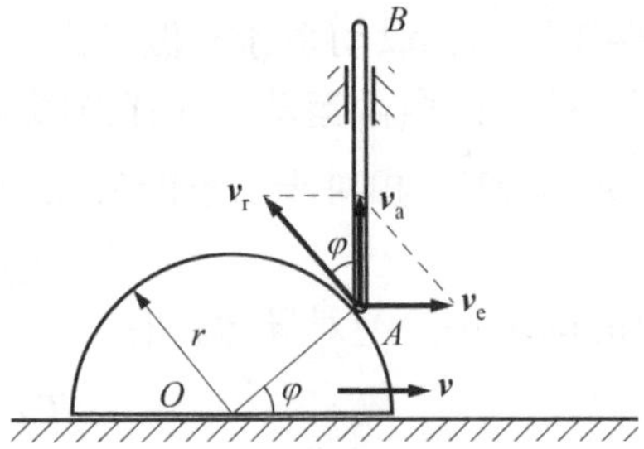

图 9－4 例 9－1 图

解：(1) 选择动点、动系。以杆 AB 上与半圆凸轮接触点 A 为动点，建立与半圆凸轮固连的动系。

(2) 运动分析。动点 A 的绝对运动为铅垂方向上的直线运动，相对运动为沿着凸轮边缘的圆弧运动，牵连运动为半圆凸轮的水平直线平移。

(3) 速度分析。根据上述运动分析，确定点 A 的绝对速度、相对速度以及牵连速度。其中牵连运动为平移，故牵连速度即半圆凸轮的平移速度，如图 9－4 所示。

	$\boldsymbol{v}_a$	=	$\boldsymbol{v}_e$	+	$\boldsymbol{v}_r$
大小	?		v		?
方向	√		√		√

上式中有 3 个矢量，可作出图 9－4 所示的平行四边形，由其中的三角形关系确定各边对应速度的大小。杆 AB 做铅垂直线平移，其速度为

$$v_{AB}=v_a=v_e\cot\varphi=v\cot\varphi\text{（铅垂向上）}$$

例 9－2 曲柄导杆机构如图 9－5 所示，曲柄 OA 以匀角速度 $\boldsymbol{\omega}_0$ 绕定轴 O 做逆时针转向转动，通过套筒带动杆 O_1B 绕定轴 O_1 摆动，O，O_1 两点连线处于铅垂位置，$OA=r$，$OO_1=h$。在图示瞬间，OA 处于水平位置。试求此时杆 O_1B 的角速度 $\boldsymbol{\omega}_1$ 的大小。

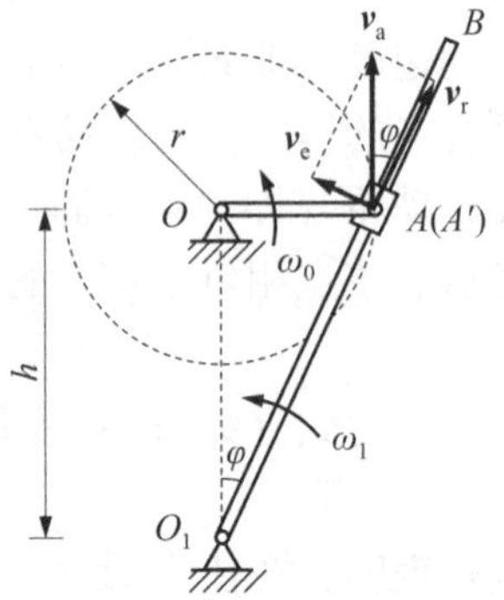

图 9－5 例 9－2 图

解：(1) 以曲柄 OA 上的点 A 为动点，动系与杆 O_1B 固连。绝对运动为以点 O 为圆心的圆周运动；相对运动为沿杆 O_1B 杆向的直线运动；牵连运动为绕轴 O_1 的定轴转动。

(2) 速度分析。速度合成关系如图 9－5 所示。

	$\boldsymbol{v}_a$	=	$\boldsymbol{v}_e$	+	$\boldsymbol{v}_r$
大小	$\omega_0 r$		$\omega_1\cdot O_1A$		?
方向	√		√		√

可作出图 9－5 所示的平行四边形，由其中的三角形关系得

$$v_e=v_a\sin\varphi=\omega_0 r\cdot\frac{r}{\sqrt{r^2+h^2}}=\frac{\omega_0 r^2}{\sqrt{r^2+h^2}}$$

$$\omega_1=\frac{v_e}{O_1A}=\frac{\omega_0 r^2}{\sqrt{r^2+h^2}\cdot\sqrt{r^2+h^2}}=\frac{\omega_0 r^2}{r^2+h^2}$$

在本例中，动点 A 的牵连点（A'）为做定轴转动的动系中的某点，其牵连速度应按定轴转动刚体上点的速度确定。

9.4　点的加速度合成定理

对速度合成公式（9-13）求时间的一阶绝对导数，得

$$\frac{\mathrm{d}\boldsymbol{v}_a}{\mathrm{d}t}=\frac{\mathrm{d}\boldsymbol{v}_r}{\mathrm{d}t}+\frac{\mathrm{d}\boldsymbol{v}_e}{\mathrm{d}t} \tag{9-14}$$

动点 M 相对于定系运动（绝对运动）的加速度称为**绝对加速度**，用 $\boldsymbol{a}_a$ 表示，它等于动点的绝对速度对时间的一阶绝对导数，即 $\boldsymbol{a}_a=\frac{\mathrm{d}\boldsymbol{v}_a}{\mathrm{d}t}$，因此式（9-14）的左边项即动点的绝对加速度。

动点 M 相对于动系运动（相对运动）的加速度称为**相对加速度**，用 $\boldsymbol{a}_r$ 表示，它等于动点的相对速度对时间的一阶相对导数，即 $\boldsymbol{a}_r=\frac{\tilde{\mathrm{d}}\,\boldsymbol{v}_r}{\mathrm{d}t}$，由科里奥利公式（9-7），式（9-14）的右边第一项可写为

$$\frac{\mathrm{d}\boldsymbol{v}_r}{\mathrm{d}t}=\frac{\tilde{\mathrm{d}}\,\boldsymbol{v}_r}{\mathrm{d}t}+\boldsymbol{\omega}_e\times\boldsymbol{v}_r=\boldsymbol{a}_r+\boldsymbol{\omega}_e\times\boldsymbol{v}_r \tag{9-15}$$

其中 $\boldsymbol{\omega}_e\times\boldsymbol{v}_r$ 是由于动系的牵连转动（动系的角速度 $\boldsymbol{\omega}_e\neq\boldsymbol{0}$ 时）引起的相对速度在定系中进一步发生变化而产生的附加加速度，体现了牵连转动对定系中所观察到的相对速度的绝对变化率的影响。

由牵连速度的定义式（9-12），可得

$$\frac{\mathrm{d}\boldsymbol{v}_e}{\mathrm{d}t}=\frac{\mathrm{d}(\boldsymbol{v}_A+\boldsymbol{\omega}_e\times\boldsymbol{r}'_M)}{\mathrm{d}t}=\frac{\mathrm{d}\boldsymbol{v}_A}{\mathrm{d}t}+\frac{\mathrm{d}\boldsymbol{\omega}_e}{\mathrm{d}t}\times\boldsymbol{r}'_M+\boldsymbol{\omega}_e\times\frac{\mathrm{d}\boldsymbol{r}'_M}{\mathrm{d}t}$$

其中$\frac{\mathrm{d}\boldsymbol{v}_A}{\mathrm{d}t}$为动系的坐标原点 A 相对于定系运动的加速度，即 $\boldsymbol{a}_A$；$\frac{\mathrm{d}\boldsymbol{\omega}_e}{\mathrm{d}t}$为动系的角加速度 $\boldsymbol{\alpha}_e$。

由式（9-10）知$\frac{\mathrm{d}\boldsymbol{r}'_M}{\mathrm{d}t}=\frac{\tilde{\mathrm{d}}\,\boldsymbol{r}'_M}{\mathrm{d}t}+\boldsymbol{\omega}_e\times\boldsymbol{r}'_M$，并将 $v_r=\frac{\tilde{\mathrm{d}}\,\boldsymbol{r}'_M}{\mathrm{d}t}$代入上式，可得

$$\frac{\mathrm{d}\boldsymbol{v}_e}{\mathrm{d}t}=\boldsymbol{a}_A+\boldsymbol{\alpha}_e\times\boldsymbol{r}'_M+\boldsymbol{\omega}_e\times(\boldsymbol{\omega}_e\times\boldsymbol{r}'_M)+\boldsymbol{\omega}_e\times\boldsymbol{v}_r \tag{9-16}$$

参照平面图形上两点的加速度关系式（8-19）可知，式（9-16）中右边前三项实际上给出了以动系的坐标原点 A 为基点的动系中的点 M'（即牵连点，在该瞬时 $\boldsymbol{r}'_M=\overrightarrow{AM}=\overrightarrow{AM'}$）相对于定系的加速度，即 $\boldsymbol{a}_{M'}=\boldsymbol{a}_A+\boldsymbol{\alpha}_e\times\overrightarrow{AM'}+\boldsymbol{\omega}_e\times(\boldsymbol{\omega}_e\times\overrightarrow{AM'})$，称为动点 M 的**牵连加速度**，用 $\boldsymbol{a}_e$ 表示，即

$$\boldsymbol{a}_e=\boldsymbol{a}_{M'}=\boldsymbol{a}_A+\boldsymbol{\alpha}_e\times\boldsymbol{r}'_M+\boldsymbol{\omega}_e\times(\boldsymbol{\omega}_e\times\boldsymbol{r}'_M)$$

于是，将式（9-16）改写为

$$\frac{d\boldsymbol{v}_e}{dt}=\boldsymbol{a}_e+\boldsymbol{\omega}_e\times\boldsymbol{v}_r \tag{9-17}$$

其中 $\boldsymbol{\omega}_e\times\boldsymbol{v}_r$ 是由于动点有相对运动（$\boldsymbol{v}_r\neq\boldsymbol{0}$），改变了牵连点而引起的牵连速度进一步发生变化而产生的附加加速度，体现了相对运动对牵连速度的影响。式（9－15）和式（9－17）均包含 $\boldsymbol{\omega}_e\times\boldsymbol{v}_r$，数学表达式相同，但来源不同，体现了上述不同的物理含义。

因此式（9－14）最终可写为

$$\boldsymbol{a}_a=\boldsymbol{a}_r+\boldsymbol{a}_e+\boldsymbol{a}_C \tag{9-18}$$

其中

$$\boldsymbol{a}_C=2\boldsymbol{\omega}_e\times\boldsymbol{v}_r \tag{9-19}$$

称为**科氏加速度**，由法国科学家科里奥利于 1835 年首次提出。如前所述，科氏加速度是由于牵连运动和相对运动的相互影响而产生的附加量，是一个特殊的物理量。对于平面系统，则 $\boldsymbol{v}_r\perp\boldsymbol{\omega}_e$，因此 $\boldsymbol{a}_C$ 的大小 $a_C=2\omega_e\cdot v_r\cdot\sin 90°=2\omega_e v_r$，其方向按照矢量叉积的右手法则确定，或简便地记为将 $\boldsymbol{v}_r$ 的方向按照动系的角速度 $\boldsymbol{\omega}_e$ 的转向转过 90°的方向。若动系做平移，则 $\omega_e\equiv 0$，故 $a_C\equiv 0$；或动系瞬时平移（动系的瞬时角速度 $\omega_e=0$）或动点相对于动系瞬时静止（此时相对速度 $v_r=0$），则在该瞬时 $a_C=0$。

式（9－18）表明：在任一瞬时，动点的绝对加速度等于其相对加速度、牵连加速度与科氏加速度的矢量和，称为**点的加速度合成定理**。由于该式包含的矢量个数较多，所以用几何法（矢量多边形）建立各矢量间的大小关系不方便，通常采用投影法，即将该矢量方程向平面内两个相交（正交或斜交均可）的坐标轴投影，得到与之等价的两个代数方程，可求解其中的两个未知量。在特殊情况下，当该矢量方程只包含 3 个矢量时，亦可用几何法（三角形法）求解它们的关系。

在利用点的复合运动知识解题时，必须明确动点和动系。动点和动系的选择可以有多种方案，但应遵循两个原则：①动点和动系不能选在同一个刚体上，它们之间应存在相对运动；②动点的相对运动轨迹已知，轨迹越简单越好，如直线或圆弧。

例 9－3 在图 9－6 所示的铅垂平面机构中，曲柄 OA 以匀角速度 ω_0 绕定轴 O 做逆时针转动，通过 A 端推动 T 形杆 BCD 在铅垂方向滑槽内滑动，已知 $OA=r$。试求当曲柄与水平线的夹角为 $\varphi=30°$时，T 形杆 BCD 运动的速度和加速度。

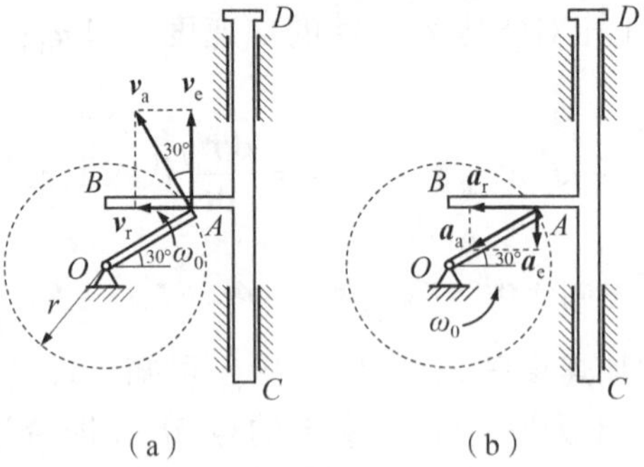

图 9－6 例 9－3 图

解：（1）以杆 OA 上的点 A 为动点，动系与 T 形杆 BCD 固连。

绝对运动为以点 O 为圆心、以半径为 r 的圆弧运动；相对运动为沿 T 形杆水平部分的直线运动；牵连运动为铅垂方向的平移。

（2）速度分析。

$$\boldsymbol{v}_a = \boldsymbol{v}_e + \boldsymbol{v}_r$$

	$\boldsymbol{v}_a$	$\boldsymbol{v}_e$	$\boldsymbol{v}_r$
大小	$\omega_0 r$	v_{BCD}?	?
方向	√	√	√

速度合成关系如图 9－6（a）所示，求解矢量合成平行四边形中的三角形关系得

$$v_{BCD} = v_e = v_a \cos 30° = \frac{\sqrt{3}}{2}\omega_0 r\text{（铅垂向上）}$$

（3）加速度分析。由于动系做平移，无科氏加速度，所以有

$$\boldsymbol{a}_a = \boldsymbol{a}_e + \boldsymbol{a}_r$$

	$\boldsymbol{a}_a$	$\boldsymbol{a}_e$	$\boldsymbol{a}_r$
大小	$\omega_0^2 r$	a_{BCD}?	?
方向	√	√	√

加速度合成关系如图 9－6（b）所示，求解矢量合成平行四边形中的三角形关系得

$$a_{BCD} = a_a \sin 30° = \frac{1}{2}\omega_0^2 r\text{（铅垂向下）}$$

在本例中，由于曲柄 OA 以匀角速度做定轴转动，故动点 A 的绝对加速度只有法向加速度，而无切向加速度。本例的加速度合成关系中只涉及 3 个矢量，画出矢量合成平行四边形，并采用几何法即可求解。

例 9－4　铅垂平面机构如图 9－7（a）所示，直角弯杆 OAB 以匀角速度 ω_0 绕定轴 O 做顺时针转动，推动顶杆 DE 在铅垂滑槽内滑动，几何尺寸如图所示。试求在 $\varphi = 120°$ 的瞬时，顶杆 DE 运动的速度和加速度。

解：（1）以顶杆 DE 上的点 D 为动点，动系与直角弯杆 OAB 固连。绝对运动为铅垂方向的直线运动；相对运动为沿着 AB 段的直线运动；牵连运动为绕轴 O 的定轴转动。

（2）速度分析。

$$\boldsymbol{v}_a = \boldsymbol{v}_e + \boldsymbol{v}_r$$

	$\boldsymbol{v}_a$	$\boldsymbol{v}_e$	$\boldsymbol{v}_r$
大小	v_{DE}?	$OD' \cdot \omega_0$	?
方向	√	√	√

速度合成关系如图 9－7（a）所示，求解矢量合成平行四边形中的三角形关系得

$$v_{DE} = v_a = v_e = 2\omega_0 b\text{（铅垂向上）}$$

$$v_r = v_e = 2\omega_0 b\text{（沿 }AB\text{ 段向上）}$$

（3）加速度分析。如图 9－7（a）所示，有

$$\boldsymbol{a}_a = \boldsymbol{a}_e^n + \boldsymbol{a}_r + \boldsymbol{a}_C$$

	$\boldsymbol{a}_a$	$\boldsymbol{a}_e^n$	$\boldsymbol{a}_r$	$\boldsymbol{a}_C$
大小	a_{DE}?	$\omega_0^2 \cdot 2b$	?	$2\omega_0 v_r = 4\omega_0^2 b$
方向	√	√	√	√

沿 $\boldsymbol{a}_C$ 方向投影得

$$a_{DE}\cos 30° = -a_e^n \cos 60° + 0 + a_C$$

$$a_{DE} \cdot \frac{\sqrt{3}}{2} = -\omega_0^2 \cdot 2b \cdot \frac{1}{2} + 4\omega_0^2 b \quad \Rightarrow a_{DE} = 2\sqrt{3}\omega_0^2 b\text{（铅垂向上）}$$

在本例中，由于直角弯杆 OAB 以匀角速度定轴转动，故牵连加速度只有法向加速度，

而无切向加速度。由于加速度合成关系式中矢量较多，故宜采用投影法求解。本例中选择 $\boldsymbol{a}_C$ 方向进行投影，避免了未知量 $\boldsymbol{a}_r$ 的出现，达到了快速求解的目的。

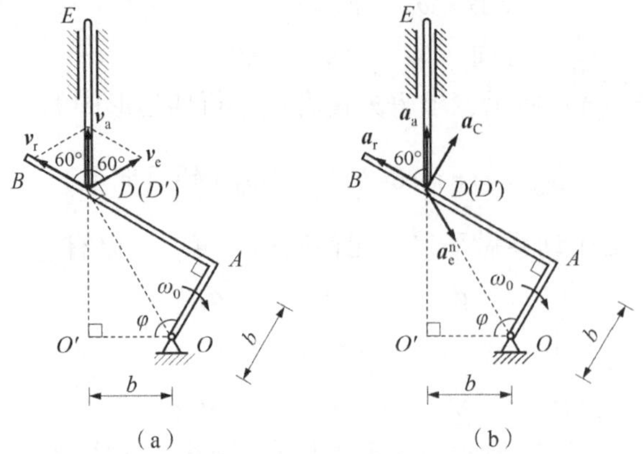

（a）　　　　　　　　（b）

图9-7　例9-4图

本章小结

本章介绍了点的复合运动的概念和分析方法，包括以下内容。

（1）动点相对于定系的运动称为绝对运动；动点相对于动系的运动称为相对运动；动系相对于定系的运动称为牵连运动。

绝对运动可视为相对运动和牵连运动的合成运动。

动点相对于定系运动所具有的速度和加速度分别称为绝对速度和绝对加速度；动点相对于动系运动所具有的速度和加速度分别称为相对速度和相对加速度；动系上与动点重合的点称为牵连点，其相对于定系的速度和加速度称为牵连速度和牵连加速度。

（2）点的速度合成定理：动点的绝对速度等于其相对速度和牵连速度的矢量和，即

$$\boldsymbol{v}_a = \boldsymbol{v}_r + \boldsymbol{v}_e$$

一般通过几何法（矢量合成平行四边形中三角形关系）可方便地求解。

（3）点的加速度合成定理：动点的绝对加速度等于其相对加速度、牵连加速度与科氏加速度的矢量和，即

$$\boldsymbol{a}_a = \boldsymbol{a}_r + \boldsymbol{a}_e + \boldsymbol{a}_C$$

其中 $\boldsymbol{a}_C = 2\boldsymbol{\omega}_e \times \boldsymbol{v}_r$，为科氏加速度。一般通过投影法进行求解。

习　　题

9-1　如图9-8所示，半径为 r 的半圆形凸轮以匀速向右平移，杆 OA 的 A 端与凸轮的轮廓线保持接触，$OA = r$，O，B 两点连线为水平直线，试求图示位置杆 OA 的角速度。

9-2　在图9-9所示曲柄滑道机构中，曲柄 $OA = r$，以匀角速度 ω_0 绕定轴 O 转动，通过滑块 A 带动滑槽杆 $BCDE$ 水平平移。滑槽与水平线成60°夹角。试求当曲柄与水平的夹角 φ 分别为0°，30°，60°时，滑槽杆杆 $BCDE$ 的速度。

9-3　如图9-10所示，直角弯杆 OAB 绕定轴 O 做顺时针匀速转动，使得套在其上的小

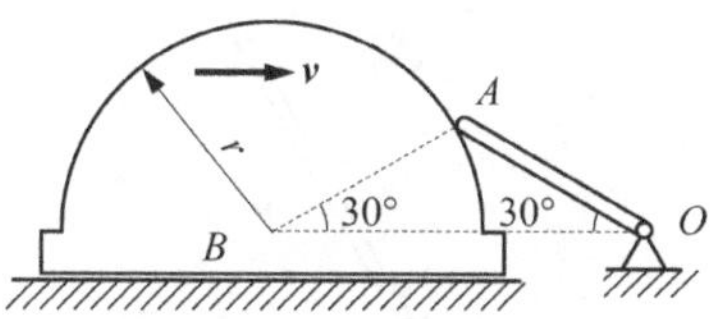

图 9-8　习题 9-1 图

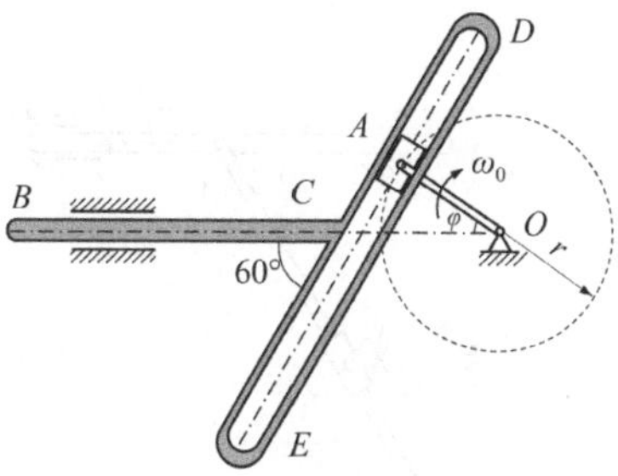

图 9-9　习题 9-2 图

环 M 沿固定直杆 CD 滑动。已知弯杆的角速度 $\omega = 0.5$ rad/s，$OA = 10$ cm。试求当 $\varphi = 60°$时小环 M 的速度。

9-4　摇杆机构如图 9-11 所示，绕定轴 O 转动的摇杆 OC 的长度为 l，铅垂滑道离轴 O 的水平距离为 b，杆 AB 以匀速 $\boldsymbol{v}$ 在铅垂滑道中向上运动，试求图示位置点 C 的速度。

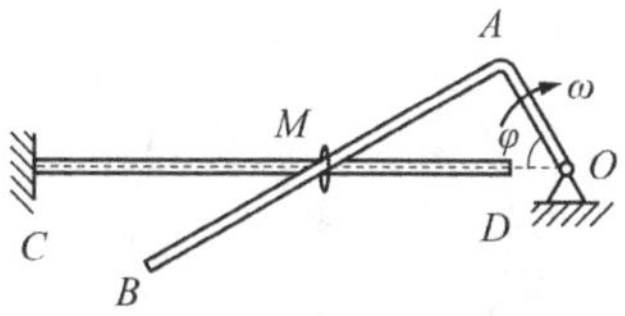

图 9-10　习题 9-3 图

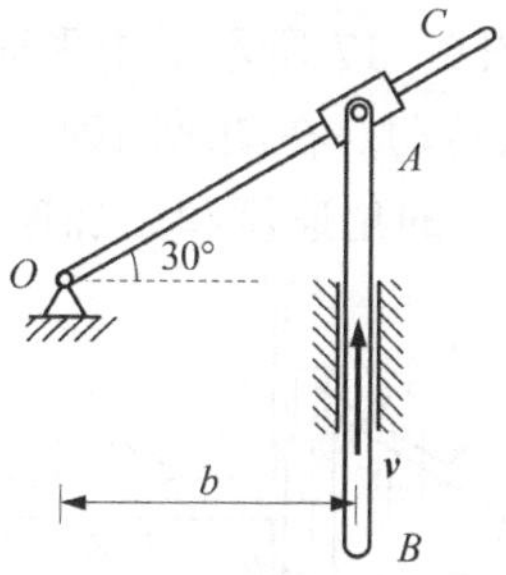

图 9-11　习题 9-4 图

9-5　在图 9-12 所示平面机构中，$O_1A = O_2B = O_1O_2 = AB = l$，$C$ 为杆 AB 的中点，杆 OE 以匀角速度 ω 绕定轴 O 做逆时针转动，$OE = 2\sqrt{3}l/3$。试求在图示瞬时杆 O_1A 的角速度。

9-6　在图 9-13 所示平面机构中，直角弯杆 OAB 以匀角速度 ω 绕定轴 O 做顺时针转动，$OA = DE = l$，试求在图示瞬时杆 DE 绕定轴 E 转动的角速度。

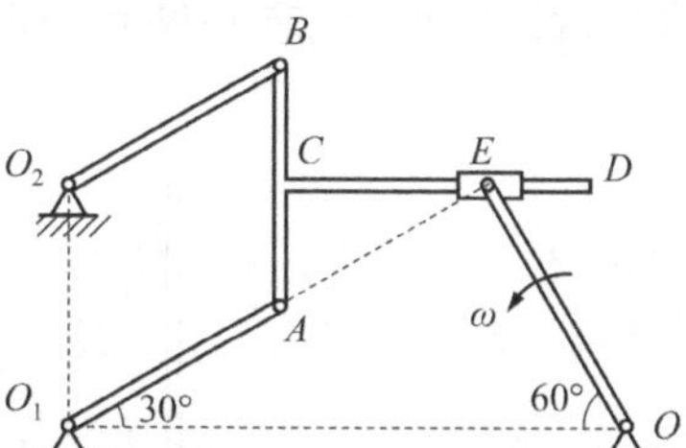

图 9-12　习题 9-5 图

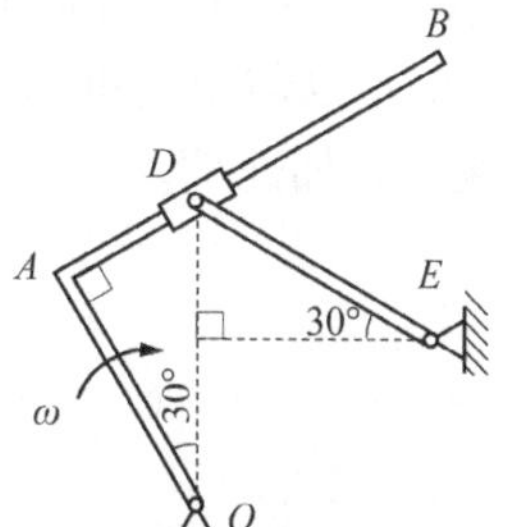

图 9-13　习题 9-6 图

9-7　在图 9-14 所示铅垂平面机构中，横杆 DE 可在水平滑道中做往复运动，与它铰接的杆 AB 穿过绕定轴 O 转动的套筒，定轴 O 与水平滑道的铅垂距离为 h。已知横杆在图示位置的速度为 $\boldsymbol{v}$，试求在该位置杆 AB 的角速度。

9-8　在图 9-15 所示铅垂平面内的曲柄—摇杆机构中，曲柄 OA 以匀角速度 ω_0 绕定轴 O 做逆时针转动，套筒 B 可沿摇杆 DE 滑动，杆 AB 的 A 端与曲柄 OA 铰接，B 端与套筒 B 垂直固连。已知 $OA = AB = l$。试求在图示位置摇杆 DE 的角速度和杆 AB 的角速度。

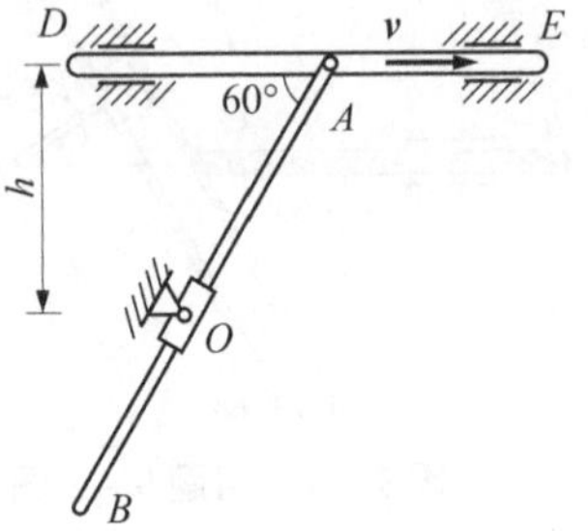

图 9－14　习题 9－7 图

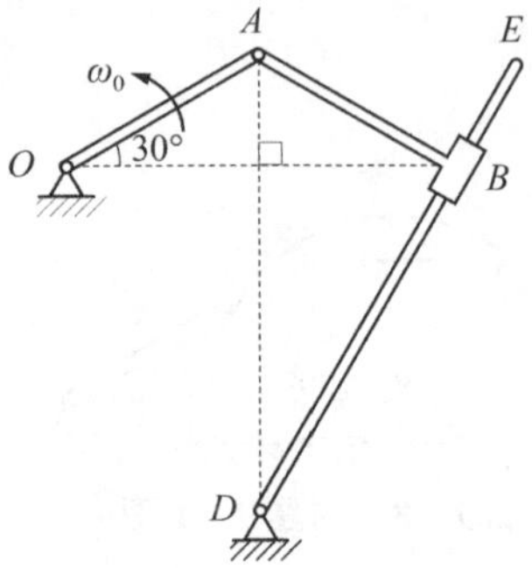

图 9－15　习题 9－8 图

9－9　在图 9－16 所示曲柄滑道机构中，曲柄 OA 的长度为 $l=100$ mm，绕定轴 O 做逆时针转动。在某瞬时，其角速度 $\omega=1$ rad/s，角加速度 $\alpha=1$ rad/s^2，$\angle AOC=30°$。试求在该瞬时 T 形导杆运动的速度和加速度。

9－10　在图 9－17 所示铅垂平面机构中，杆 BD 沿水平滑道向左运动，带动半径为 r 的圆盘绕定轴 O 做转动。在图示瞬时，杆 BD 的速度为 $\boldsymbol{v}_0$，加速度为 $\boldsymbol{a}_0$，方向均为水平向左。试求在该位置圆盘的角速度和角加速度。

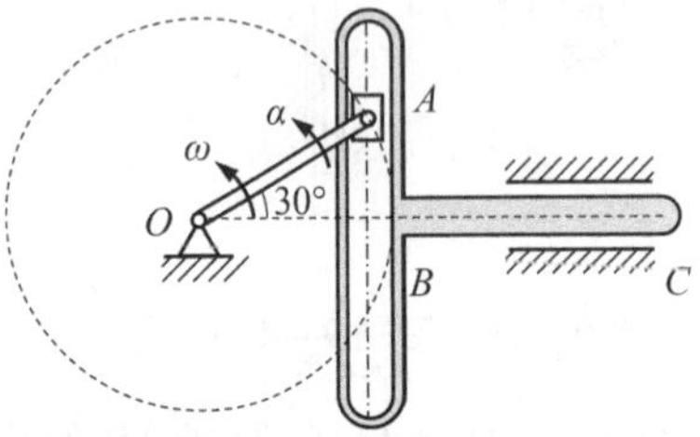

图 9－16　习题 9－9 图

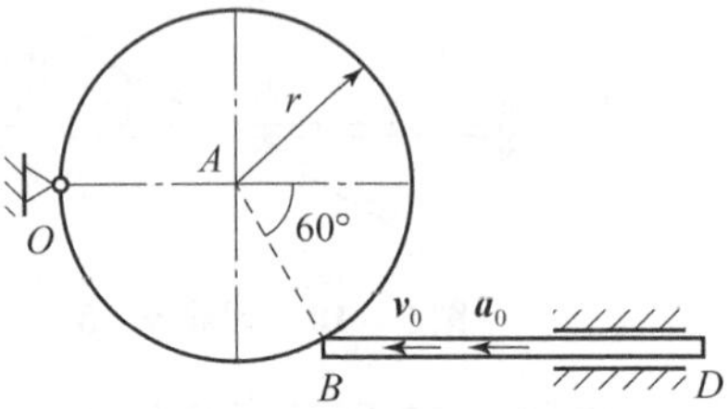

图 9－17　习题 9－10 图

9－11　在图 9－18 所示铅垂平面机构中，已知 $O_1A=O_2B=O_1O_2=AB=BD=r$，杆 O_1A 以匀角速度 ω_0 绕定轴 O_1 转动，试求在图示位置杆 GE 绕定轴 G 转动的角速度和角加速度。

9－12　在图 9－19 所示铅垂平面机构中，已知 $O_1A=O_2B=r$，$O_1O_2=2r$，半圆凸轮的半径为 r，曲柄 O_1A 以匀角速度 ω_0 绕定轴 O_1 做顺时针转动。试求在图示瞬时顶杆 DE 沿铅垂滑道滑动的速度和加速度。

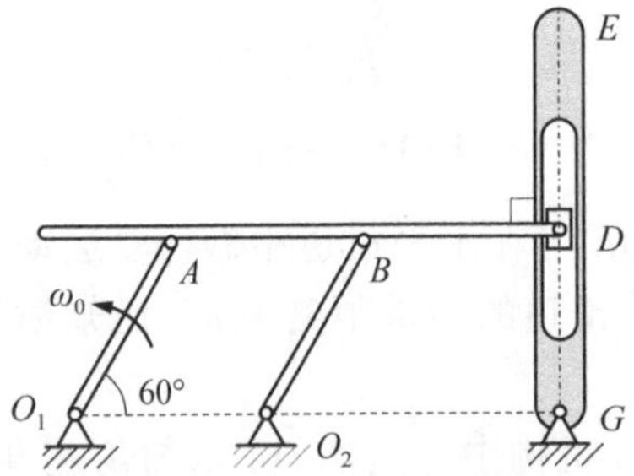

图 9－18　习题 9－11 图

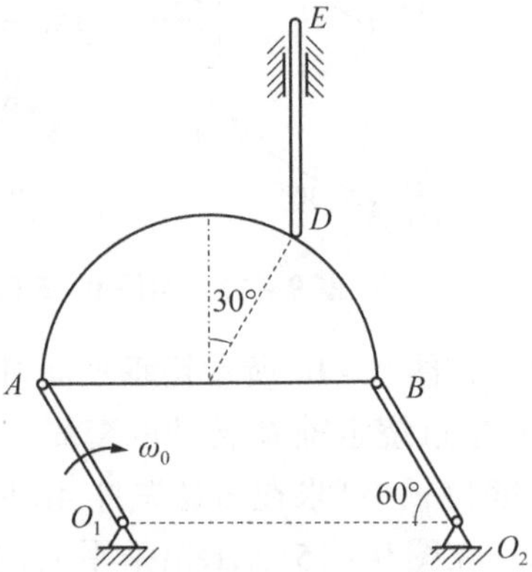

图 9－19　习题 9－12 图

动　力　学

动力学是研究物体的运动状态的改变与其所受到的作用力系之间关系的科学。静力学中对力系特性的研究和运动学中对物体运动特性的研究是动力学问题研究的基础。动力学研究的出发点是牛顿运动定律。牛顿第一定律（即质点不受力将处于静止或匀速直线运动状态）成立的参考系称为惯性参考系。牛顿第二定律描述了相对于惯性参考系质点的受力情况与运动状态的改变之间的关系，即牛顿第二定律只在惯性参考系中成立。在绝大多数工程问题中，与地球固连的参考系是足够精确的惯性参考系。在本书中，除非特别说明，参考系均默认为与地球固连的参考系。牛顿第三定律反映了作用力与反作用力的相互性及两者之间的关系，是讨论约束力、质点系内力及它们对系统运动状态改变的影响的基础。

动力学可分为质点动力学和质点系动力学，前者是后者的基础，本书在此后各章中都从质点动力学入手，然后研究质点系动力学。刚体是任意两个质点之间距离都不改变的特殊质点系。刚体和简单刚体系的动力学是本书的重要内容。在动力学研究中，必须考虑物体的惯性——物体的质量和质量分布特性。

第 10 章

动量原理

动量原理包括动量定理和动量矩定理，本章讨论惯性参考系中质点和质点系（刚体为一类特殊的质点系）的动量原理的内容，即质点和质点系所受到的作用力系与其动量或对某点的动量矩的变化之间的关系。

10.1 质点运动微分方程和动量定理

牛顿第二定律指出：**质点的质量与其在惯性参考系中的加速度的乘积等于它所受作用力的合力**。其数学表达式为

$$m\boldsymbol{a} = \sum \boldsymbol{F}_i \tag{10-1}$$

其中，m 为质点的质量，单位为千克（kg）；$\boldsymbol{a}$ 为质点的加速度，单位为米/秒^2（m/s^2）；$\boldsymbol{F}_i$ 为作用于质点的第 i 个力，单位为牛顿（N）。该式确定了质点的运动改变规律与其受力之间的关系。

10.1.1 质点运动微分方程

根据运动学知识，设质点相对于惯性参考系坐标原点 O 的矢径为 $\boldsymbol{r}$，则有

$$\boldsymbol{a} = \ddot{\boldsymbol{r}} \tag{10-2}$$

于是，式（10－1）可写为

$$m\ddot{\boldsymbol{r}} = \sum \boldsymbol{F}_i \tag{10-3}$$

该式为矢量形式的质点动力学的基本方程。在实际应用中，需要根据相应的运动学中所采用的坐标系将其转换为等价的代数方程以便于求解。

将式（10－3）两端投影到直角坐标轴，则得到**直角坐标形式的运动微分方程**：

$$\begin{cases} ma_x = m\ddot{x} = \sum F_{ix} \\ ma_y = m\ddot{y} = \sum F_{iy} \\ ma_z = m\ddot{z} = \sum F_{iz} \end{cases} \tag{10-4}$$

其中，x，y，z 为质点的直角坐标值；下标 x，y 和 z 分别表示相应力学量在对应坐标轴上的投影。

将式（10－3）两端投影到质点的自然轴系的各坐标轴，则得到**自然轴系形式的运动微分方程**：

$$\begin{cases} ma_{\mathrm{t}} = m\ddot{s} = \sum F_{i\mathrm{t}} \\ ma_{\mathrm{n}} = m\dfrac{v^2}{\rho} = \sum F_{i\mathrm{n}} \\ ma_{\mathrm{b}} = 0 = \sum F_{i\mathrm{b}} \end{cases} \tag{10-5}$$

其中，s 为质点的弧坐标函数；ρ 为轨迹上该质点所在处的曲率半径；下标 t，n 和 b 分别表示相应力学量在自然轴系中切向、主法线方向和副法线方向的投影。

需要指出，质点运动微分方程的各投影式方程中两边坐标轴正方向应相同。

利用质点运动微分方程可以求解质点动力学的两类基本问题：第一类问题是已知质点的运动，求作用在质点上的未知力；第二类问题是已知作用于质点上的力，求解质点的运动规律。从两类问题的数学形式来看，第一类问题求解的是代数方程（组），而第二类求解的是微分方程（组）。在实际问题中，也可能在同一个研究对象中两类问题兼而有之，即已知运动的一部分和受力的一部分，要求另一部分未知的运动和力，此时动力学问题是两类问题的混合问题。

例 10－1　如图 10－1 所示，质量为 m 的小球 C 由两细杆（不计质量）支撑。球与杆一起绕铅垂转轴转动。已知角速度为 ω（等于常值）。$AC=5l$、$BC=3l$、$AB=4l$。杆与杆之间为光滑铰接。试求 AC，BC 两杆对小球的作用力。

解：(1) 以小球为研究对象，可将其视为质点。在某瞬时，建立图示坐标系 Cxy。

(2) 进行运动学分析。小球做匀速圆周运动，只具有法向加速度，其大小为 $a=\omega^2\cdot 3l$，指向转轴上点 B。

(3) 进行受力分析。由于杆 AC，BC 不计质量，故为二力杆。小球受到重力 $m\boldsymbol{g}$、两杆的作用力 $\boldsymbol{F}_{AC}$，$\boldsymbol{F}_{BC}$。

(4) 进行动力学分析。质点的运动微分方程为

$$\begin{cases} ma_x = \sum F_{ix} \\ ma_y = \sum F_{iy} \end{cases} \Rightarrow \begin{cases} -ma = -F_{BC} - F_{AC}\cos\theta \\ 0 = F_{AC}\sin\theta - mg \end{cases}$$

将 $a=\omega^2\cdot 3l$，$\sin\theta=4/5$，$\cos\theta=3/5$ 代入上式并求解可得

$$F_{AC}=\frac{5}{4}mg,\ F_{BC}=\frac{3}{4}m(4l\omega^2-g)$$

以上结果说明，$F_{AC}>0$，杆 AC 为拉杆，而杆 BC 是拉杆还是压杆取决于 ω 的大小。当 $\omega>\frac{1}{2}\sqrt{\frac{g}{l}}$ 时，杆 BC 为拉杆；当 $\omega<\frac{1}{2}\sqrt{\frac{g}{l}}$ 时，杆 BC 为压杆；当 $\omega=\frac{1}{2}\sqrt{\frac{g}{l}}$ 时，杆 BC 为零杆。

这是第一类动力学问题，求解的方程组是代数方程组。

例 10－2　考虑自由下落的质点 A，其质量为 m，在下落过程中受到的空气阻力的大小与其速度成正比，方向与其速度方向相反，即 $\boldsymbol{F}=-\mu\boldsymbol{v}$，$\mu$ 为阻力系数，为常量。试求质点 A 由静止开始运动的运动方程。

解：(1) 以质点为研究对象。以质点初始点 O 为原点建立坐标系，$\boldsymbol{i}$ 为 x 轴正方向单位矢量，如图 10－2 所示。

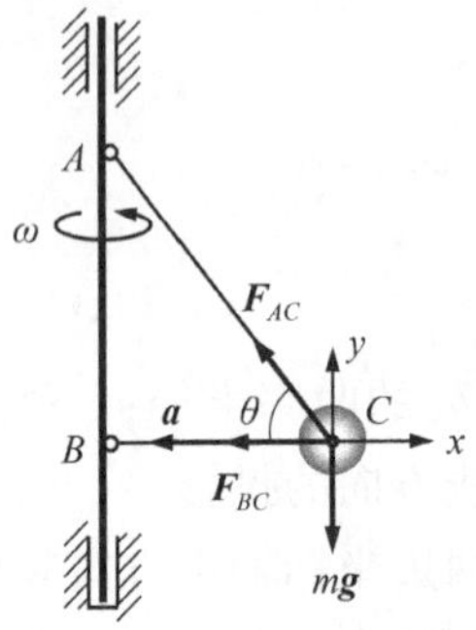

图 10－1　例 10－1 图

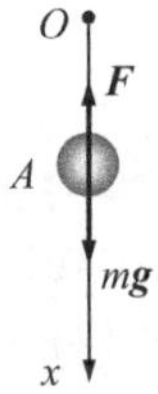

图 10－2　例 10－2 图

（2）进行运动分析。在 t 时刻质点的速度和加速度分别为

$$\boldsymbol{v}=\dot{x}\boldsymbol{i},\ \boldsymbol{a}=\ddot{x}\boldsymbol{i}$$

（3）进行受力分析。质点受到重力和空气阻力作用，即

$$\sum \boldsymbol{F}_i=m\boldsymbol{g}+\boldsymbol{F}=m\boldsymbol{g}-\mu\boldsymbol{v}=(mg-\mu\dot{x})\boldsymbol{i}$$

（4）进行动力学分析。根据运动微分方程 $m\boldsymbol{a}=\sum \boldsymbol{F}_i$，有

$$m\ddot{x}=mg-\mu\dot{x} \tag{10-6}$$

且初始条件为

$$\begin{cases} x\mid_{t=0}=0 \\ \dot{x}\mid_{t=0}=0 \end{cases} \tag{10-7}$$

考虑到 $\ddot{x}=\dfrac{\mathrm{d}\dot{x}}{\mathrm{d}t}$，则式（10－6）可整理为

$$\frac{\mathrm{d}\dot{x}}{\mathrm{d}t}=g-\frac{\mu}{m}\dot{x}$$

进一步改写为

$$\frac{\mathrm{d}\dot{x}}{1-\dfrac{\mu}{mg}\dot{x}}=g\mathrm{d}t \tag{10-8}$$

而初始条件式（10－7）则变为

$$\dot{x}\mid_{t=0}=0 \tag{10-9}$$

考虑到式（10－9），对式（10－8）做定积分，得

$$\int_0^{\dot{x}}\frac{\mathrm{d}\dot{x}}{1-\dfrac{\mu}{mg}\dot{x}}=\int_0^t g\mathrm{d}t \quad \Rightarrow -\frac{mg}{\mu}\ln\left(1-\frac{\mu}{mg}\dot{x}\right)=gt$$

整理得到

$$v=\dot{x}=\frac{mg}{\mu}\left(1-\mathrm{e}^{-\frac{\mu}{m}t}\right) \tag{10-10}$$

式（10－10）表明，当 $t\to\infty$ 时，质点下落的速度 $v=\dot{x}\to\dfrac{mg}{\mu}$，即质点的极限速度为 $v_{\max}=\dfrac{mg}{\mu}$。事实上，在质点下落初期，重力的大小大于空气阻力的大小，质点向下做加速运动，随着质点的速度增加，空气阻力逐渐增大，当空气阻力增大到与重力相等时，质点受到的合

力为零，则其加速度为零，之后质点做匀速运动。因此，令式（10－6）左端为零，也可求得质点的极限速度。

对式（10－10）积分一次，得

$$\int_0^x \mathrm{d}x = \int_0^t \frac{mg}{\mu}(1 - \mathrm{e}^{-\frac{\mu}{m}t})\mathrm{d}t$$

得到质点下落的运动方程为

$$x = \frac{mg}{\mu}t - \left(\frac{m}{\mu}\right)^2 g(1 - \mathrm{e}^{-\frac{\mu}{m}t})$$

这是第二类动力学问题，求解的方程是微分方程。

例 10－3　如图 10－3 所示，一质量为 m 的小球 A 系于长度为 l 的张紧的柔绳上，柔绳的另一端系在天花板上点 O，如小球在水平面内做匀速圆周运动，柔绳与铅垂线成 30°夹角，试求小球的速度的大小和柔绳的张力的大小。

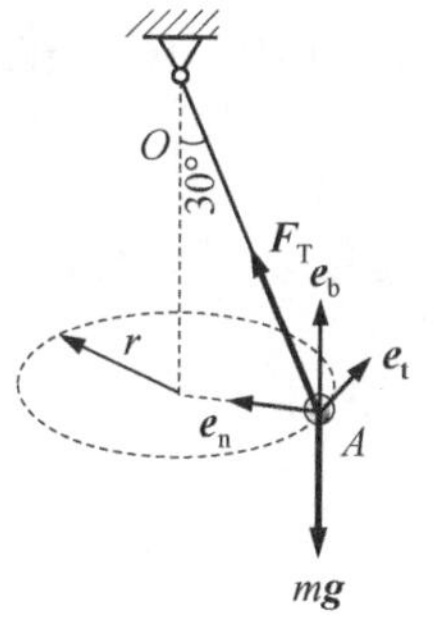

图 10－3　例 10－3 图

解：（1）以小球为研究对象。

（2）进行运动分析。由题意知，在某瞬时，小球位置处的自然轴系$(A, \boldsymbol{e}_t, \boldsymbol{e}_n, \boldsymbol{e}_b)$如图所示，小球只有法向加速度，即

$$a_n = \frac{v^2}{l\sin 30°} = \frac{2v^2}{l}，\ a_b = 0$$

（3）进行受力分析。小球 A 受重力和柔绳张力作用，其受力图如图 10－3 所示。

（4）进行动力学分析。将运动微分方程向 $\boldsymbol{e}_n$ 和 $\boldsymbol{e}_b$ 投影得

$$ma_n = \sum F_{in} \Rightarrow m\frac{2v^2}{l} = F_T \sin 30° \tag{10－11}$$

$$ma_b = \sum F_{ib} \Rightarrow 0 = F_T \cos 30° - mg \tag{10－12}$$

联立式（10－11）、式（10－12），解得

$$v = \sqrt{\frac{\sqrt{3}gl}{6}}，\ F_T = \frac{2\sqrt{3}}{3}mg$$

10.1.2　质点的动量定理

质点的质量 m（大小不变）与其运动的速度 $\boldsymbol{v}$ 之乘积称为质点的动量，以 $\boldsymbol{p}$ 表示，即

$$\boldsymbol{p} = m\boldsymbol{v} \tag{10－13}$$

引入动量的概念，则牛顿第二定律可表示为：**质点的动量对时间的一阶导数等于质点所受力系的主矢**，即

$$\frac{\mathrm{d}(m\boldsymbol{v})}{\mathrm{d}t} = \boldsymbol{F}_R \tag{10－14}$$

其中，$\boldsymbol{F}_R = \sum \boldsymbol{F}_i$ 为作用于质点的力系的主矢，质点所受力系的合力的大小和方向由其决定。式（10－14）也可写为

$$\frac{\mathrm{d}\boldsymbol{p}}{\mathrm{d}t} = \boldsymbol{F}_R \tag{10－15}$$

这就是**质点动量定理**。实际上，式（10－15）是牛顿第二定律的原始表述。

式（10－14）的两边同时乘以 dt，得

$$d(m\boldsymbol{v}) = \boldsymbol{F}_{\mathrm{R}}dt \tag{10-16}$$

力与无限小时间的乘积称为该力的元冲量，因此式（10－16）的物理含义是质点的动量的微分在某一时刻的取值等于该时刻作用于其上的合力的元冲量，称为**质点动量定理的微分形式**。

对式（10－16）在时间 $t_1 \sim t_2$ 内积分，得

$$m\boldsymbol{v}_2 - m\boldsymbol{v}_1 = \int_{t_1}^{t_2}\boldsymbol{F}_{\mathrm{R}}dt \tag{10-17}$$

该式的物理含义是质点在时间间隔 $t_1 \sim t_2$ 内的动量的改变量等于作用于其上的合力在同一时间间隔内的冲量，称为**质点动量定理的积分形式**。

式（10－16）和式（10－17）分别向直角坐标轴投影，则可得到与其等价的代数方程

$$\begin{cases} d(mv_x) = F_{\mathrm{R}x}dt \\ d(mv_y) = F_{\mathrm{R}y}dt \\ d(mv_z) = F_{\mathrm{R}z}dt \end{cases} \tag{10-18}$$

和

$$\begin{cases} mv_{2x} - mv_{1x} = \int_{t_1}^{t_2}F_{\mathrm{R}x}dt \\ mv_{2y} - mv_{1y} = \int_{t_1}^{t_2}F_{\mathrm{R}y}dt \\ mv_{2z} - mv_{1z} = \int_{t_1}^{t_2}F_{\mathrm{R}z}dt \end{cases} \tag{10-19}$$

力 $\boldsymbol{F}$ 在时间间隔 $t_1 \sim t_2$ 内的冲量常用 $\boldsymbol{I}$ 表示，而 I_x，I_y，I_z 为 $\boldsymbol{I}$ 在 x，y，z 轴上的投影，即

$$\begin{aligned} &\boldsymbol{I} = \int_{t_1}^{t_2}\boldsymbol{F}_{\mathrm{R}}dt \\ &I_x = \int_{t_1}^{t_2}F_{\mathrm{R}x}dt,\ I_y = \int_{t_1}^{t_2}F_{\mathrm{R}y}dt,\ I_z = \int_{t_1}^{t_2}F_{\mathrm{R}z}dt \end{aligned} \tag{10-20}$$

冲量是力在一定时间间隔内对质点运动（动量）发生改变程度的一种度量，是力的作用效应在时间上的累积。

例 10－4 如图 10－4 所示，锻锤的质量 $m = 30$ kg，从 $h = 1.5$ m 高处自由落下，撞击受锻压的工件，使工件产生变形。若撞击时间 $\tau = 0.01$ s，不计空气阻力，试求工件对锻锤的平均作用力 $\bar{\boldsymbol{F}}$。g 取 9.8 m/s^2。

解：（1）以锻锤为研究对象。忽略空气阻力，锻锤下落高度 h 所需时间为

$$t_1 = \sqrt{2h/g} = 0.553\mathrm{s}$$

（2）锻锤由静止开始运动，至撞击工件后静止，其初始和终了的动量均为零，即 $mv_0 = 0$，$mv = 0$。在该过程中，锻锤受到重力 $m\boldsymbol{g}(0 \to t_1 + \tau)$ 和工件对其作用力 $\boldsymbol{F}(t_1 \to t_1 + \tau)$ 的作用，如图所示。工件对锻锤的平均作用力定义为

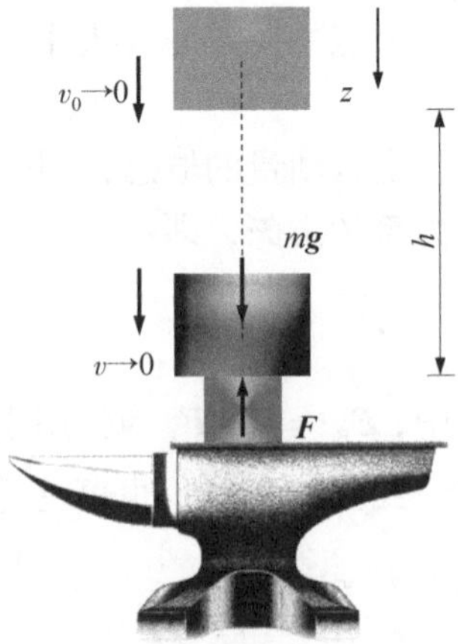

图 10－4　例 10－4 图

$$\bar{F} = \frac{1}{\tau}\int_0^{\tau}\boldsymbol{F}\mathrm{d}t$$

由动量定理的积分形式得

$$0 - 0 = \int_0^{t_1+\tau} F_{\mathrm{R}z}\mathrm{d}t = \int_0^{t_1+\tau} mg\mathrm{d}t - \int_0^{\tau}\bar{F}\mathrm{d}t = mg(t_1 + \tau) - \bar{F}\tau$$

$$\bar{F} = mg(1 + t_1/\tau) = 30 \times 9.8 \times (1 + 0.553/0.01) = 16\,552(\mathrm{N})$$

根据牛顿第三定律，锻锤对工件的作用力也为 16 552 N，远大于锻锤受到的重力 $mg = 30 \times 9.8 = 294$（N）。

10.2　质点系的动量定理及质心运动定理

质点系是由一些质点组成的系统，而刚体是其上任意两点之间的距离保持不变的质点系。设质点系中第 i 个质点的质量为 m_i，速度为 $\boldsymbol{v}_i$，在惯性参考系中的矢径为 $\boldsymbol{r}_i$，在直角坐标系中的坐标为(x_i, y_i, z_i)，则质点系的总质量为 $m = \sum m_i$。质点系的质心记为点 C，设其矢径为 $\boldsymbol{r}_C$，其在直角坐标系中的坐标为(x_C, y_C, z_C)，根据质心公式（5－4）和（5－5），有

$$m\boldsymbol{r}_C = \sum m_i \boldsymbol{r}_i \tag{10-21}$$

和

$$mx_C = \sum m_i x_i,\ my_C = \sum m_i y_i,\ mz_C = \sum m_i z_i \tag{10-22}$$

下面研究质点系的动量定理，进而给出质点系的质心运动定理。

10.2.1　质点系的动量

质点系中每个质点的动量的矢量和称为质点系的动量，即

$$\boldsymbol{p} = \sum \boldsymbol{p}_i = \sum m_i \boldsymbol{v}_i \tag{10-23}$$

考虑到 $\boldsymbol{v}_i = \frac{\mathrm{d}\boldsymbol{r}_i}{\mathrm{d}t}$，且认为质点的质量不随时间变化，并交换求和与求导的顺序，则有

$$\boldsymbol{p} = \sum m_i \boldsymbol{v}_i = \sum m_i \frac{\mathrm{d}\boldsymbol{r}_i}{\mathrm{d}t} = \sum \frac{\mathrm{d}(m_i \boldsymbol{r}_i)}{\mathrm{d}t} = \frac{\mathrm{d}}{\mathrm{d}t}\sum (m_i \boldsymbol{r}_i) = \frac{\mathrm{d}(m\boldsymbol{r}_C)}{\mathrm{d}t} = m\frac{\mathrm{d}\boldsymbol{r}_C}{\mathrm{d}t}$$

即

$$\boldsymbol{p} = m\boldsymbol{v}_C \tag{10-24}$$

该式表明：**质点系的动量等于质点系的总质量与其质心的速度的乘积**，等价于想象地将质点系的总质量集中于质点系的质心时质心所具有的动量。因此，质点系的动量是表示其质心运动的一个特征量。

式（10－24）的直角坐标轴投影式为

$$\begin{cases} p_x = mv_{Cx} \\ p_y = mv_{Cy} \\ p_z = mv_{Cz} \end{cases} \tag{10-25}$$

当系统由 n 个刚体组成时，设 m_i 和 $\boldsymbol{v}_{Ci}$ 分别为第 i 个刚体的质量和它的质心的速度，则系统的动量可表示为

$$\boldsymbol{p} = \sum m_i \boldsymbol{v}_{Ci} \tag{10-26}$$

10.2.2 质点系的动量定理

设质点系由 n 个质点组成，其中第 i 个质点的质量为 m_i，速度为 $\boldsymbol{v}_i$，该质点所受作用力可分为两部分，一部分为质点系内部其他质点对其的作用力的合力，用 $\boldsymbol{F}_i^{(\mathrm{i})}$ 表示，质点系内部质点间的相互作用力组成了质点系的内力系；另一部分为质点系以外的物体对其的作用力的合力，用 $\boldsymbol{F}_i^{(\mathrm{e})}$ 表示，质点系所受到的外部物体的作用力组成了质点系的外力系。对于质点系中的每个质点应用动量定理，有

$$\frac{\mathrm{d}(m_i\boldsymbol{v}_i)}{\mathrm{d}t} = \boldsymbol{F}_i^{(\mathrm{i})} + \boldsymbol{F}_i^{(\mathrm{e})} \ (i=1,2,\cdots,n)$$

对以上 n 个方程求和，记质点系的内、外力系的主矢为 $\boldsymbol{F}_{\mathrm{R}}^{(\mathrm{i})} = \sum \boldsymbol{F}_i^{(\mathrm{i})}$ 和 $\boldsymbol{F}_{\mathrm{R}}^{(\mathrm{e})} = \sum \boldsymbol{F}_i^{(\mathrm{e})}$，考虑到

$$\sum \frac{\mathrm{d}(m_i\boldsymbol{v}_i)}{\mathrm{d}t} = \frac{\mathrm{d}}{\mathrm{d}t}\left(\sum m_i\boldsymbol{v}_i\right) = \frac{\mathrm{d}\boldsymbol{p}}{\mathrm{d}t}$$

上式中交换了求和和求导的顺序，以及内力系中的内力总是作用力和反作用力成对出现，即 $\boldsymbol{F}_{\mathrm{R}}^{(\mathrm{i})} = \sum \boldsymbol{F}_i^{(\mathrm{i})} = \boldsymbol{0}$，可得**质点系动量定理**

$$\frac{\mathrm{d}\boldsymbol{p}}{\mathrm{d}t} = \sum \boldsymbol{F}_i^{(\mathrm{e})} = \boldsymbol{F}_{\mathrm{R}}^{(\mathrm{e})} \tag{10-27}$$

即质点系的动量对时间的一阶导数等于质点系的外力系的主矢。该定理表明，质点系的内力会改变质点系内部某些质点的动量，但它们不改变质点系的动量。

将式（10-27）改写，得到**质点系动量定理的微分形式**

$$\mathrm{d}\boldsymbol{p} = \boldsymbol{F}_{\mathrm{R}}^{(\mathrm{e})}\mathrm{d}t \tag{10-28}$$

此式表明：质点系的动量的微分在某一时刻的取值等于该时刻质点系的外力系的主矢的元冲量（即外力系所有力的元冲量的矢量和）。在时间 $t_1 \sim t_2$ 内的**质点系动量定理的积分形式**为

$$\boldsymbol{p}_2 - \boldsymbol{p}_1 = \int_{t_1}^{t_2} \boldsymbol{F}_{\mathrm{R}}^{(\mathrm{e})}\mathrm{d}t \tag{10-29}$$

这表明：质点系在时间间隔 $t_1 \sim t_2$ 内动量的改变量等于质点系的外力系的主矢在同一时间间隔内的冲量（即外力系所有力在同一时间间隔内冲量的矢量和）。

将式（10-28）和式（10-29）向直角坐标轴投影得到相应的投影式

$$\begin{cases} \mathrm{d}p_x = F_{\mathrm{R}x}^{(\mathrm{e})}\mathrm{d}t \\ \mathrm{d}p_y = F_{\mathrm{R}y}^{(\mathrm{e})}\mathrm{d}t \\ \mathrm{d}p_z = F_{\mathrm{R}z}^{(\mathrm{e})}\mathrm{d}t \end{cases} \tag{10-30}$$

$$\begin{cases} p_{2x} - p_{1x} = \displaystyle\int_{t_1}^{t_2} F_{\mathrm{R}x}^{(\mathrm{e})}\mathrm{d}t \\ p_{2y} - p_{1y} = \displaystyle\int_{t_1}^{t_2} F_{\mathrm{R}y}^{(\mathrm{e})}\mathrm{d}t \\ p_{2z} - p_{1z} = \displaystyle\int_{t_1}^{t_2} F_{\mathrm{R}z}^{(\mathrm{e})}\mathrm{d}t \end{cases} \tag{10-31}$$

将式（10－24）代入式（10－27），得到

$$\frac{\mathrm{d}(m\boldsymbol{v}_C)}{\mathrm{d}t}=\boldsymbol{F}_{\mathrm{R}}^{(\mathrm{e})} \tag{10-32}$$

若质点系的总质量保持不变，上式可改写为

$$m\boldsymbol{a}_C=\boldsymbol{F}_{\mathrm{R}}^{(\mathrm{e})} \tag{10-33}$$

向直角坐标轴投影得到

$$\begin{cases} ma_{Cx}=F_{\mathrm{R}x}^{(\mathrm{e})} \\ ma_{Cy}=F_{\mathrm{R}y}^{(\mathrm{e})} \\ ma_{Cz}=F_{\mathrm{R}z}^{(\mathrm{e})} \end{cases} \tag{10-34}$$

式（10－33）表明：**质点系的质量与其质心加速度的乘积等于作用于质点系的外力系的主矢**。这一性质描述了质点系的质心的运动规律与其所受外力系的关系，称为**质心运动定理**。该定理指出，质心的运动规律与这样一个质点的运动规律相同，该质点集中了质点系的全部质量，受到质点系的全部外力向质心简化后得到的取决于外力系的主矢的一个力作用。因此，如果只需研究质点系的质心运动规律，可视质点系为所有质量集中于质心的一个质点。例如，研究地球中心绕太阳公转的运动规律时，可将地球视为一个质点。

如果一个质点系由若干个刚体组成，则把式（10－26）代入式（10－27），并交换求导和求和的顺序，得到

$$\sum m_i\boldsymbol{a}_{C_i}=\boldsymbol{F}_{\mathrm{R}}^{(\mathrm{e})} \tag{10-35}$$

其中，m_i 和 $\boldsymbol{a}_{C_i}$分别是第 i 个刚体的质量与其质心的加速度。式（10－35）在直角坐标系的投影式为

$$\begin{cases} \sum m_i a_{C_ix}=F_{\mathrm{R}x}^{(\mathrm{e})} \\ \sum m_i a_{C_iy}=F_{\mathrm{R}y}^{(\mathrm{e})} \\ \sum m_i a_{C_iz}=F_{\mathrm{R}z}^{(\mathrm{e})} \end{cases} \tag{10-36}$$

10.2.3 动量守恒和质心运动守恒

在式（10－28）中，若 $\boldsymbol{F}_{\mathrm{R}}^{(\mathrm{e})}\equiv\boldsymbol{0}$，可得 $\mathrm{d}\boldsymbol{p}=\boldsymbol{0}$，因此有

$$\boldsymbol{p}=\boldsymbol{p}_0=\text{常矢量} \tag{10-37}$$

其中，$\boldsymbol{p}_0$ 为在初瞬时质点系的动量。这表明，当质点系的外力系的主矢恒为零时，质点系的动量保持不变。在式（10－30）中，若 $F_{\mathrm{R}x}^{(\mathrm{e})}\equiv 0$，可得 $\mathrm{d}p_x=0$，因此有

$$p_x=p_{x0}=\text{常值} \tag{10-38}$$

其中，p_{x0}为初瞬时质点系的动量在 x 轴上的投影。这表明，当质点系的外力系的主矢在某固定轴上的投影恒为零时，质点系的动量在该轴上的投影为常值。以上结论统称为**质点系的动量守恒定律**。

考虑到质点系的动量可由其质心的速度表示，即 $\boldsymbol{p}=m\boldsymbol{v}_C$ 以及 $p_x=mv_{Cx}$［式（10－24）和式（10－25）］，且质点系的总质量不变，则上述性质可表示为：若 $\boldsymbol{F}_{\mathrm{R}}^{(\mathrm{e})}\equiv\boldsymbol{0}$，则 $\boldsymbol{v}_C$ = 常矢量；若 $F_{\mathrm{R}x}^{(\mathrm{e})}\equiv 0$，则 v_{Cx} = 常值 = v_{Cx0}。

当一个质点系由若干个刚体组成时，若作用于其上的外力系的主矢 $\boldsymbol{F}_{\mathrm{R}}^{(\mathrm{e})}\equiv\boldsymbol{0}$，且初瞬时

($t=0$)，又有 $\boldsymbol{v}_C=\boldsymbol{0}$，则质点系的质心的矢径的微分 $\mathrm{d}\boldsymbol{r}_C=\boldsymbol{v}_C\mathrm{d}t=\boldsymbol{0}$，即

$$\boldsymbol{r}_C=\text{常矢量} \tag{10-39}$$

设系统中第 i 个刚体的质心在 $t\to t+\Delta t$ 时间间隔内产生有限位移 $\Delta\boldsymbol{r}_{C_i}$，则由上式以及质心公式（10－21）可得

$$m\boldsymbol{r}_C=\sum m_i\boldsymbol{r}_{C_i}=\sum m_i(\boldsymbol{r}_{C_i}+\Delta\boldsymbol{r}_{C_i})$$

于是有

$$\sum m_i\Delta\boldsymbol{r}_{C_i}=\boldsymbol{0} \tag{10-40}$$

若外力系的主矢在 x 轴上的投影 $F_{\mathrm{R}x}^{(\mathrm{e})}\equiv 0$，且在初瞬时（$t=0$）有 $v_{Cx}=0$，则质点系的质心的 x 轴坐标的微分 $\mathrm{d}x_C=v_{Cx}\mathrm{d}t=0$，即

$$x_C=\text{常值} \tag{10-41}$$

设系统中第 i 个刚体的质心的 x 轴坐标在 $t\to t+\Delta t$ 时间间隔内产生有限位移 Δx_{C_i}，则由上式以及质心公式（10－22）可得

$$mx_C=\sum m_ix_{C_i}=\sum m_i(x_{C_i}+\Delta x_{C_i})$$

于是有

$$\sum m_i\Delta x_{C_i}=0 \tag{10-42}$$

以上结论［式（10－40）和式（10－42）］统称为**质心运动守恒定律**。

例 10－5 如图 10－5（a）所示，斜边斜角为 θ 的直角三角形滑块 B 放置于水平面上，另一个斜边倾角相同的直角三角形滑块 A 放置于滑块 B 的斜面上，所有接触面均光滑。已知两滑块的质量分别为 m_A，m_B。若系统无速度释放，试求当滑块 A 沿斜面下滑距离 s 时，滑块 B 的位移 b 和加速度以及地面对滑块 B 的约束力的大小［注意：图 10－5（a）中虚线位置表示初始位置，实线位置表示终了位置］。

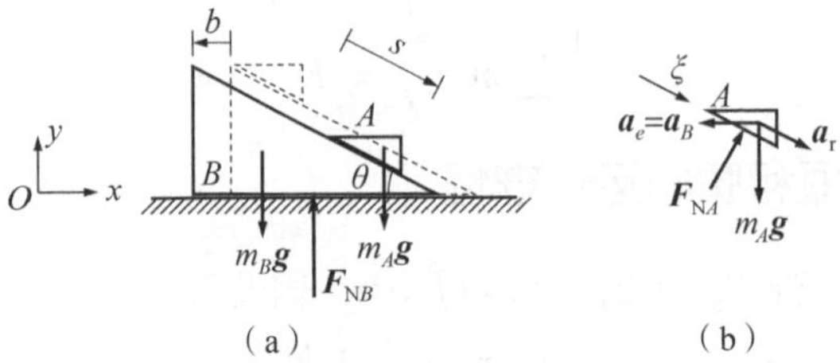

图 10－5 例 10－5 图

解：(1) 以系统为研究对象。建立图示 Oxy 坐标系，由题意知，系统所受到的外力为两个滑块的重力和地面的法向约束力，它们在水平方向上的投影均为零，即有 $F_{\mathrm{R}x}^{(\mathrm{e})}\equiv 0$，且系统初始静止，当滑块 A 向右下方运动时，滑块 B 将向左运动，故

$$\sum m_i\Delta x_{C_i}=0\Rightarrow\quad m_A\cdot(s\cdot\cos\theta-b)+m_B(-b)=0$$

$$b=\frac{m_A}{m_A+m_B}s\cos\theta$$

(2) 进行运动分析。滑块 B 水平平移，滑块 A 相对于滑块 B 沿斜面平移，知滑块 A 做平移（为平面曲线平移）。以滑块 A 的质心为动点，动系与滑块 B 固连，如图 10－5（b）所示，滑块 A 的加速度合成关系为

$$\boldsymbol{a}_A = \boldsymbol{a}_e + \boldsymbol{a}_r = \boldsymbol{a}_B + \boldsymbol{a}_r \tag{10-43}$$

（3）进行受力分析并应用系统的质心运动定理。系统的受力图如图 10－5（a）所示。有

$$\sum m_i a_{ix} = \sum F_{ix}^{(e)} \quad \Rightarrow m_A(-a_B + a_r\cos\theta) + m_B(-a_B) = 0 \tag{10-44}$$

$$\sum m_i a_{iy} = \sum F_{iy}^{(e)} \quad \Rightarrow m_A(-a_r\sin\theta) = F_{NB} - (m_A + m_B)g \tag{10-45}$$

其中，a_{Ax}，a_{Ay}可由式（10－43）分别向 x，y 轴投影得到。式（10－44）、式（10－45）包含 a_B，a_r 和 F_{NB}三个未知量，还需要考虑滑块 A 的动量定理，得到另一个方程方能求解。滑块 A 的受力图如图 10－5（b）所示，有

$$m_A a_{A\xi} = \sum F_{i\xi}^{(e)} \quad \Rightarrow m_A(-a_B\cos\theta + a_r) = m_A g\sin\theta \tag{10-46}$$

其中，$a_{A\xi}$可由式（10－43）向图 10－5（b）所示 ξ 轴投影得到。联立式（10－44）~式（10－46）三式，求解可得

$$a_B = \frac{m_A g\sin 2\theta}{2(m_A\sin^2\theta + m_B)}$$

$$F_{NB} = \frac{m_B g(m_A + m_B)}{m_A\sin^2\theta + m_B}$$

10.3　刚体的转动惯量和惯性积

在研究刚体的转动的动力学问题时，会涉及刚体的质量分布特征，它们以转动惯量和惯性积的概念来描述，其中转动惯量是刚体绕某轴转动时其惯性的度量。

刚体的转动惯量的定义为：刚体上各质点之质量与其到某 z 轴的垂直距离的平方的乘积之和，即

$$J_z = \sum m_i\rho_i^2 \tag{10-47}$$

其中，J_z 表示刚体对 z 轴的转动惯量；m_i，ρ_i 分别表示刚体上第 i 个质点的质量和其到 z 轴的垂直距离。转动惯量的单位为千克・米^2（$kg \cdot m^2$）。

从定义看，和质量一样，转动惯量是一个恒大于零的物理量，且刚体对于与之固连的每根轴均有一确定的值。

在工程中，常将刚体对某 z 轴的转动惯量表示为刚体的总质量与某一长度 ρ_z 的平方之积，即

$$J_z = m\rho_z^2 \tag{10-48}$$

这个长度 ρ_z 称为刚体对 z 轴的回转半径。在实际问题中，通常通过试验的办法测量刚体的转动惯量和质量，由此可计算得到

$$\rho_z = \sqrt{\frac{J_z}{m}} \tag{10-49}$$

需要特别注意的是，回转半径并不等于刚体的质心到 z 轴的距离。

当刚体的质量连续分布时，上述转动惯量定义中的求和变为积分，即

$$J_z = \int_m \rho^2 \mathrm{d}m \tag{10-50}$$

其中，ρ 为质量微元 $\mathrm{d}m$ 到 z 轴的距离；积分区域为刚体的质量分布范围。

对于工程实际问题，通常以计算或试验的方式给出刚体对过其质心 C 的 z_C 轴的转动惯量 J_{z_C}，而实际的转轴（z 轴）可能是与 z_C 轴平行的轴。这时需要用到平行轴定理计算刚体对 z 轴的转动惯量 J_z。

平行轴定理：刚体对任一轴的转动惯量等于其对与该轴平行且过其质心的另一轴的转动惯量加上其质量与两轴距离平方的乘积。其表达式为

$$J_z = J_{z_C} + md^2 \tag{10-51}$$

其中，d 为两个平行的轴之间的距离。

如图 10-6 所示，建立与刚体固连的直角坐标系 $Oxyz$，设刚体上第 i 个质点的质量 m_i，其坐标为(x_i, y_i, z_i)，根据转动惯量的定义式（10-47），则下列求和式

$$\begin{cases} J_x = \sum m_i(y_i^2 + z_i^2) \\ J_y = \sum m_i(x_i^2 + z_i^2) \\ J_z = \sum m_i(x_i^2 + y_i^2) \end{cases} \tag{10-52}$$

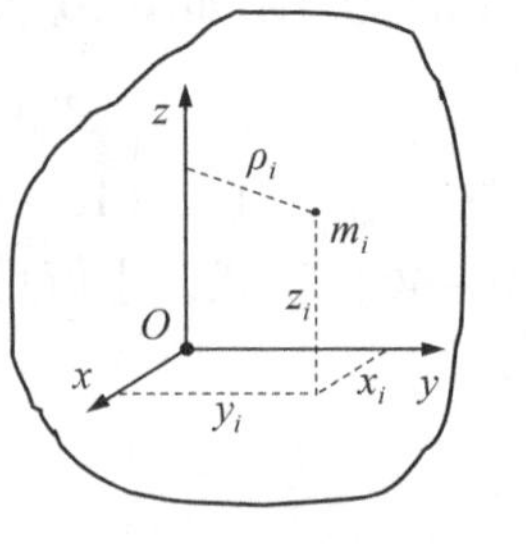

图 10-6　转动惯量的定义

分别称为刚体对 x 轴、y 轴和 z 轴的转动惯量，而

$$\begin{cases} J_{xy} = \sum m_i x_i y_i \\ J_{yz} = \sum m_i y_i z_i \\ J_{xz} = \sum m_i x_i z_i \end{cases} \tag{10-53}$$

则分别称为刚体关于 x 和 y 轴、y 和 z 轴以及 x 和 z 轴的惯性积。

若质量连续分布，则做如下替换：$m_i \to \mathrm{d}m$，$(x_i, y_i, z_i) \to (x, y, z)$，上述求和式变成积分式，即

$$\begin{cases} J_x = \int_m (y^2 + z^2)\mathrm{d}m \\ J_y = \int_m (x^2 + z^2)\mathrm{d}m \\ J_z = \int_m (x^2 + y^2)\mathrm{d}m \end{cases} \quad 和 \quad \begin{cases} J_{xy} = \int_m xy\mathrm{d}m \\ J_{yz} = \int_m yz\mathrm{d}m \\ J_{xz} = \int_m xz\mathrm{d}m \end{cases} \tag{10-54}$$

转动惯量和惯性积是刚体的惯性度量，将在动力学问题中涉及。限于本书的研究范围，这里给出它们在特殊情况下的一些性质，以便于将来讨论相应的刚体的动力学规律。

若刚体对过点 O 的某坐标轴 Oz 相关的惯性积 J_{xz}和 J_{yz}均等于零，则该轴称为刚体对点 O 的惯性主轴。刚体对惯性主轴的转动惯量称为主转动惯量。过刚体质心的惯性主轴称为中心惯性主轴，刚体对中心惯量主轴的转动惯量称为中心主转动惯量。

一般来说，确定刚体对某点的惯性主轴需要进行比较复杂的计算，但在下述两种特殊情况下容易确定。

定理 1　若刚体存在质量对称面，则与该对称面垂直的轴一定是刚体对该轴与质量对称面的交点的一根惯性主轴。

定理 2　若刚体存在质量对称轴，则该对称轴一定是刚体对该轴上任一点的一根惯性主轴，同时也是一根中心惯性主轴。

对于规则几何形状和均质刚体，可通过积分方法确定其对过质心的轴的转动惯量。附录

给出了常见的几何形状的均质物体的转动惯量的公式。

10.4 对定点的动量矩定理·刚体定轴转动微分方程

10.4.1 对定点的动量矩

与定义力对点之矩类似，视质点的动量 $\boldsymbol{p}=m\boldsymbol{v}$ 为固结于质点上的一个矢量，设该质点相对于某固定点 O 的矢径为 $\boldsymbol{r}$，则将 $\boldsymbol{r}$ 与 $\boldsymbol{p}=m\boldsymbol{v}$ 的叉积定义为质点动量对点 O 之矩，称为**质点对定点 O 的动量矩**，记为 $\boldsymbol{L}_O(m\boldsymbol{v})$，即

$$\boldsymbol{L}_O(m\boldsymbol{v})=\boldsymbol{r}\times m\boldsymbol{v} \tag{10-55}$$

若在固定点 O 处建立直角坐标系 $Oxyz$，则

$$\begin{aligned}\boldsymbol{L}_O(m\boldsymbol{v})&=\boldsymbol{r}\times m\boldsymbol{v}\\&=\begin{vmatrix}\boldsymbol{i}&\boldsymbol{j}&\boldsymbol{k}\\x&y&z\\mv_x&mv_y&mv_z\end{vmatrix}\\&=(ymv_z-zmv_y)\boldsymbol{i}+(zmv_x-xmv_z)\boldsymbol{j}+(xmv_y-ymv_x)\boldsymbol{k}\end{aligned} \tag{10-56}$$

其中，$\boldsymbol{i}$，$\boldsymbol{j}$，$\boldsymbol{k}$ 分别为 x，y，z 轴正向的单位矢量；x，y，z 为质点的坐标；v_x，v_y，v_z 分别 $\boldsymbol{v}$ 在三个坐标轴上的投影。

与力对轴之矩类似，质点对某轴上任意一点的动量矩在该轴上的投影称为质点对该轴的动量矩。设点 A 为某固定轴 l 上任意一点，l 轴正向的单位矢量为 $\boldsymbol{l}^{\circ}$，质点对点 A 的动量矩为 $\boldsymbol{L}_A(m\boldsymbol{v})$，则质点对 l 轴的动量矩为

$$L_l(m\boldsymbol{v})=\boldsymbol{L}_A(m\boldsymbol{v})\cdot\boldsymbol{l}^{\circ} \tag{10-57}$$

与力矩完全类似，质点对点的动量矩为定位矢量，对轴的动量矩为代数量。

质点系中每个质点对某一点的动量矩的矢量和称为**质点系对该点的动量矩**。质点系中每个质点对某一轴的动量矩的代数和称为**质点系对该轴的动量矩**。设质点系由 n 个质点组成，第 i 个质点的动量为 $m_i\boldsymbol{v}_i$，从点 O 到该质点的矢径为 $\boldsymbol{r}_i$，则质点系对点 O 的动量矩为

$$\boldsymbol{L}_O=\sum\boldsymbol{L}_O(m_i\boldsymbol{v}_i)=\sum\boldsymbol{r}_i\times(m_i\boldsymbol{v}_i) \tag{10-58}$$

质点系对 l 轴的动量矩为

$$L_l=\sum L_l(m_i\boldsymbol{v}_i) \tag{10-59}$$

下面讨论工程中较为常见的平移刚体对定点的动量矩和定轴转动刚体对定轴的动量矩的计算。

1. 平移刚体的动量矩

刚体做平移时，其上各点的速度相等，可用其质心的速度表示，即 $\boldsymbol{v}_i=\boldsymbol{v}_C$，并考虑到刚体的质心公式 $m\boldsymbol{r}_C=\sum m_i\boldsymbol{r}_i$，则平移刚体对某定点 O 的动量矩为

$$\boldsymbol{L}_O=\sum\boldsymbol{r}_i\times(m_i\boldsymbol{v}_i)=\sum\boldsymbol{r}_i\times(m_i\boldsymbol{v}_C)=(\sum m_i\boldsymbol{r}_i)\times\boldsymbol{v}_C=m\boldsymbol{r}_C\times\boldsymbol{v}_C$$

即

$$\boldsymbol{L}_O=\boldsymbol{r}_C\times(m\boldsymbol{v}_C) \tag{10-60}$$

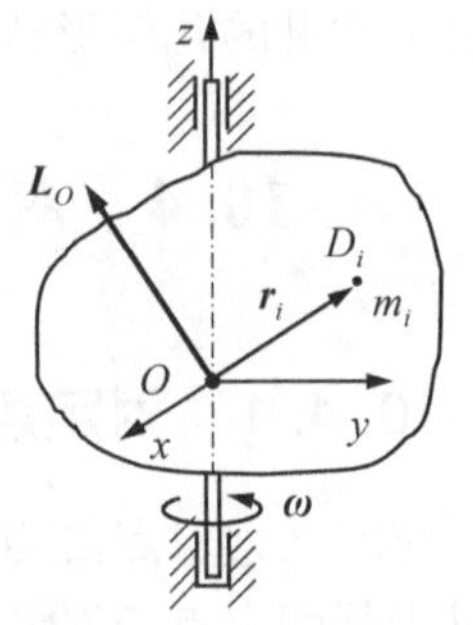

图 10－7 定轴转动刚体对定点的动量矩

因此，**平移刚体对某定点的动量矩等价于将平移刚体的动量置于质心处对该点的动量矩**。也就是说，计算平移刚体对某定点的动量矩时，可视刚体为一质点，该质点位于质心 C 处并集中了刚体的全部质量。

2. 定轴转动刚体对其转轴的动量矩

首先计算定轴转动刚体对其转轴上某点的动量矩，再根据质点系对轴的动量矩的定义给出定轴转动刚体对其转轴的动量矩。

对于图 10－7 所示的定轴转动刚体，以转轴任意一点 O 为原点建立与刚体固连的直角坐标系 $Oxyz$，其中 z 轴为转轴。设刚体的角速度为 $\boldsymbol{\omega}=\omega\boldsymbol{k}$，刚体上某个质点 D_i 的矢径为 $\boldsymbol{r}_i=x_i\boldsymbol{i}+y_i\boldsymbol{j}+z_i\boldsymbol{k}$，根据运动学知识，该质点的速度 $\boldsymbol{v}_i=\boldsymbol{\omega}\times\boldsymbol{r}_i=\omega\boldsymbol{k}\times(x_i\boldsymbol{i}+y_i\boldsymbol{j}+z_i\boldsymbol{k})=-\omega y_i\boldsymbol{i}+\omega x_i\boldsymbol{j}$，于是刚体对点 O 的动量矩为

$$\begin{aligned}\boldsymbol{L}_O &= \sum \boldsymbol{r}_i\times(m_i\boldsymbol{v}_i)=\sum m_i\begin{vmatrix}\boldsymbol{i} & \boldsymbol{j} & \boldsymbol{k}\\ x_i & y_i & z_i\\ -\omega y_i & \omega x_i & 0\end{vmatrix}\\ &= -\omega\left(\sum m_i x_i z_i\right)\boldsymbol{i}-\omega\left(\sum m_i y_i z_i\right)\boldsymbol{j}+\omega\left(\sum m_i(x_i^2+y_i^2)\right)\boldsymbol{k}\\ &= -J_{xz}\omega\boldsymbol{i}-J_{yz}\omega\boldsymbol{j}+J_z\omega\boldsymbol{k}\end{aligned}$$

可见对于一般定轴转动刚体，其对转轴上任意一点的动量矩不仅有沿着转轴的分量。这里只关注其在转轴上的分量，即第三项。于是，定轴转动刚体对其转轴的动量矩为

$$L_z=\boldsymbol{L}_O\cdot\boldsymbol{k}=J_z\omega \tag{10-61}$$

即定轴转动刚体对其转轴的动量矩等于刚体对其转轴的转动惯量与其角速度的乘积。只有当转轴 z 为定轴转动刚体的惯性主轴时，即 $J_{xz}=0$，$J_{yz}=0$，才有 $\boldsymbol{L}_z=J_z\boldsymbol{\omega}$。

10.4.2 对定点的动量矩定理

1. 质点对定点的动量矩定理

设质量为 m 的质点 D 对固定点 O 的矢径为 $\boldsymbol{r}$，作用于其上的合力为 $\boldsymbol{F}$，将其对点 O 的动量矩对时间求一阶导数得

$$\frac{\mathrm{d}}{\mathrm{d}t}\boldsymbol{L}_O(m\boldsymbol{v})=\frac{\mathrm{d}}{\mathrm{d}t}(\boldsymbol{r}\times m\boldsymbol{v})=\frac{\mathrm{d}\boldsymbol{r}}{\mathrm{d}t}\times m\boldsymbol{v}+\boldsymbol{r}\times\frac{\mathrm{d}}{\mathrm{d}t}(m\boldsymbol{v})$$

其中，$\frac{\mathrm{d}\boldsymbol{r}}{\mathrm{d}t}=\boldsymbol{v}$，故上式右边第一项为零。根据质点的动量定理知 $\frac{\mathrm{d}}{\mathrm{d}t}(m\boldsymbol{v})=\boldsymbol{F}$，故上式右边第二项实为合力 $\boldsymbol{F}$ 对点 O 之矩，于是得到

$$\frac{\mathrm{d}}{\mathrm{d}t}\boldsymbol{L}_O(m\boldsymbol{v})=\boldsymbol{M}_O(\boldsymbol{F}) \tag{10-62}$$

此式表明：质点对定点的动量矩对时间的一阶导数等于作用于其上合力对同一点之矩，称为**质点对定点的动量矩定理**。

2. 质点系对定点的动量矩定理

设质点系由 n 个质点组成，其中第 i 个质点的质量为 m_i，速度为 $\boldsymbol{v}_i$，其所受作用力可分为两部分，一部分为质点系内部其他质点对其的作用力，称为质点系的内力，其合力用 $\boldsymbol{F}_i^{(i)}$ 表示，所有质点所受到的此类力构成质点系的内力系；另一部分为质点系以外的物体对其的

作用力，称为质点系的外力，其合力用 $\boldsymbol{F}_i^{(e)}$ 表示，所有质点所受到的此类力构成质点系的外力系。对于质点系中每个质点应用对定点 O 的动量矩定理，有

$$\frac{\mathrm{d}}{\mathrm{d}t}\boldsymbol{L}_O(m_i\boldsymbol{v}_i)=\boldsymbol{M}_O(\boldsymbol{F}_i^{(i)})+\boldsymbol{M}_O(\boldsymbol{F}_i^{(e)})\quad (i=1,2,\cdots,n)$$

将这 n 个方程求矢量和，交换等式左边求和与求导的顺序，且考虑到内力系中作用力和反作用成对出现（大小相等、方向相反、作用线共线），它们对某点的主矩 $\boldsymbol{M}_O^{(i)}=\sum\boldsymbol{M}_O(\boldsymbol{F}_i^{(i)})=\boldsymbol{0}$ 必成立，于是

$$\frac{\mathrm{d}}{\mathrm{d}t}\sum\boldsymbol{L}_O(m_i\boldsymbol{v}_i)=\sum\boldsymbol{M}_O(\boldsymbol{F}_i^{(e)})$$

该式左边即质点系对点 O 的动量矩 $\boldsymbol{L}_O$ 对时间的一阶导数，右边为外力系对点 O 的主矩，记为 $\boldsymbol{M}_O^{(e)}=\sum\boldsymbol{M}_O(\boldsymbol{F}_i^{(e)})$，上式可改写为

$$\frac{\mathrm{d}\boldsymbol{L}_O}{\mathrm{d}t}=\boldsymbol{M}_O^{(e)} \tag{10-63}$$

将其向直角坐标轴上投影，得到相应的投影式

$$\begin{cases}\dfrac{\mathrm{d}L_x}{\mathrm{d}t}=M_x^{(e)}\\[2mm]\dfrac{\mathrm{d}L_y}{\mathrm{d}t}=M_y^{(e)}\\[2mm]\dfrac{\mathrm{d}L_z}{\mathrm{d}t}=M_z^{(e)}\end{cases} \tag{10-64}$$

式（10－63）和式（10－64）表明：质点系对定点（轴）的动量矩对时间的一阶导数等于作用于其上的外力系的各力对同一点（轴）的矩的矢量（代数）和，称为**质点系对定点（轴）的动量矩定理**。

和质点系的动量定理类似，只有质点系的外力系才能改变系统对某定点（或定轴）的动量矩，质点系的内力系并不改变质点系对某定点（或定轴）的动量矩。质点系的动量的改变取决于外力系的主矢，而质点系对固定点的动量矩的改变取决于外力系对该固定点的主矩。

3. 质点系的动量矩守恒定律

当质点系的外力系对固定点 O 的主矩 $\boldsymbol{M}_O^{(e)}\equiv\boldsymbol{0}$ 时，由式（10－63）知 $\dfrac{\mathrm{d}\boldsymbol{L}_O}{\mathrm{d}t}\equiv\boldsymbol{0}$，则

$$\boldsymbol{L}_O=\text{常矢量} \tag{10-65}$$

当 $\boldsymbol{M}_O^{(e)}\neq\boldsymbol{0}$，但其在过点 O 的某固定轴上的投影恒为零时，不妨设该轴为 z 轴，即 $M_z^{(e)}\equiv 0$ 时，由式（10－64）知 $\dfrac{\mathrm{d}L_z}{\mathrm{d}t}\equiv 0$，则

$$L_z=\text{常值} \tag{10-66}$$

式（10－65）和式（10－66）称为**质点系的动量矩守恒定律**。

例 10－6　如图 10－8 所示，两重物 A，B 的质量分别为 m_A，m_B，各系在不计质量的张紧不可伸长的绳索上，两绳分别绕于半径为 r_1，r_2 的鼓轮上，滚轮质量为 m，重心位于鼓轮转轴 O 处，且对定轴（过点 O 垂直于纸面的 z 轴）的回转半径为 ρ。若绳索与轮之间无相对

滑动，且不计转轴处的摩擦，试求系统在重力作用下，鼓轮的角加速度。

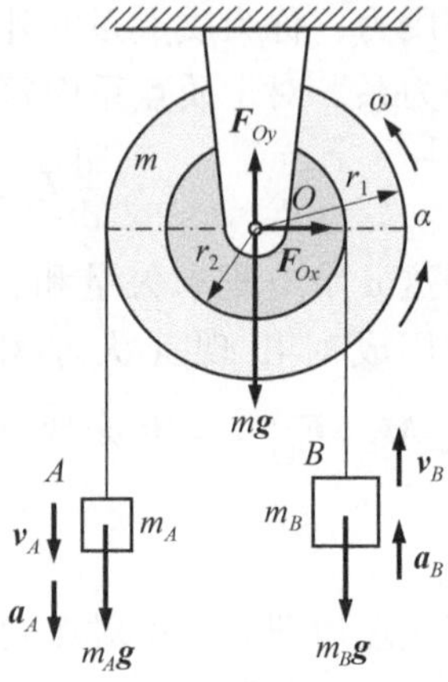

图 10－8　例 10－6 图

解：（1）以鼓轮、两重物及两绳索组成的系统为研究对象。

（2）进行运动分析。设系统运动某瞬时，鼓轮的角速度为 ω，角加速度为 α。如图 10－8 所示。则两重物的速度分别为

$$v_A=\omega r_1,\ v_B=\omega r_2$$

（3）进行受力分析。系统受到三个物体的重力，以及转轴处的约束力，如图 10－8 所示。

（4）根据对转轴的动量矩定理，有

$$\frac{\mathrm{d}L_z}{\mathrm{d}t}=M_z^{(\mathrm{e})}$$

$$\frac{\mathrm{d}(m\rho^2\omega+m_A\omega r_1\cdot r_1+m_B\omega r_2\cdot r_2)}{\mathrm{d}t}=m_Ag\cdot r_1-m_Bg\cdot r_2$$

$$(m\rho^2+m_Ar_1^2+m_Br_2^2)\frac{\mathrm{d}\omega}{\mathrm{d}t}=(m_Ar_1-m_Br_2)g$$

$$\Rightarrow\alpha=\frac{\mathrm{d}\omega}{\mathrm{d}t}=\frac{(m_Ar_1-m_Br_2)g}{m\rho^2+m_Ar_1^2+m_Br_2^2}$$

当 $m_Ar_1>m_Br_2$ 时，α 为逆时针转向，当 $m_Ar_1<m_Br_2$ 时，α 为顺时针转向。

当 α 确定后，可由运动学关系确定两重物的加速度分别为 $a_A=r_1\alpha(\downarrow)$，$a_B=r_2\alpha(\uparrow)$，进而由系统的质心运动定理求出转轴处的约束力：

$$F_{Ox}=0$$

$$F_{Oy}-(m_A+m_B+m)g=-m_Aa_A+m_Ba_B$$

$$\Rightarrow F_{Oy}=(m_A+m_B+m)g+(m_Br_2-m_Ar_1)\alpha=(m_A+m_B+m)g-\frac{(m_Br_2-m_Ar_1)^2g}{m\rho^2+m_Ar_1^2+m_Br_2^2}$$

例 10－7　如图 10－9 所示，摩擦离合器由共轴的主动轴Ⅰ和从动轴Ⅱ组成，合上之前主动轴的角速度为 ω_0，从动轴的角速度为零。设两轴的重心在各自的转轴上，相对于转轴的转动惯量分别为 J_1，J_2，且不计轴承的摩擦，试求合上后，当两轴具有相同的角速度时，该角速度的大小。

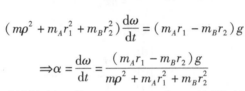

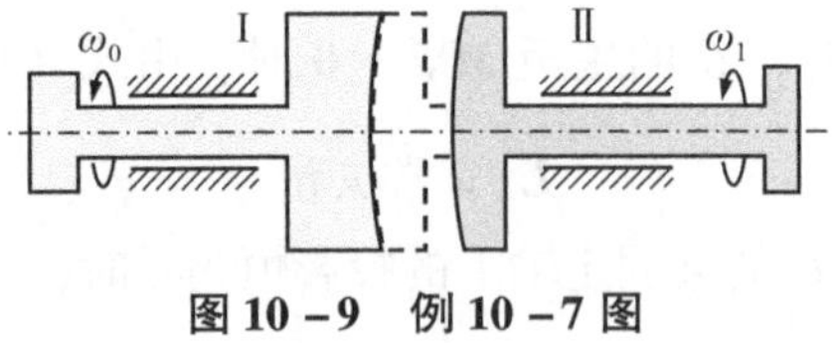

图 10－9　例 10－7 图

解：（1）以系统为研究对象。

（2）系统所受外力为重力和轴承的约束力，它们对轴之矩为零，故系统对轴的动量矩守恒，即

$$L_{z0}=L_{z1}$$

$$J_1\omega_0=(J_1+J_2)\omega_1\quad\Rightarrow\omega_1=\frac{J_1}{J_1+J_2}\omega_0$$

10.4.3　定轴转动刚体的运动微分方程

定轴转动是工程中常见的一种运动形式，在设计和制造定轴转动部件时，常需要对其动力学方程有所了解。这里给出定轴转动刚体的运动微分方程。

将定轴转动刚体对其转轴的动量矩的表达式（10-61）代入动量矩定理的投影式（10-64），并注意到转动惯量 J_z 为常量，得到

$$\frac{dL_z}{dt}=J_z\frac{d\omega}{dt}=M_z^{(e)}$$

或改写为

$$J_z\alpha=M_z^{(e)} \tag{10-67}$$

以及

$$J_z\frac{d^2\varphi}{dt^2}=M_z^{(e)} \tag{10-68}$$

式（10-68）即**定轴转动刚体的运动微分方程**。它表明：定轴转动刚体对其转轴的转动惯量与其转角对时间的二阶导数（或角速度对时间的一阶导数，或角加速度）的乘积等于其所受外力系对其转轴之矩的代数和。

例 10-8　如图 10-10 所示，在重力作用下绕不通过质心的固定水平轴 O 转动的任何刚体称为复摆（物理摆），该名称是相对于单摆（数学摆）而言的。已知复摆的质量为 m，对固定转轴 O 的转动惯量为 J_O，其质心 C 到转轴 O 的距离为 r_C，若不计转轴处的摩擦，试求该复摆在重力作用下做微小振幅振动时的周期。

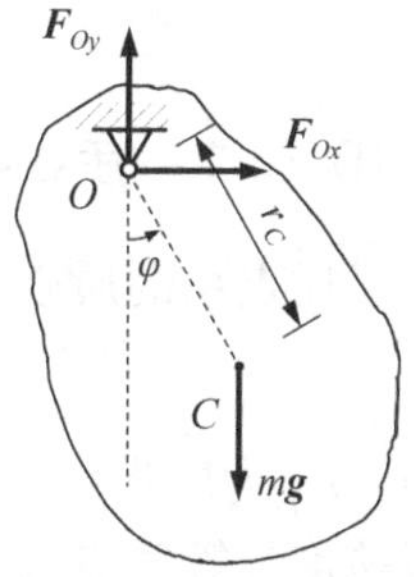

图 10-10　例 10-8 图

解：（1）以复摆刚体为研究对象，其绕转轴 O 做定轴转动。

（2）根据定轴转动刚体的运动微分方程，有

$$J_O\frac{d^2\varphi}{dt^2}=M_O^{(e)}$$

$$J_O\ddot{\varphi}=-mgr_C\sin\varphi$$

考虑到复摆做微小振幅摆动，有 $\sin\varphi\approx\varphi$，同时令 $\omega^2=\dfrac{mgr_C}{J_O}$（注：此处 ω 是一个正值的常数，并非刚体的角速度），则上式可改写为

$$\ddot{\varphi}+\omega^2\varphi=0$$

由常微分方程知识知，该微分方程的通解为

$$\varphi=C_1\sin\omega t+C_2\cos\omega t$$

其中，C_1，C_2 可由初始条件确定。于是，复摆做微小振幅摆动时的周期为

$$T=\frac{2\pi}{\omega}=2\pi\sqrt{\frac{J_O}{mgr_C}} \tag{10-69}$$

其中，

$$\omega=\sqrt{\frac{mgr_C}{J_O}}$$

即为复摆做微小振幅振动时的圆频率。

在工程中，测量出周期 T 便可根据式（10－69）计算刚体对某轴的转动惯量。

例 10－9 已知某飞轮对过质心垂直于轮面的定轴的转动惯量为 $J=18\times10^3\ \mathrm{kg\cdot m^2}$，在恒力矩 M 的作用下由静止开始转动，经过 20 s，飞轮的转速达到 120 r/min（r/min 表示每分钟多少转）。若不计摩擦的影响，试求力矩 M 的值。

解：由题意知，飞轮由静止做匀角加速度转动，即 α 为常量，则

$$\begin{cases}\dfrac{\mathrm{d}\omega}{\mathrm{d}t}=\alpha\\ \omega|_{t=0}=0\end{cases}\Rightarrow\omega=\alpha t$$

代入 $t=20$ s，$\omega=120\cdot2\pi/60$ rad/s，得到

$$\alpha=\frac{\omega}{t}=\frac{120\cdot2\pi/60}{20}=0.2\pi(\mathrm{rad/s^2})$$

根据定轴转动刚体的运动微分方程，有

$$J\alpha=M$$

$$\Rightarrow M=J\alpha=18\times10^3\times0.2\pi(\mathrm{kN\cdot m})=11.3(\mathrm{kN\cdot m})$$

10.5 对质心的动量矩定理·刚体平面运动微分方程

10.5.1 质点系对质心的动量矩

设质点系的质心为 C，则质点系对质心的动量矩定义为

$$\boldsymbol{L}_C=\sum\boldsymbol{r}'_i\times m_i\boldsymbol{v}_i \tag{10-70}$$

其中，$\boldsymbol{r}'_i$ 为质量为 m_i 的质点 M_i 相对于质心的矢径。用各质点的绝对速度计算质点系相对于质心的动量矩并不方便，通常建立一个随质心平移的坐标系 $Cx'y'z'$（图 10－11），用各质点相对于质心平移坐标系 $Cx'y'z'$ 的相对速度可方便地计算质点系对其质心的动量矩。证明如下。

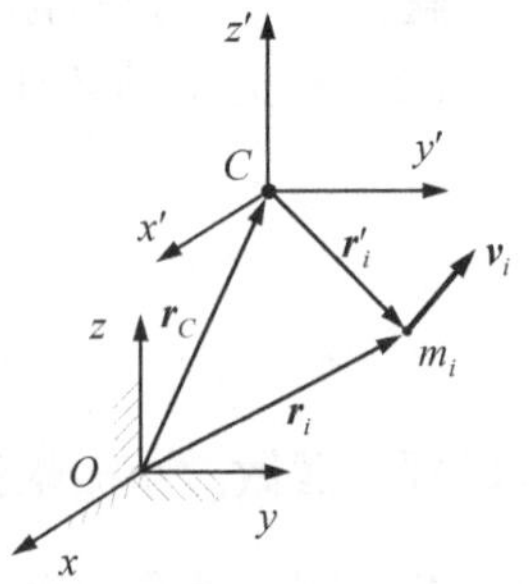

图 10－11 质点系相对于质心的动量矩

因动系随质心 C 平移，由点的速度合成定理，有

$$\boldsymbol{v}_i=\boldsymbol{v}_{ie}+\boldsymbol{v}_{ir}=\boldsymbol{v}_C+\boldsymbol{v}_{ir} \tag{10-71}$$

将式（10－71）代入式（10－70），得

$$\boldsymbol{L}_C=\sum\boldsymbol{r}'_i\times m_i(\boldsymbol{v}_C+\boldsymbol{v}_{ir})=\sum m_i\boldsymbol{r}'_i\times\boldsymbol{v}_C+\sum\boldsymbol{r}'_i\times m_i\boldsymbol{v}_{ir}$$

根据质心的定义 $\sum m_i\boldsymbol{r}'_i=m\boldsymbol{r}'_C$，其中 m 为质点系的总质量，注意到 $\boldsymbol{r}'_C=\overrightarrow{CC}=\boldsymbol{0}$，因此上式可以写成

$$\boldsymbol{L}_C=\sum\boldsymbol{r}'_i\times m_i\boldsymbol{v}_{ir} \tag{10-72}$$

这表明，以质点的相对速度代替质点的绝对速度计算质点系对质心的动量矩，结果是相等的。$m_i\boldsymbol{v}_{ir}$ 称为各质点的相对动量，因此有此结论：质点系对质心的动量矩也等于质点系的各质点相对于质心平移坐标系的相对动量对质心的矩的矢量和。

质点系相对于定点 O 的动量矩为 $\boldsymbol{L}_O=\sum\boldsymbol{r}_i\times m_i\boldsymbol{v}_i$，由图 10－11 可知，$\boldsymbol{r}_i=\boldsymbol{r}_C+\boldsymbol{r}'_i$，于是

$$L_O = \sum (r_C + r'_i) \times m_i v_i = r_C \times \sum m_i v_i + \sum r'_i \times m_i v_i$$

由质点系动量的定义知 $\sum m_i \boldsymbol{v}_i = m\boldsymbol{v}_C$，并将式（10－70）代入，上式可以写为

$$\boldsymbol{L}_O = \boldsymbol{r}_C \times m\boldsymbol{v}_C + \boldsymbol{L}_C \tag{10-73}$$

该式表明，质点系对固定点 O 的动量矩等于质点系随质心平移时（将质点系的总质量集中于质心时的动量）对定点 O 的动量矩与质点系对质心的动量矩的矢量和。

10.5.2　对质心的动量矩定理

将质点系对固定点 O 的动量矩与对质心 C 的动量矩关系式（10－73）代入质点系对固定点 O 的动量矩定理表达式（10－63），得

$$\frac{\mathrm{d}\boldsymbol{L}_O}{\mathrm{d}t} = \frac{\mathrm{d}}{\mathrm{d}t}(\boldsymbol{r}_C \times m\boldsymbol{v}_C + \boldsymbol{L}_C) = \boldsymbol{v}_C \times m\boldsymbol{v}_C + \boldsymbol{r}_C \times m\boldsymbol{a}_C + \frac{\mathrm{d}\boldsymbol{L}_C}{\mathrm{d}t} = \boldsymbol{M}_O^{(\mathrm{e})}$$

考虑到 $\boldsymbol{v}_C \times \boldsymbol{v}_C = \boldsymbol{0}$ 和质心运动定理 $m\boldsymbol{a}_C = \boldsymbol{F}_{\mathrm{R}}^{(\mathrm{e})}$，上式可以写为

$$\frac{\mathrm{d}\boldsymbol{L}_O}{\mathrm{d}t} = \overrightarrow{OC} \times \boldsymbol{F}_{\mathrm{R}}^{(\mathrm{e})} + \frac{\mathrm{d}\boldsymbol{L}_C}{\mathrm{d}t} = \boldsymbol{M}_O^{(\mathrm{e})}$$

而外力系对不同的两点 O，C 主矩关系式为 $\boldsymbol{M}_O^{(\mathrm{e})} = \boldsymbol{M}_C^{(\mathrm{e})} + \overrightarrow{OC} \times \boldsymbol{F}_{\mathrm{R}}^{(\mathrm{e})}$，于是上式可最终写为

$$\frac{\mathrm{d}\boldsymbol{L}_C}{\mathrm{d}t} = \boldsymbol{M}_C^{(\mathrm{e})} \tag{10-74}$$

即质点系对质心的动量矩对时间的一阶导数等于作用于质点系上的外力系对质心的主矩。这个结论称为**质点系对质心的动量矩定理**。该定理在形式上与质点系对固定点的动量矩定理完全一样，因此与对定点的动量矩定理有关的陈述也适用于对质心的动量矩定理，例如将式（10－74）投影到随质心平移的坐标轴 Cx'、Cy'、Cz'上，得到相应的投影式

$$\frac{\mathrm{d}L_{Cx'}}{\mathrm{d}t} = M_{Cx'}^{(\mathrm{e})}, \quad \frac{\mathrm{d}L_{Cy'}}{\mathrm{d}t} = M_{Cy'}^{(\mathrm{e})}, \quad \frac{\mathrm{d}L_{Cz'}}{\mathrm{d}t} = M_{Cz'}^{(\mathrm{e})} \tag{10-75}$$

上式表明，质点系对随质心平移的任一轴的动量矩对时间的一阶导数，等于作用于质点系上的外力系对同一轴的主矩。

当质点系的外力系对质心的主矩 $\boldsymbol{M}_C^{(\mathrm{e})} \equiv \boldsymbol{0}$ 时，由式（10－74）知 $\frac{\mathrm{d}\boldsymbol{L}_C}{\mathrm{d}t} \equiv \boldsymbol{0}$，则

$$\boldsymbol{L}_C = \text{常矢量} \tag{10-76}$$

当 $\boldsymbol{M}_C^{(\mathrm{e})} \neq \boldsymbol{0}$，但其在某质心轴（如 Cz'轴）的投影 $M_{Cz'}^{(\mathrm{e})} \equiv 0$ 时，由式（10－75）知 $\frac{\mathrm{d}L_{Cz'}}{\mathrm{d}t} \equiv 0$，则

$$L_{Cz'} = \text{常值} \tag{10-77}$$

以上两式分别称为**质点系对质心平移轴的动量矩守恒定律**。

对质心的动量矩定理可以说明许多现象。例如，跳水运动员在离开跳板时脚蹬跳板以获得初角速度，以后由于作用的外力只有重力（忽略空气阻力），它对质心之矩恒等于零，运动员对质心的动量矩守恒。因此，运动员如欲获得较大的角速度以在有限的时间内完成更多的团身转动，则必须蜷曲四肢而使其对质心轴的转动惯量减小。

10.5.3 刚体的平面运动微分方程

如图10－12所示，设坐标系 $Oxyz$ 为定系，刚体在外力 $\boldsymbol{F}_1$，$\boldsymbol{F}_2$，…，$\boldsymbol{F}_i$，…$\boldsymbol{F}_n$ 的作用下做平行于坐标平面 Oxy 的运动，不妨设点 C 在此 Oxy 平面内，取质心平移坐标系 $Cx'y'z'$。由运动学知识，刚体的平面运动可分解为随质心 C 的平移和绕质心轴 Cz' 的转动。前一运动可由质心运动定理确定，后一运动则可由对质心的动量矩定理确定，于是有

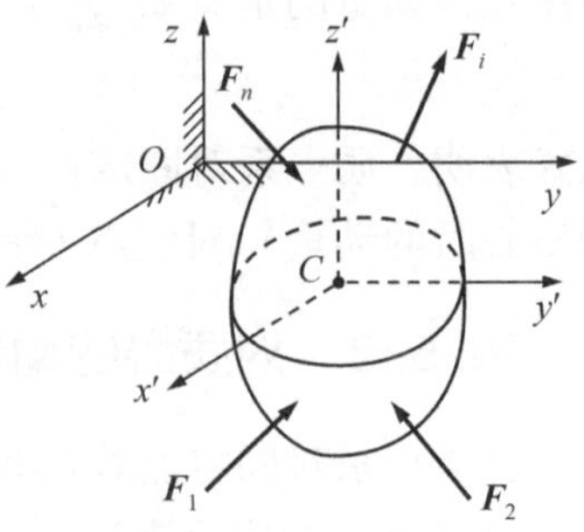

图10－12　做平面运动的刚体

$$m\boldsymbol{a}_C = \boldsymbol{F}_{\mathrm{R}}^{(\mathrm{e})} = \sum \boldsymbol{F}_i,\ \frac{\mathrm{d}\boldsymbol{L}_C}{\mathrm{d}t} = \boldsymbol{M}_C^{(\mathrm{e})} = \sum \boldsymbol{M}_C(\boldsymbol{F}_i) \tag{10－78}$$

将该式中的第一个式子分别沿轴 Ox，Oy 投影，第二个式子沿轴 Cz' 投影，得

$$ma_{Cx} = F_{\mathrm{R}x}^{(\mathrm{e})} = \sum F_{ix},\ ma_{Cy} = F_{\mathrm{R}y}^{(\mathrm{e})} = \sum F_{iy},\ \frac{\mathrm{d}L_{Cz'}}{\mathrm{d}t} = M_{Cz'}^{(\mathrm{e})} = \sum M_{Cz'}(\boldsymbol{F}_i) \tag{10－79}$$

若用 (x_C, y_C) 表示质心 C 在固定直角坐标系 Oxy 中的坐标，φ 表示刚体对质心轴 Cz' 的转角，则有运动学关系 $a_{Cx} = \ddot{x}_C$，$a_{Cy} = \ddot{y}_C$，$\omega = \dot{\varphi}$，$\alpha = \ddot{\varphi}$；再考虑到刚体相对于质心平移坐标系做定轴转动，根据式（10－61），有 $L_{Cz'} = J_{Cz'}\omega$（其中 $J_{Cz'}$ 表示刚体对质心轴 Cz' 的转动惯量，为常量），则有

$$m\ddot{x}_C = \sum F_{ix},\ m\ddot{y}_C = \sum F_{iy},\ J_{Cz'}\ddot{\varphi} = \sum M_{Cz'}(\boldsymbol{F}_i) \tag{10－80}$$

这就是**刚体平面运动微分方程**，可以应用它求解刚体做平面运动的动力学问题。

例10－10　图10－13（a）所示均质圆盘的质量为 m，半径为 r，在倾角为30°的粗糙斜面上无初速释放，在运动过程中圆盘在斜面上做纯滚动，试求圆盘中心 C 的加速度和圆盘的角加速度，以及实现圆盘在斜面上做纯滚动时圆盘与斜面间的静摩擦因数应满足的条件。

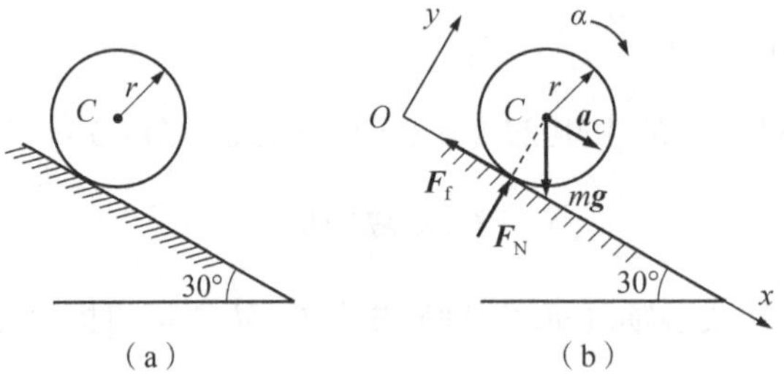

图10－13　例10－10图

解：建立固定直角坐标系 Oxy，如图10－13（b）所示。圆盘在斜面上做纯滚动，为平面运动，其受力图如图10－13（b）所示。由质心运动定理和对质心的动量矩定理得

$$ma_C = mg\sin 30° - F_{\mathrm{f}} \tag{10－81}$$

$$0 = F_{\mathrm{N}} - mg\cos 30° \tag{10－82}$$

$$J_C\alpha = F_{\mathrm{f}}r \tag{10－83}$$

由于圆盘做纯滚动，故有运动学关系

$$a_C = r\alpha \tag{10-84}$$

联立以上四个方程，并将 $J_C = \frac{1}{2}mr^2$ 代入，得

$$a_C = \frac{1}{2}g,\ \alpha = \frac{g}{3r},\ F_N = \frac{\sqrt{3}}{2}mg,\ F_f = \frac{1}{6}mg$$

圆盘在斜面上做纯滚动时圆盘与斜面的接触点的速度为零，其所受的摩擦力为静摩擦力，由摩擦物理条件 $F_f \leqslant f_s F_N$，得

$$\frac{1}{6}mg \leqslant f_s \cdot \frac{\sqrt{3}}{2}mg$$

于是圆盘与斜面间的静摩擦因数应满足

$$f_s \geqslant \frac{F_f}{F_N} = \frac{1}{6} \cdot \frac{2}{\sqrt{3}} = \frac{\sqrt{3}}{9}$$

例 10－11 均质细直杆 AB 的质量为 m，长度为 l，其 A 端与光滑水平地面接触，若在图 10－14（a）所示位置将直杆无初速释放，试求释放瞬时直杆 A 端的加速度、直杆的角加速度和地面对直杆的约束力。

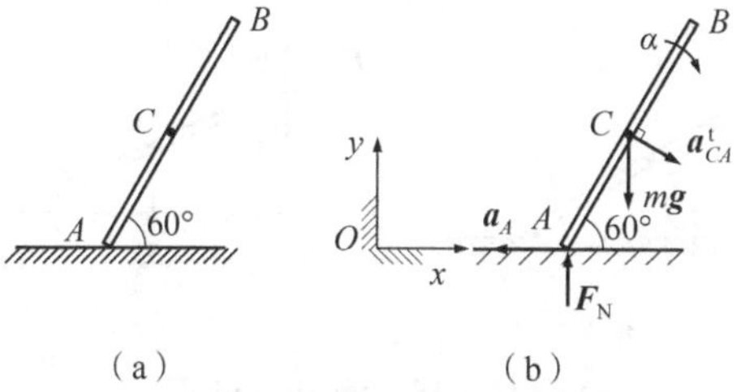

图 10－14 例 10－11 图

解：建立图 10－14（b）所示固定直角坐标系 Oxy，设直杆 AB 的质心为 C，其受力图如图 10－14（b）所示，杆 AB 做平面运动，由质心运动定理和对质心的动量矩定理得

$$ma_{Cx} = 0 \tag{10-85}$$

$$ma_{Cy} = F_N - mg \tag{10-86}$$

$$J_C\alpha = F_N \cdot \frac{l}{2}\cos 60° = \frac{1}{4}F_N l \tag{10-87}$$

注意到释放时直杆的角速度为零，用基点法建立直杆的质心 C 的加速度为

$$\boldsymbol{a}_C = \boldsymbol{a}_A + \boldsymbol{a}_{CA}^t$$

上式在 x，y 方向上投影得

$$a_{Cx} = -a_A + \frac{l}{2}\alpha\cos 30° = -a_A + \frac{\sqrt{3}}{4}l\alpha \tag{10-88}$$

$$a_{Cy} = -\frac{l}{2}\alpha\sin 30° = -\frac{1}{4}l\alpha \tag{10-89}$$

以上 5 个方程包含 5 个未知量 a_{Cx}，a_{Cy}，α，a_A，F_N，方程组封闭。将式（10－88）、式（10－89）代入式（10－85）、式（10－86），且将 $J_C = \frac{1}{12}ml^2$ 代入式（10－87），得

$$\begin{cases}-a_A+\dfrac{\sqrt{3}}{4}l\alpha=0\\-\dfrac{1}{4}ml\alpha=F_{\mathrm{N}}-mg\\\dfrac{1}{12}ml^2\alpha=\dfrac{1}{4}F_{\mathrm{N}}l\end{cases}$$

最终求得

$$a_A=\frac{3\sqrt{3}}{7}g,\ \alpha=\frac{12g}{7l},\ F_{\mathrm{N}}=\frac{4}{7}mg$$

例 10－12　图 10－15（a）所示处于铅垂平面内的均质细直杆 AB 的质量为 m，长度为 $2l$，其 A 端放置在光滑水平地面上，B 端靠在与地面垂直的光滑墙壁上。当直杆与墙壁的初始夹角为 $\theta_0=60°$时，将直杆无初速释放，试求在运动过程中直杆的角加速度 α、角速度 ω 以及地面和墙壁对直杆的约束力（表示为直杆与墙壁夹角 θ 的函数），并求直杆开始脱离墙壁时它与墙壁的夹角 θ_1。

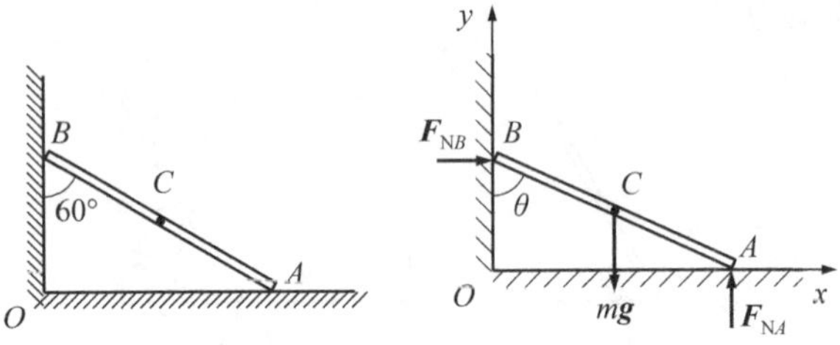

（a）　　　　　　（b）

图 10－15　例 10－12 图

解：建立图 10－15（b）所示固定直角坐标系 Oxy，设均质细直杆的质心为 C，直杆 AB 做平面运动，在运动过程中其受力图如图 10－15（b）所示。直杆的运动微分方程为

$$m\ddot{x}_C=F_{\mathrm{N}B}\tag{10-90}$$

$$m\ddot{y}_C=F_{\mathrm{N}A}-mg\tag{10-91}$$

$$J_C\ddot{\theta}=F_{\mathrm{N}A}\cdot l\sin\theta-F_{\mathrm{N}B}\cdot l\cos\theta\tag{10-92}$$

由几何关系知

$$x_C=l\sin\theta,\ y_C=l\cos\theta$$

将该式对时间分别求一阶、二阶导数得

$$\dot{x}_C=l\dot{\theta}\cos\theta,\ \dot{y}_C=-l\dot{\theta}\sin\theta$$

$$\ddot{x}_C=l\ddot{\theta}\cos\theta-l\dot{\theta}^2\sin\theta\tag{10-93}$$

$$y_C=-l\ddot{\theta}\sin\theta-l\dot{\theta}^2\cos\theta\tag{10-94}$$

将 $J_C=\frac{1}{12}m(2l)^2=\frac{1}{3}ml^2$ 代入式（10－92），联立式（10－90）～式（10－94）可得

$$\alpha=\ddot{\theta}=\frac{3g}{4l}\sin\theta\tag{10-95}$$

$$F_{\mathrm{N}A}=mg-\frac{3}{4}mg\sin^2\theta-ml\dot{\theta}^2\cos\theta\tag{10-96}$$

$$F_{NB}=\frac{3}{4}mg\sin\theta\cos\theta-ml\dot{\theta}^2\sin\theta \tag{10-97}$$

现在求直杆的角速度 $\omega=\dot{\theta}$，利用 $\ddot{\theta}=\frac{\mathrm{d}\dot{\theta}}{\mathrm{d}t}=\frac{\mathrm{d}\dot{\theta}}{\mathrm{d}\theta}\cdot\frac{\mathrm{d}\theta}{\mathrm{d}t}=\dot{\theta}\frac{\mathrm{d}\dot{\theta}}{\mathrm{d}\theta}$，于是式（10－95）可改写为

$$\dot{\theta}\frac{\mathrm{d}\dot{\theta}}{\mathrm{d}\theta}=\frac{3g}{4l}\sin\theta$$

或改写为

$$\dot{\theta}\mathrm{d}\dot{\theta}=\frac{3g}{4l}\sin\theta\mathrm{d}\theta=-\frac{3g}{4l}\mathrm{d}(\cos\theta) \tag{10-98}$$

对式（10－98）积分，并代入初始条件 $\theta=\theta_0=60°$，$\dot{\theta}=0$ 得

$$\dot{\theta}^2=\frac{3g}{2l}(\cos 60°-\cos\theta)$$

即有

$$\omega=\dot{\theta}=\sqrt{\frac{3g}{2l}\left(\frac{1}{2}-\cos\theta\right)} \tag{10-99}$$

将式（10－99）代入式（10－96）、式（10－97）得

$$F_{NA}=\frac{1}{4}mg(1+7\cos^2\theta-3\cos\theta) \tag{10-100}$$

$$F_{NB}=\frac{3}{4}mg\sin\theta(3\cos\theta-1) \tag{10-101}$$

从 F_{NB} 的表达式［式（10－101）］，利用 $F_{NB}=0$ 的条件，可以确定 B 端脱离墙壁时的角速度 θ_1，即

$$\theta_1=\arccos\frac{1}{3}$$

本章小结

本章介绍质点和质点系的动量定理和动量矩定理，重点内容是质点系的动量定理和对定点（定轴）的动量矩定理，包括以下内容。

（1）质点系的动量等于质点系的总质量与其质心的速度的乘积：

$$\boldsymbol{p}=m\boldsymbol{v}_C$$

（2）质点系的动量定理的微分形式为

$$\mathrm{d}\boldsymbol{p}=\boldsymbol{F}_{\mathrm{R}}^{(\mathrm{e})}\mathrm{d}t$$

其积分形式为

$$\boldsymbol{p}_2-\boldsymbol{p}_1=\int_{t_1}^{t_2}\boldsymbol{F}_{\mathrm{R}}^{(\mathrm{e})}\mathrm{d}t$$

只有质点系的外力系的主矢才使质点系的动量发生改变。

（3）质点系对某点的动量矩等于质点系中所有质点对该点的动量矩之矢量和：

$$\boldsymbol{L}_O=\sum\boldsymbol{L}_O(m_i\boldsymbol{v}_i)=\sum\boldsymbol{r}_i\times(m_i\boldsymbol{v}_i)$$

平移刚体对固定点 O 的动量矩为

$$\boldsymbol{L}_O=\boldsymbol{r}_C\times(m\boldsymbol{v}_C)$$

定轴转动刚体对其转轴的动量矩为

$$L_z = \boldsymbol{L}_O \cdot \boldsymbol{k} = J_z \omega$$

（4）质点系对定点（定轴）的动量矩定理：质点系对定点（轴）的动量矩对时间的一阶导数等于作用于其上的外力系的对同一点（轴）的矩。

$$\frac{\mathrm{d}\boldsymbol{L}_O}{\mathrm{d}t} = \boldsymbol{M}_O^{(e)}$$

以及

$$\begin{cases} \dfrac{\mathrm{d}L_x}{\mathrm{d}t} = M_x^{(e)} \\ \dfrac{\mathrm{d}L_y}{\mathrm{d}t} = M_y^{(e)} \\ \dfrac{\mathrm{d}L_z}{\mathrm{d}t} = M_z^{(e)} \end{cases}$$

（5）定轴转动刚体的运动微分方程：定轴转动刚体对其转轴的转动惯量与其转角对时间的二阶导数（或角速度对时间的一阶导数，或角加速度）的乘积等于其所受外力系对其转轴之矩。

$$J_z \alpha = M_z^{(e)} \quad 或 \quad J_z \frac{\mathrm{d}^2 \varphi}{\mathrm{d}t^2} = M_z^{(e)} \ (J_z \ddot{\varphi} = M_z^{(e)} \ 或\ J_z \dot{\omega} = M_z^{(e)})$$

习　题

10-1　一质量为 15 kg 的物块，以 $v_0 = 3$ m/s 的初速度沿光滑水平面向右运动。若沿速度方向有一力 $\boldsymbol{F}$ 作用，其大小为 $F = 40\cos\left(\frac{\pi}{4}t\right)$(N)，$t$ 以 s 计。求 15 s 时该物块的速度。

10-2　跳水运动员的质量为 60 kg，以速度 $v_0 = 2$ m/s 跳离跳台，若从开始起跳到跳离跳台的时间为 0.4 s，试求跳水运动员对跳台的平均作用力的大小。

10-3　质量为 m 的质点自高度为 h 的地方无初速度地自由下落，其空气阻力的大小与其速度的大小成正比，比例系数为 k，阻力的方向与速度方向相反。试按图 10-16 所示两种不同坐标 Ox，写出质点的运动微分方程和运动初始条件。

10-4　如图 10-17 所示，单摆的摆长为 l，摆锤（可视为质点）的质量为 m，单摆的摆动方程为

$$\varphi = \varphi_M \sin(\sqrt{g/l}\,t)\ (\mathrm{rad})$$

其中，φ_M 为常数；g 为重力加速度的大小；t 以 s 计。试求当 $\varphi = 0$ 和 $\varphi = \varphi_M$ 时摆绳的拉力。

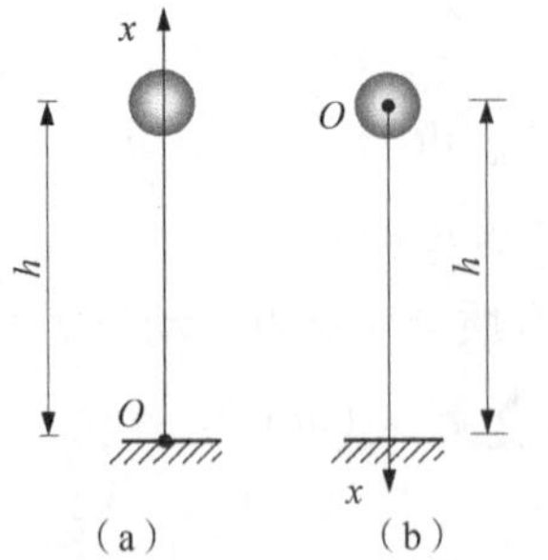

图 10-16　习题 10-3 图

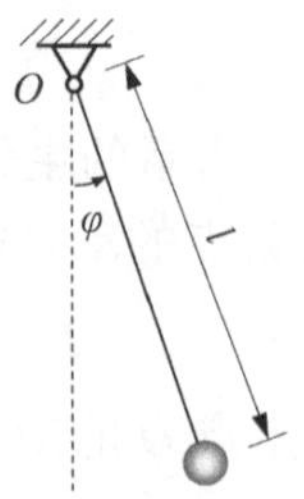

图 10-17　习题 10-4 图

10－5　如图 10－18 所示，一质量为 m 的小球置于以匀角速度 ω 转动的水平转台上，小球与转轴之间的最大距离为 r。若小球与转台表面间的静摩擦因数为 f_s，试求不致小球滑出水平转台的最大角速度 ω_{max}。

10－6　如图 10－19 所示，汽车转过半径为 R 的圆弧弯道，车道向圆心方向倾斜角为 θ，车胎与道路表面的静摩擦因数为 $f_s=0.6$。已知 $R=20$ m，$\tan\theta=0.5$。求汽车安全（不发生侧滑）通过弯道的最大速度。

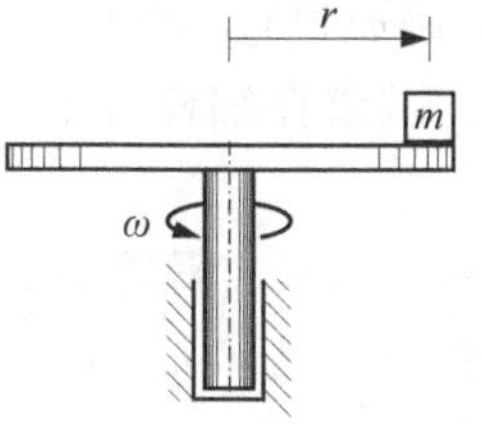

图 10－18　习题 10－5 图

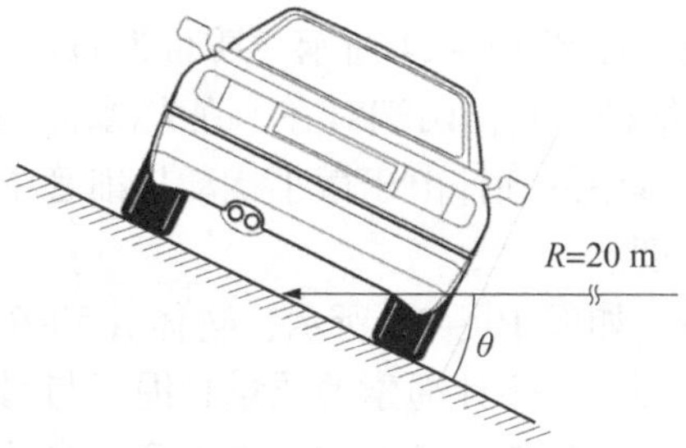

图 10－19　习题 10－6 图

10－7　如图 10－20 所示，列车转弯时，为了使列车对铁轨的压力垂直于路基，铁轨外侧轨道比内侧轨道稍高。如果轨道的曲率半径 $\rho=300$ m，内、外轨道间距 $b=1.435$ m，列车的速度为 $v=12$ m/s，试求外轨道高于内轨道的高度。

10－8　如图 10－21 所示，一质点的质量为 m，受指向原点 O 的力 $\boldsymbol{F}$ 作用，其大小为 $F=kr$，k 为常量，r 为质点到原点的距离。如在初瞬时，质点的坐标为 $x=x_0$，$y=0$，速度分量 $v_x=0$，$v_y=v_0$，试求该质点的轨迹。

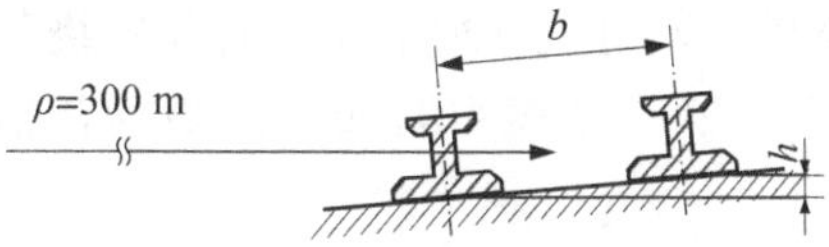

图 10－20　习题 10－7 图

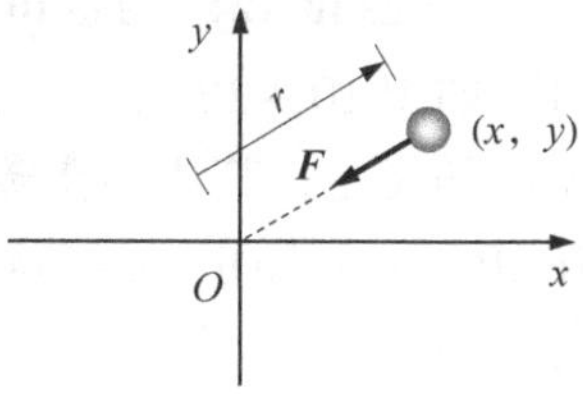

图 10－21　习题 10－8 图

10－9　如图 10－22 所示，质量为 m_A 的长方体 A，其中一顶角 O 光滑铰接于质量为 m_B、边长为 a 和 b 的均质长方形薄板 B。设水平面光滑，初始时系统静止，现作用于 B 上一力偶使其绕轴 O 转动 90°，试求该过程中长方体 A 移动的距离。

10－10　在一重为 100 kN 的驳船上，用绞车拉动重量为 5 kN 的箱子。开始时，船与箱子均处于静止状态，忽略水的阻力，试求：(1) 当箱子相对于船以 $v=3$ m/s 的速度移动时，驳船移动的速度；(2) 当箱子在船上被拉动了 10 m 时，驳船移动的水平距离。

10－11　如图 10－23 所示，重量为 $\boldsymbol{P}$ 的电动机，在其转动轴上装有一重量为 $\boldsymbol{P}_1$ 的偏心轮 A，偏心距为 e。电动机以匀角速度 ω 绕轴 O 转动（其上需作用随位置而改变的主动力偶 $M(t)$）。(1) 设电动机外壳用螺杆固定于基础上，试求作用于螺杆上的最大水平作用力。(2) 若无螺杆固定，试问转速多大时，电动机会跳离基础。

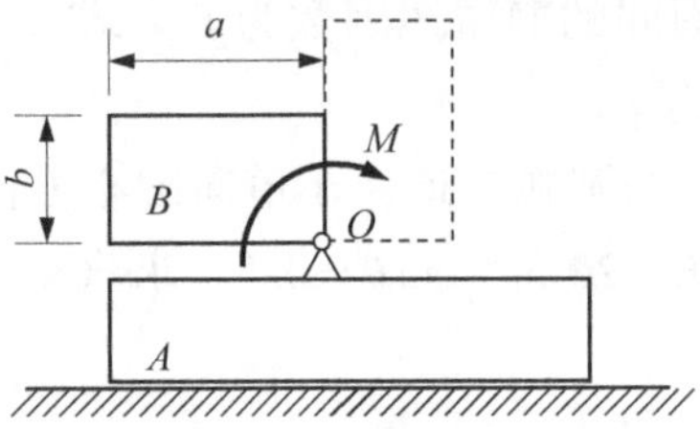

图 10－22 习题 10－9 图

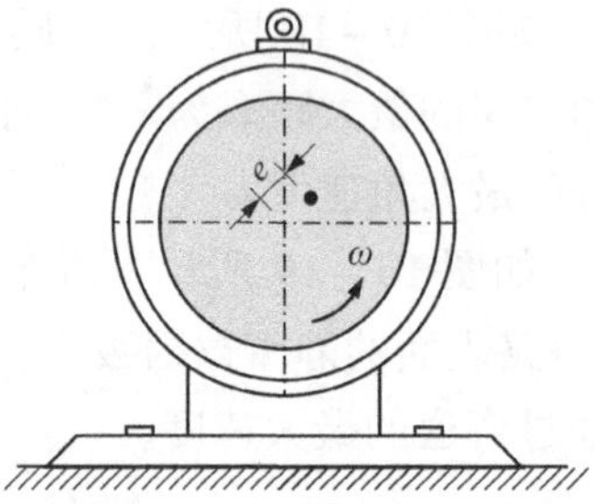

图 10－23 习题 10－11 图

10－12 如图 10－24 所示，质量为 m_1，长为 l 的均质光滑细管内有一质量为 m_2、长也为 l 的均质细杆。它们两端对齐，在光滑水平面内以角速度 ω 绕通过它们的中点 O 的铅垂定轴转动，若其中的细杆由于微小扰动从细管中开始向外滑动，试求在细杆滑出细管的瞬间，细管的角速度。

10－13 如图 10－25 所示，物体 A 和 B 的质量分别是 m_A 和 m_B。滑轮 O 的质量为 m，可视为匀质圆盘。不计绳索的质量且绳索与滑轮之间无相对滑动。已知 $m_A > m_B$。试求系统在重力作用下，滑轮所具有的角加速度，以及轴承 O 处的约束力。

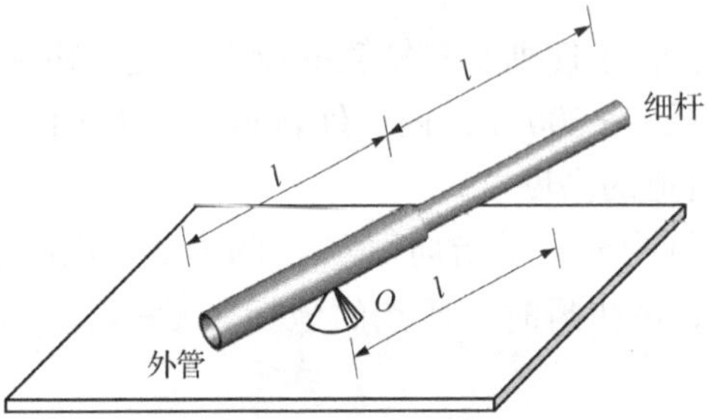

图 10－24 习题 10－12 图

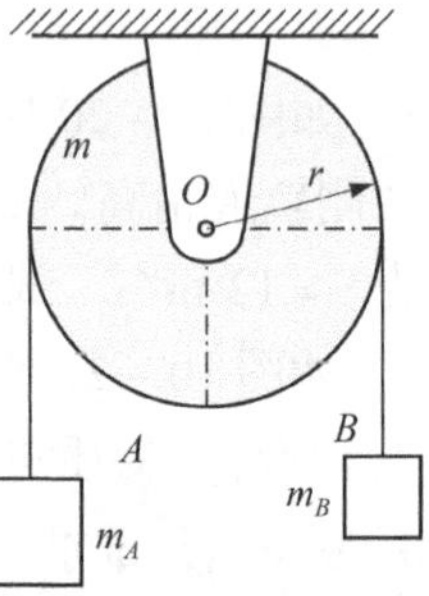

图 10－25 习题 10－13 图

10－14 如图 10－26 所示，为了求轴承中摩擦力矩，在轴上放一质量为 500 kg、回转半径为 1.5 m 的飞轮，其质心在转轴上。现使飞轮在转速为 120 r/min 时开始绕其质心轴自转，飞轮在 10 min 后停止。忽略轴的质量，设飞轮所受摩擦力对转轴之矩为常值，试求此摩擦力矩的大小。

10－15 图 10－27 所示均质细直杆 AB 的重量为 $W=100$ N，长度为 $l=1$ m，A 端搁置于水平地面上，另一端 B 通过一根铅垂轻绳挂在天花板上，设直杆与地面之间的摩擦因数为 $f=0.3$，直杆与水平地面的夹角为 30°。试问在轻绳被剪断的瞬间，杆端 A 是否滑动？求此瞬时直杆的角加速度和地面对直杆的摩擦力。

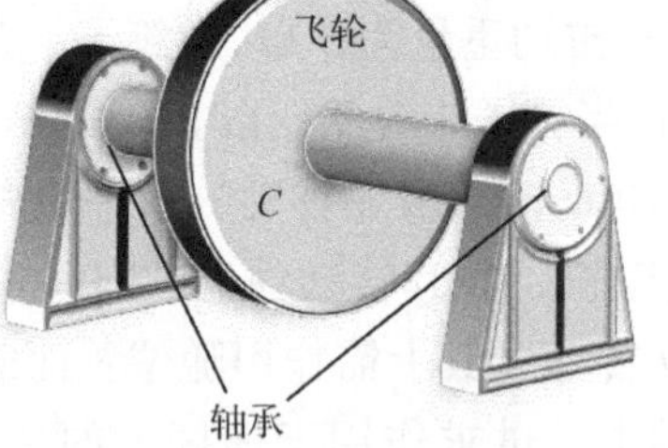

图 10－26 习题 10－14 图

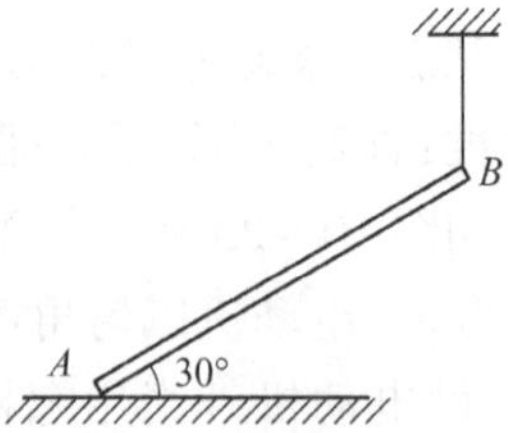

图 10－27 习题 10－15 图

10－16　图 10－28 所示均质细直杆 AB 的质量为 m，长度为 l，其两端分别用张紧不可伸长的轻绳悬挂在铅垂面内。若直杆在图示位置无初速释放，试求在释放瞬间直杆的角加速度及两轻绳的张力。

10－17　如图 10－29 所示，均质鼓轮的内半径 $r=60$ mm，外半径 $R=100$ mm，在内轮上缠绕一轻绳，并作用一个大小为 $F=200$ N 的水平方向的力，鼓轮的质量 $m=50$ kg，对过轮心 C 的垂直于轮面的轴的回转半径为 $\rho_C=70$ mm。已知鼓轮与水平地面之间的静、动摩擦因数分别为 $f_s=0.16$，$f=0.15$，试判断鼓轮在水平地面上能否做纯滚动，并求轮心 C 的加速度和鼓轮的角加速度。

10－18　图 10－30 所示均质圆盘的质量为 m，半径为 r，圆盘上绕以轻绳，轻绳的一端固定于天花板上的 A 点，直线段绳子铅垂，试求圆盘受重力作用下降时轻绳的拉力和盘心 C 的加速度。

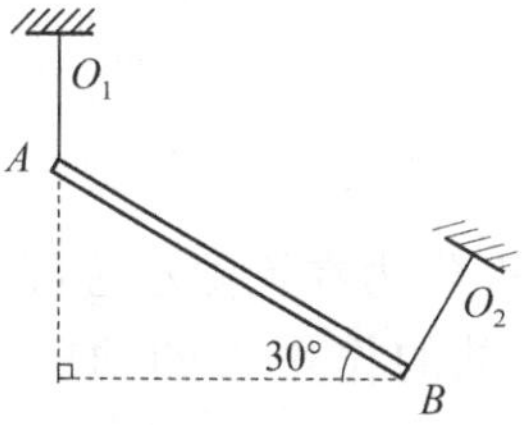

图 10－28　习题 10－16 图

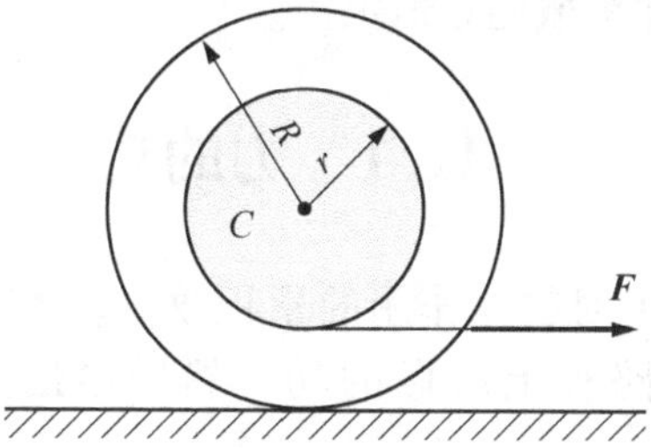

图 10－29　习题 10－17 图

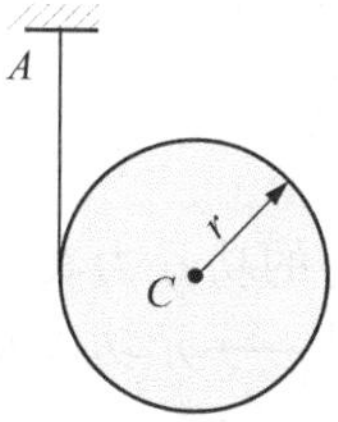

图 10－30　习题 10－18 图

10－19　图 10－31 所示均质轮子的半径为 r，质量为 m，运动时在水平地面上做纯滚动，试求在下列两种情况下轮心 C 的加速度和地面对轮子的摩擦力：(1) 轮子上作用一个顺时针转向的常力偶 M_0；(b) 轮心 C 处作用一个水平向右的常力 $F=\dfrac{M_0}{r}$。

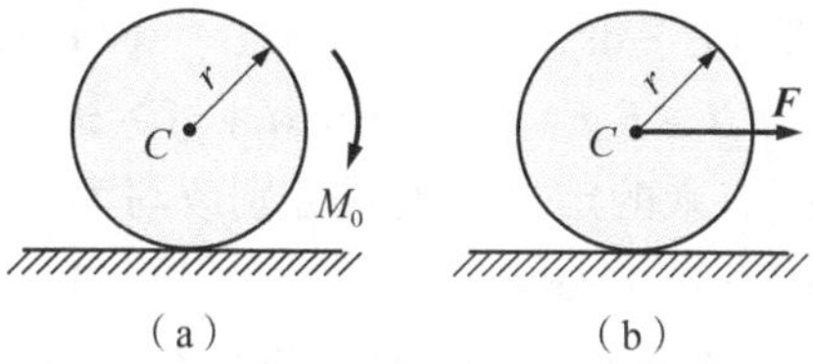

图 10－31　习题 10－19 图

第 11 章 动能定理

物体做机械运动时所具有的能量称为机械能，包括动能和势能。动能作为物体机械运动的一种度量，其变化是通过作用于物体上的力的功来实现的。本章讨论力的功、动能和势能，给出质点系的动能定理和机械能守恒定律。

11.1 力的功

力的功是力在一段路程上对物体作用的累积效应。本节首先介绍力在无限小位移上所做的功——元功以及在有限路程上所做的功，然后给出几种常见的作用力的功的计算公式。

11.1.1 力的元功

如图 11-1 所示，相对于固定点 O 的矢径为 $\boldsymbol{r}$ 的质点 D 在力 $\boldsymbol{F}$ 作用下，沿着某已知曲线运动一段无限小位移 $\mathrm{d}\boldsymbol{r}$，则力 $\boldsymbol{F}$ 在该过程中所做的功称为**元功**，用记号 $\mathrm{d}'W$ 表示，其定义式为

$$\mathrm{d}'W = \boldsymbol{F} \cdot \mathrm{d}\boldsymbol{r} \tag{11-1}$$

建立直角坐标系 $Oxyz$，则 $\boldsymbol{F} = F_x\boldsymbol{i} + F_y\boldsymbol{j} + F_z\boldsymbol{k}$，$\boldsymbol{r} = x\boldsymbol{i} + y\boldsymbol{j} + z\boldsymbol{k}$，并设力 $\boldsymbol{F}$ 与 $\mathrm{d}\boldsymbol{r}$ 的夹角为 θ，根据点乘的定义，上式分别改写为

$$\mathrm{d}'W = F \cdot \mathrm{d}r \cdot \cos\theta \tag{11-2}$$

$$\mathrm{d}'W = F_x \cdot \mathrm{d}x + F_y \cdot \mathrm{d}y + F_z \cdot \mathrm{d}z \tag{11-3}$$

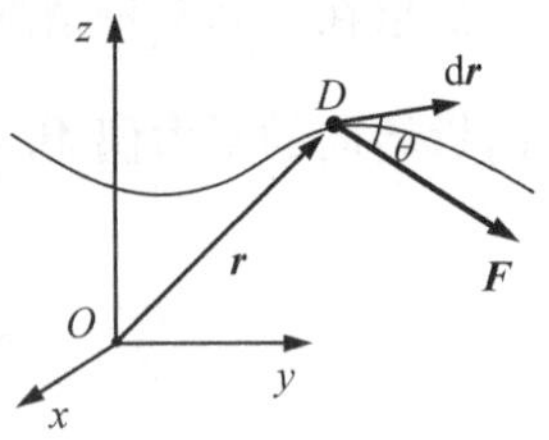

图 11-1　力的元功

11.1.2 力在有限路程上的功

在 $t_1 \sim t_2$ 时间间隔内，质点沿其路径 L 由点 D_1 运动至点 D_2，力 $\boldsymbol{F}$ 在该有限路程上所做的功称为有限功，即

$$W = \int_{L_{D_1D_2}} \mathrm{d}'W = \int_{L_{D_1D_2}} \boldsymbol{F} \cdot \mathrm{d}\boldsymbol{r} \tag{11-4}$$

在一般情况下，有限功与积分路径相关，不仅是起始和终了位置的函数。

11.1.3 几种常见力的功

1. 重力的功

在固定直角坐标系 $Oxyz$ 中，设 z 轴铅垂向上，质点 D 的质量为 m，其矢径 $\boldsymbol{r} = x\boldsymbol{i} + y\boldsymbol{j} +$

$z\boldsymbol{k}$，重力加速度为 $\boldsymbol{g}=-g\boldsymbol{k}$，则质点所受重力为 $m\boldsymbol{g}=-mg\boldsymbol{k}$。因此，重力 $m\boldsymbol{g}$ 的元功为

$$\mathrm{d}'W=m\boldsymbol{g}\cdot\mathrm{d}\boldsymbol{r}=-mg\mathrm{d}z \tag{11-5}$$

在 $t_1\sim t_2$ 时间间隔内，质点沿其路径 L 由点 D_1 运动至点 D_2，此两点的 z 坐标分别为 z_1 和 z_2，其重力的有限功为

$$W_g=\int_{D_1}^{D_2}-mg\mathrm{d}z=mg(z_1-z_2) \tag{11-6}$$

对于受重力作用的质点系而言，设第 i 个质点的质量为 m_i，其 z 坐标为 z_i，质点系的总质量为 $m=\sum m_i$，质点系的质心 C 的 z 坐标为 z_C，则有 $mz_C=\sum m_iz_i$，则由式（11-5），质点系的重力的元功为

$$\mathrm{d}'W=\sum(-m_ig\mathrm{d}z_i)=\sum(-m_i\mathrm{d}z_i)g=-mg\mathrm{d}z_C \tag{11-7}$$

在 $t_1\sim t_2$ 时间间隔内，由式（11-6）得到质点系的重力的有限功为

$$W_g=\sum m_ig(z_{i1}-z_{i2})=\left(\sum m_iz_{i1}-\sum m_iz_{i2}\right)g=mg(z_{C1}-z_{C2}) \tag{11-8}$$

式（11-8）也可由式（11-7）直接积分得到。下标 1，2 对应 t_1，t_2 两个时刻。式（11-8）表明，质点系的重力的功等于其重力与其质心的高度差的乘积，而与路径无关。当质心上升时，重力做负功；当质心下降时，重力做正功；当质心的高度不变时，重力不做功。

2. 弹簧力的功

仅考虑常见的线性弹簧（弹簧力的大小与其变形量成正比）的情形。如图 11-2 所示，一忽略质量的弹簧的刚度系数为 k，原长为 l_0，其一端固定于点 O，另一端连接于质点 D，运动过程中弹簧将保持直线状态。矢径 $\boldsymbol{r}$ 的长度即弹簧的瞬时长度，则弹簧的变形量 $\lambda=r-l_0$（弹簧受拉伸时为正，受压缩时为负）。弹簧力对物体的作用与弹簧的变形方向相反，沿着弹簧轴线方向，可表示为（由大小和单位方向表示）

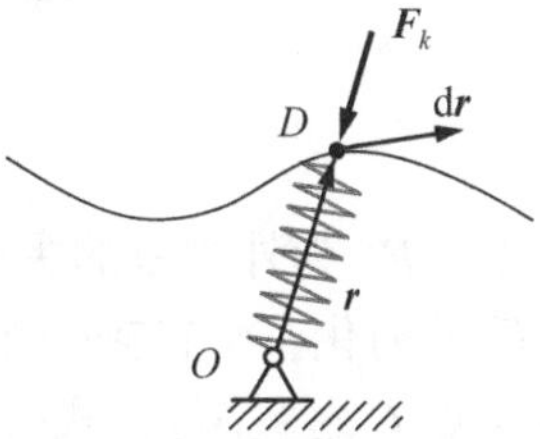

图 11-2　弹簧力的功

$$\boldsymbol{F}_k=k(r-l_0)\left(-\frac{\boldsymbol{r}}{r}\right)=-k(r-l_0)\frac{\boldsymbol{r}}{r} \tag{11-9}$$

因此，其元功为

$$\mathrm{d}'W_k=\boldsymbol{F}_k\cdot\mathrm{d}\boldsymbol{r}=-k(r-l_0)\frac{\boldsymbol{r}}{r}\cdot\mathrm{d}\boldsymbol{r} \tag{11-10}$$

其中

$$\boldsymbol{r}\cdot\mathrm{d}\boldsymbol{r}=\frac{1}{2}\mathrm{d}(\boldsymbol{r}\cdot\boldsymbol{r})=\frac{1}{2}\mathrm{d}r^2=r\mathrm{d}r \tag{11-11}$$

对变形量两边求微分得

$$\mathrm{d}\lambda=\mathrm{d}(r-l_0)=\mathrm{d}r \tag{11-12}$$

将 $\lambda=r-l_0$、式（11-11）和式（11-12）代入式（11-10），得到

$$\mathrm{d}'W_k=-k\lambda\mathrm{d}\lambda \tag{11-13}$$

在 $t_1\sim t_2$ 时间间隔内，质点由点 D_1 运动至点 D_2，弹簧变形量由 λ_1 变化为 λ_2，弹簧力有限功为

$$W_k=\int_{D_1}^{D_2}-k\lambda\mathrm{d}\lambda=\frac{1}{2}k(\lambda_1^2-\lambda_2^2) \tag{11-14}$$

此式表明，弹簧力的功只与初始和终了位置的弹簧的变形量有关，与路径无关。若初始时弹簧为原长，即 $\lambda_1=0$，则 $W_k=-\frac{1}{2}k\lambda_2^2$，说明弹簧无论是伸长（$\lambda_2>0$）还是缩短（$\lambda_2<0$），弹簧力总是做负功。

3. 作用于平面运动刚体上力或力系的功

如图 11－3 所示，平面运动刚体上相对于惯性参考系原点 O 的矢径为 $\boldsymbol{r}_i$ 的点 D_i 上作用有外力 $\boldsymbol{F}_i$（$i=1, 2, \cdots, n$），刚体的质心速度为 $\boldsymbol{v}_C$，刚体的角速度为 $\boldsymbol{\omega}$，由平面运动两点的速度关系式可知点 D_i 的速度为

$$\boldsymbol{v}_i=\boldsymbol{v}_C+\boldsymbol{\omega}\times\boldsymbol{r}'_i \tag{11-15}$$

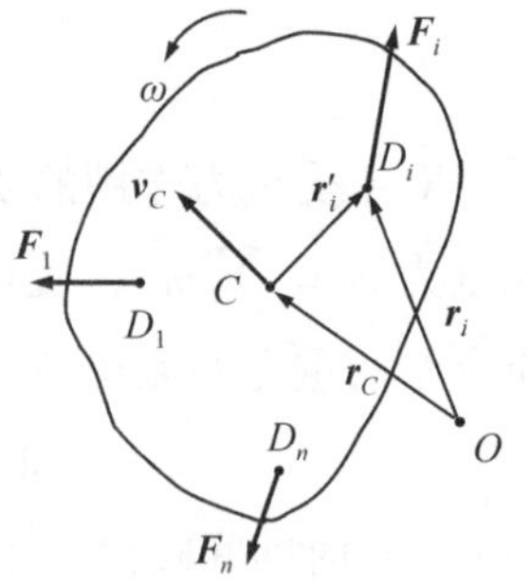

图 11－3　平面运动刚体上力系的功

其中，C 为刚体的质心，$\boldsymbol{r}'_i=\overrightarrow{CD_i}$，根据点的速度与其矢径的关系式，式（11－15）两边乘以 $\mathrm{d}t$ 后可改写为

$$\mathrm{d}\boldsymbol{r}_i=\mathrm{d}\boldsymbol{r}_C+\boldsymbol{\omega}\mathrm{d}t\times\boldsymbol{r}'_i \tag{11-16}$$

于是，外力系的总元功为（运算中用到了线性代数中的混合积公式：$\boldsymbol{a}\cdot(\boldsymbol{b}\times\boldsymbol{c})=\boldsymbol{b}\cdot(\boldsymbol{c}\times\boldsymbol{a})$）

$$\begin{aligned}\mathrm{d}'W&=\sum\boldsymbol{F}_i\cdot\mathrm{d}\boldsymbol{r}_i=\sum\boldsymbol{F}_i\cdot(\mathrm{d}\boldsymbol{r}_C+\boldsymbol{\omega}\mathrm{d}t\times\boldsymbol{r}'_i)\\&=\left(\sum\boldsymbol{F}_i\right)\cdot\mathrm{d}\boldsymbol{r}_C+\boldsymbol{\omega}\mathrm{d}t\cdot\left(\sum\boldsymbol{r}'_i\times\boldsymbol{F}_i\right)\\&=\boldsymbol{F}_\mathrm{R}\cdot\mathrm{d}\boldsymbol{r}_C+\boldsymbol{\omega}\mathrm{d}t\cdot\boldsymbol{M}_C\end{aligned} \tag{11-17}$$

其中，$\boldsymbol{F}_\mathrm{R}$ 为外力系的主矢；$\boldsymbol{M}_C$ 为外力系对刚体质心 C 的主矩。事实上，将外力系向质心处等效简化，将得到一个力 $\boldsymbol{F}_C$（其矢量等于主矢 $\boldsymbol{F}_\mathrm{R}$）和一个力偶 $\boldsymbol{M}_C$（其力偶矩等于外力系对点 C 之主矩），式（11－17）表明原力系的功等价于力 $\boldsymbol{F}_C$ 在质心位移 $\mathrm{d}\boldsymbol{r}_C$ 的元功与力偶 $\boldsymbol{M}_C$ 在刚体的角位移 $\mathrm{d}\varphi=\omega\mathrm{d}t$ 上的元功之和。

（1）当刚体做平移时

$$\mathrm{d}'W=\boldsymbol{F}_\mathrm{R}\cdot\mathrm{d}\boldsymbol{r}_C \tag{11-18}$$

（2）当刚体绕 Oz 轴（与纸面垂直）做定轴转动时

$$\begin{aligned}\mathrm{d}'W&=\boldsymbol{F}_\mathrm{R}\cdot\mathrm{d}\boldsymbol{r}_C+\boldsymbol{\omega}\mathrm{d}t\cdot\boldsymbol{M}_C\\&=\boldsymbol{F}_R\cdot(\boldsymbol{\omega}\times\boldsymbol{r}_C)\mathrm{d}t+\boldsymbol{\omega}\mathrm{d}t\cdot\boldsymbol{M}_C\\&=(\boldsymbol{r}_C\times\boldsymbol{F}_R+\boldsymbol{M}_C)\cdot\boldsymbol{\omega}\mathrm{d}t\\&=\boldsymbol{M}_O\cdot\boldsymbol{\omega}\mathrm{d}t\\&=M_{Oz}\mathrm{d}\varphi\end{aligned} \tag{11-19}$$

其中，$\boldsymbol{M}_O$ 和 M_{Oz} 分别为外力系对点 O 之主矩和对 Oz 轴之矩；$\mathrm{d}\varphi$ 为定轴转动刚体的瞬时转角。若刚体上作用了一个力偶，则由于力偶对任意一点的矩都为其力偶矩，只需将力偶矩在 Oz 轴上的投影 M_{Oz} 代入即可。

（3）当刚体做一般平面运动时，设 Cz' 轴与质心运动所在平面垂直，则

$$\mathrm{d}'W=\boldsymbol{F}_\mathrm{R}\cdot\mathrm{d}\boldsymbol{r}_C+M_{Cz'}\mathrm{d}\varphi \tag{11-20}$$

其中，$M_{Cz'}$ 为外力系对过质心 C 的 Cz' 轴之矩；$\mathrm{d}\varphi$ 为平面运动刚体的瞬时转角。

当 M_{Oz} 或 $M_{Cz'}$（包括力偶）与转角 $\mathrm{d}\varphi$ 转向相同时，它们做正功，否则做负功。

4. 约束力的功

约束力可以是质点系的外力，也可以是质点系的内力。由于一些约束的性质，或者约束

力系的性质，一些约束力的元功为零。

（1）由于光滑固定面的约束力总是垂直于固定面，而物体与固定面的接触点（约束力的作用点）又只能沿其固定面产生位移，故约束力在约束允许的位移上的元功恒为零。

（2）光滑铰链连接的两个物体之间的作用力和反作用力的元功之和必为零。其原因在于作用力和反作用力等值、反向，而它们的作用点的位移则等值、同向，故两力的元功之和必为零。同样的道理，刚体内部任意量质点之间的相互作用力、两个刚体之间不计动滑动摩擦力时的相互约束力的元功之和均为零。

（3）刚体在固定面上做纯滚动时，固定面的法向约束力和静滑动摩擦力的作用点对刚体而言为速度瞬心，其瞬时无限小位移为零，因此约束力的元功恒为零。

通常，将约束力所做元功之和等于零的约束称为理想约束。

例 11－1　如图 11－4 所示，大小不变的力 $\boldsymbol{F}$ 恒垂直于杆 AB 的 B 端，杆 AB 长为 $2l$，其 A 端和中点 C 分别与滑块铰接，两滑块分别可沿铅垂滑道和水平滑道运动，试求杆从图示 $\theta=0$ 至 $\theta=\frac{\pi}{3}$ 过程中，力 $\boldsymbol{F}$ 所做的功。

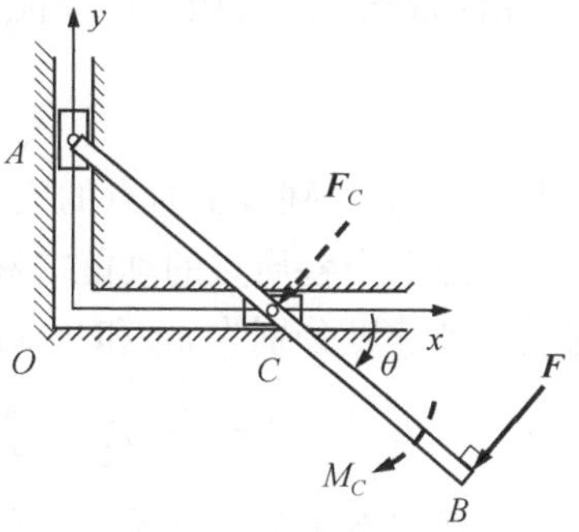

图 11－4　例 11－1 图

解：建立图示直角坐标系 Oxy。将力 $\boldsymbol{F}$ 等效平移至点 C 得到一个力 $\boldsymbol{F}_C$ 和一个常力偶 M_C，其中 $F_C=F$，$M_C=Fl$，从而力 $\boldsymbol{F}$ 所做的功转化为力 $\boldsymbol{F}_C$ 和力偶 M_C 的做功，即

$$
\begin{aligned}
W(\boldsymbol{F}) &= W(\boldsymbol{F}_C)+W(M_C)\\
&=\int_0^{\frac{\pi}{3}} F_{Cx}\mathrm{d}x_C + M_C\cdot\frac{\pi}{3}\\
&=\int_0^{\frac{\pi}{3}} -F\sin\theta\mathrm{d}(l\cos\theta)+M_C\cdot\frac{\pi}{3}\\
&=\int_0^{\frac{\pi}{3}} Fl\sin^2\theta\mathrm{d}\theta+M_C\cdot\frac{\pi}{3}\\
&=Fl\int_0^{\frac{\pi}{3}}\frac{1-\cos2\theta}{2}\mathrm{d}\theta+Fl\cdot\frac{\pi}{3}\\
&=Fl\left(\frac{3}{2}\cdot\frac{\pi}{3}-\frac{1}{4}\sin\frac{2\pi}{3}\right)\\
&=\frac{(4\pi-\sqrt{3})Fl}{8}
\end{aligned}
$$

本例也可给出 $\boldsymbol{F}$ 及其作用点 B 的坐标在直角坐标下的表示，对元功积分得到有限功：

$$
\begin{aligned}
W(\boldsymbol{F}) &= \int_0^{\frac{\pi}{3}}\boldsymbol{F}\cdot\mathrm{d}\boldsymbol{r}_B=\int_0^{\frac{\pi}{3}}(F_x\cdot\mathrm{d}x_B+F_y\cdot\mathrm{d}y_B)\\
&=\int_0^{\frac{\pi}{3}}[-F\sin\theta\cdot\mathrm{d}(2l\cos\theta)-F\cos\theta\cdot\mathrm{d}(-l\sin\theta)]\\
&=\int_0^{\frac{\pi}{3}}(2Fl\sin^2\theta\mathrm{d}\theta+Fl\cos^2\theta\mathrm{d}\theta)\\
&=\left[\int_0^{\frac{\pi}{3}}(1-\cos2\theta)\mathrm{d}\theta+\int_0^{\frac{\pi}{3}}\frac{1+\cos2\theta}{2}\mathrm{d}\theta\right]Fl
\end{aligned}
$$

$$= \left(\frac{\pi}{3} - \frac{\sin\frac{2\pi}{3}}{2} + \frac{\pi}{6} + \frac{\sin\frac{2\pi}{3}}{4} \right) Fl$$

$$= \frac{(4\pi - \sqrt{3})Fl}{8}$$

11.2 质点和质点系以及刚体的动能

11.2.1 质点和质点系的动能

由物理学知识,质点的动能等于质点的速度的平方与其质量乘积的一半,即

$$T = \frac{1}{2}mv^2 \quad 或 \quad T = \frac{1}{2}mv \cdot v \tag{11-21}$$

其中,m,v 分别表示质点的质量和速度。

质点系中各质点的动能之和称为质点系的动能。由 n 个质点组成的质点系中第 i 个质点的质量和速度分别为 m_i 和 v_i($i=1, 2, \cdots, n$),则质点系的动能为

$$T = \sum T_i = \sum \frac{1}{2}m_i v_i^2 \quad 或 \quad T = \sum T_i = \sum \frac{1}{2}m_i v_i \cdot v_i \tag{11-22}$$

若质点系为质量连续分布的刚体,则上式变为积分的形式

$$T = \int \frac{1}{2}v^2 \mathrm{d}m \quad 或 \quad T = \int \frac{1}{2}(v \cdot v)\mathrm{d}m \tag{11-23}$$

11.2.2 刚体的动能

当刚体做不同的运动时,其动能有更为明确的简便计算公式。

1. 平移

做平移的刚体的每一质量微元 $\mathrm{d}m$ 的速度都相等,可用其质心的速度 v_C 表示,于是该平移刚体的动能为

$$T = \int_m \frac{1}{2}(\mathrm{d}m)v_C^2 = \frac{1}{2}\left(\int_m \mathrm{d}m\right)v_C^2 = \frac{1}{2}mv_C^2 \tag{11-24}$$

其中,m 为刚体的总质量。上式表明,平移刚体的动能与质点的动能计算公式一样,可视刚体的全部质量集中于质心的一个质点来计算其动能。

2. 定轴转动

设刚体以角速度 ω 绕定轴 z 做定轴转动,其上某质量微元的质量为 $\mathrm{d}m$,至 z 轴的距离为 ρ,则该质量微元的速度大小为 $v=\rho\omega$,于是该定轴转动刚体的动能为

$$T = \int_m \frac{1}{2}(\mathrm{d}m)(\rho\omega)^2 = \frac{1}{2}\left(\int_m \rho^2 \mathrm{d}m\right)\omega^2 = \frac{1}{2}J_z\omega^2 \tag{11-25}$$

上式表明,**定轴转动刚体的动能等于刚体的角速度的平方与其对转轴的转动惯量的乘积的一半**。

3. 平面运动

对于做平面运动的刚体,若其角速度不为零,则存在速度瞬心,记为点 P,其上某质量微元的质量为 $\mathrm{d}m$,到速度瞬心点 P 的距离为 ρ,刚体的角速度为 ω,则该点的速度大小为

$v=\rho\omega$。这是属于瞬时定轴转动的情形，于是得到平面运动刚体的动能为

$$T=\int_m \frac{1}{2}(\mathrm{d}m)(\rho\omega)^2=\frac{1}{2}\left(\int_m \rho^2\mathrm{d}m\right)\omega^2=\frac{1}{2}J_P\omega^2 \tag{11-26}$$

其中，J_P 为刚体对其速度瞬时转轴的转动惯量。设某瞬时刚体的质心到速度瞬心的距离为 PC，则质心的速度为 $v_C=PC\cdot\omega$。根据平行轴定理，有 $J_P=J_C+m\cdot(PC)^2$，将其代入式（11－26），得

$$T=\frac{1}{2}[J_C+m\cdot(PC)^2]\omega^2=\frac{1}{2}J_C\omega^2+\frac{1}{2}m(PC\cdot\omega)^2$$

即平面运动刚体的动能又可写为

$$T=\frac{1}{2}mv_C^2+\frac{1}{2}J_C\omega^2 \tag{11-27}$$

其中，J_C 为对过刚体质心且垂直于运动平面的轴（简称质心轴）的转动惯量。

式（11－26）和式（11－27）均可用来计算平面运动刚体的动能，它们表明，**平面运动刚体的动能等于刚体的角速度的平方与其对瞬时速度转轴的转动惯量的乘积的一半；或等于刚体随其质心的平移动能和绕质心轴转动的转动动能之和。**

若平面运动刚体在某瞬间的角速度为零，即属于瞬时平移的情形，则此时刚体的动能由式（11－24）所示平移刚体的动能给出，即式（11－27）中 $\omega=0$ 的结果。由此可见，式（11－27）为计算平面运动刚体的动能的普遍公式。

11.3　动能定理

动能定理给出的是质点或质点系的动能的改变量与作用力的功之间的数量关系。

11.3.1　质点动能定理

根据牛顿第二定律有

$$m\frac{\mathrm{d}\boldsymbol{v}}{\mathrm{d}t}=\boldsymbol{F}$$

其中，$\boldsymbol{F}$ 为作用于质点的合力。上式两边点乘 $\boldsymbol{v}\mathrm{d}t=\mathrm{d}\boldsymbol{r}$，得到

$$m\boldsymbol{v}\cdot\mathrm{d}\boldsymbol{v}=\boldsymbol{F}\cdot\mathrm{d}\boldsymbol{r}$$

上式左边 $m\boldsymbol{v}\cdot\mathrm{d}\boldsymbol{v}=\frac{1}{2}\mathrm{d}(m\boldsymbol{v}\cdot\boldsymbol{v})=\mathrm{d}\left(\frac{1}{2}mv^2\right)=\mathrm{d}T$，而上式右边即 $\boldsymbol{F}$ 的元功 $\mathrm{d}'W$，于是有

$$\mathrm{d}T=\mathrm{d}'W \tag{11-28}$$

该式表明，质点的动能的微分在某瞬时的取值等于该瞬时作用于质点上的合力的元功，称为**质点动能定理的微分形式**。

设在时间间隔 $t_1\sim t_2$ 内，质点由位置 1 沿其运动轨迹的一段路径 L 运动至位置 2，其速度由 $\boldsymbol{v}_1$ 变为 $\boldsymbol{v}_2$，对式（11－28）两边积分，并注意到 $W_{12}=\int_L \boldsymbol{F}\cdot\mathrm{d}\boldsymbol{r}$，则有

$$T_2-T_1=W_{12} \tag{11-29}$$

该式表明，质点在某一运动过程中动能的改变量等于作用于其上的合力在同一运动过程中所

做的有限功，称为**质点动能定理的积分形式**。

11.3.2 质点系动能定理

对质点系中的每个质点均可写出其动能定理的微分形式 $\mathrm{d}T_i = \mathrm{d}'W_i (i = 1, 2, \cdots, n)$，将这些方程相加，并注意到 $\mathrm{d}T = \mathrm{d}(\sum T_i) = \sum \mathrm{d}T_i$（交换了求微分和求和的顺序），则有

$$\mathrm{d}T = \sum \mathrm{d}'W_i \tag{11-30}$$

该式表明，质点系的动能的微分在某瞬时的取值等于该瞬时作用于质点系上所有力的元功之和，称为**质点系动能定理的微分形式**。

设在时间间隔 $t_1 \sim t_2$ 内，质点系由位置状态 1 运动至位置状态 2，在该过程中，各质点沿各自的路径 L_i 运动，对式（11-30）两边积分，并记 $W_{i,12} = \int_{L_i} \mathrm{d}'W_i$，则有

$$T_2 - T_1 = \sum W_{i,12} \tag{11-31}$$

该式表明，质点系在某一运动过程中动能的改变量等于作用于其上所有力的有限功之和，称为**质点系动能定理的积分形式**。

值得注意的是，与动量（矩）定理中只有外力（矩）会使质点系的动量（矩）发生改变不同，对质点系做功的力可以包括外力和内力，即有的内力也会做功，从而改变系统的动能。例如，若系统内存在弹簧，且弹簧在运动过程中变形量发生改变，则弹簧力做功，就会导致与之相连的两个质点或两个刚体的动能之和发生改变，但作为内力，这一对弹簧力却不能改变两个质点或两个刚体的动量之和或对某点的动量矩之和。

作用于质点系上的力系若分为主动力和约束力，则对于理想约束的质点系，由于约束力的做功之和为零，所以动能定理提供了主动力的功和系统动能的变化的直接关系，其用于解决与未知约束力无关的一些动力学问题极为方便。

例 11-2 如图 11-5 所示，物块的重力为 $\boldsymbol{G}$，悬挂在刚度系数为 k 的铅垂弹簧上。若物块在弹簧为原长位置时无初速释放，试求弹簧产生的最大伸长量，以及此时弹簧的拉力。

解：（1）以物块为研究对象。

（2）进行动能分析。由题意知，初始时，物块静止，初动能 $T_1 = 0$；当物块下落至弹簧最大伸长量时，物块的速度再次变成零，因此，末动能 $T_2 = 0$。

（3）进行做功分析。在上述过程中，对物块做功的有其重力和弹簧力，弹簧初始无变形，设弹簧的最大伸长量为 λ_{max}，则

$$\sum W_{i,12} = G\lambda_{max} + \frac{1}{2}k(0^2 - \lambda_{max}^2) = G\lambda_{max} - \frac{1}{2}k\lambda_{max}^2$$

（4）代入动能定理，得

$$T_2 - T_1 = \sum W_i \Rightarrow 0 - 0 = G\lambda_{max} - \frac{1}{2}k\lambda_{max}^2 \Rightarrow \lambda_{max} = \frac{2G}{k}（舍去\ \lambda_{max} = 0）$$

（5）弹簧在达到最大伸长量时的拉力为

$$F = k\lambda_{max} = 2G$$

可见，此时弹簧的拉力是物块重力的 2 倍。

例 11-3 卷扬机如图 11-6 所示，均质鼓轮的半径为 r，质量为 m，绕固定轴 O 转动，

通过绕于其上的不计质量的绳索拉动置于倾角为 θ 的斜面上的物块 A，物块 A 的质量为 m_A，直线段绳子与斜面平行。现在鼓轮上作用一个力偶矩为 M 的常力偶，若不计物块与斜面间以及固定轴 O 处的摩擦。设力偶矩 M 足够大，试求系统无初速释放后物块沿斜面向上运动 s 距离时的速度和加速度。

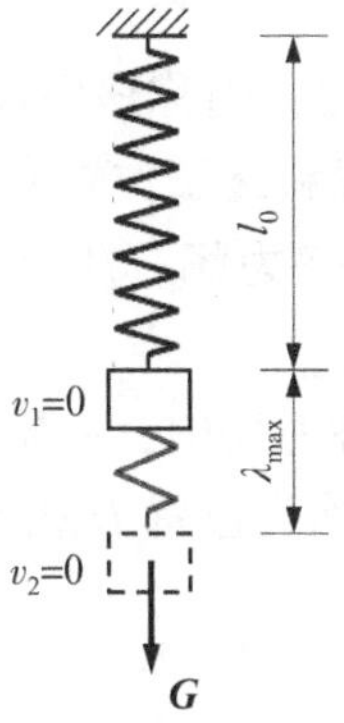

图 11－5　例 11－2 图

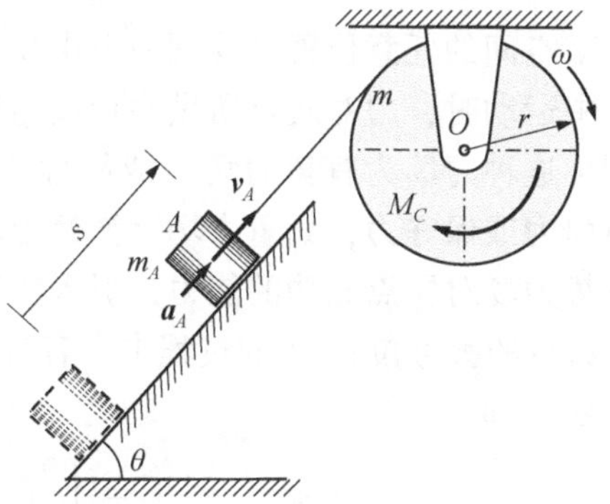

图 11－6　例 11－3 图

解：（1）以鼓轮和物块为研究对象。

（2）进行动能分析。初始时，系统静止，初动能 $T_1=0$；物块沿着斜面运动 s 距离时，设物块的速度为 $\boldsymbol{v}_A$，加速度为 $\boldsymbol{a}_A$，则有 $\omega=v_A/r$，于是末动能为

$$T_2=T_O+T_A=\frac{1}{2}J_O\omega^2+\frac{1}{2}m_Av_A^2=\frac{1}{2}.\ \frac{1}{2}mr^2\cdot\left(\frac{v_A}{r}\right)^2+\frac{1}{2}m_Av_A^2=\frac{m+2m_A}{4}v_A^2$$

（3）进行做功分析。在上述过程中，只有力偶和物块的重力做功。当物块沿斜面向上运动 s 距离时，鼓轮转动了 $\frac{s}{r}$ 角度，则

$$\sum W_i=M\cdot\frac{s}{r}-mgs\cdot\sin\theta=\left(\frac{M}{r}-mg\sin\theta\right)s$$

（4）代入动能定理，得

$$T_2-T_1=\sum W_{i,12}$$

$$\Rightarrow\frac{m+2m_A}{4}v_A^2-0=\left(\frac{M}{r}-mg\sin\theta\right)s \tag{11－32}$$

$$\Rightarrow v_A=\sqrt{\frac{4(M-mgr\sin\theta)s}{(m+2m_A)r}}$$

（5）计算物块的加速度。式（11－32）建立了任意时刻物块的速度大小 v_A 与其沿斜面运动的距离 s 之间的关系，对该式两边对时间 t 求导，注意到 $v_A=\mathrm{d}s/\mathrm{d}t$，$a_A=\mathrm{d}v_A/\mathrm{d}t$，得

$$\frac{m+2m_A}{4}\cdot 2v_Aa_A-0=\left(\frac{M}{r}-mg\sin\theta\right)v_A$$

$$\Rightarrow a_A=\frac{2(M-mgr\sin\theta)}{(m+2m_A)r}$$

可见，物块的加速度与其运动距离 s 无关，原因在于其运动过程中的受力并没有发生改变，故加速度为固定值。

在本例中，若考虑物块与斜面间的摩擦，则该摩擦力为动滑动摩擦力。首先根据物块在

垂直于斜面方向上受力平衡，求得斜面的法向约束力，再由动滑动摩擦力的物理关系求得动滑动摩擦力，动滑动摩擦力的方向与物块的运动方向相反，故做负功。

11.4 机械能守恒定律

若质点在某空间的任意位置都受到一个由位置确定的作用力，则称该空间为一个**力场**。若质点在力场中运动时，力对质点所做的功仅与质点的初始位置和终了位置有关而与运动的路径无关，则称这种力场为**有势力场**（或简称为**势力场**）或**保守力场**，质点所受到的对应作用力称为**有势力**或**保守力**，如重力场、弹簧力场都是势力场。

为了描述势力场对质点做功的能力，引入势能的概念。在势力场中，在质点由某一位置 D 运动至任意选定的参考位置 D_0 的过程中，有势力 $\boldsymbol{F}$ 所做的功称为位置 D 相对于位置 D_0 的势能，以 V 表示，即

$$V=\int_{D}^{D_0}\boldsymbol{F}\cdot\mathrm{d}\boldsymbol{r} \tag{11-33}$$

点 D_0 称为零势能点或零势能位置。

重力场的势能称为重力势能，对照式重力做功表达式［式（11-8）］和式（11-33），得重力势能为

$$V_g=mg(z_C-z_{C0}) \tag{11-34}$$

其中，z_C 为任意位置质点系质心 C 的 z 坐标；z_{C0} 为零势能位置质点系质心的 z 坐标，这里 z 坐标轴是垂直向上的。若取 $z_{C0}=0$，则重力势能可简化为

$$V_g=mgz_C \tag{11-35}$$

弹簧力场的势能称为弹性势能，对于线性弹簧力，对照式弹簧力做功表达式［式（11-14）］和式（11-33），得弹簧的弹性势能为

$$V_k=\frac{1}{2}k(\lambda^2-\lambda_0^2) \tag{11-36}$$

其中，λ 为任意位置弹簧的变形量；λ_0 为零势能位置弹簧的变形量。若取 $\lambda_0=0$，则弹性势能可简化为

$$V_k=\frac{1}{2}k\lambda^2 \tag{11-37}$$

显然，当选择不同点为零势能点时，其势能表达式只差一个积分常数。

式（11-33）可写为

$$V=-\int_{D_0}^{D}\boldsymbol{F}\cdot\mathrm{d}\boldsymbol{r}=-\int_{D_0}^{D}\mathrm{d}'W \tag{11-38}$$

故

$$\mathrm{d}V=-\mathrm{d}'W \tag{11-39}$$

即有势力的元功等于对应势能的全微分的负值。对式（11-39）积分知，当有势力做正功时，对应的势能减少；当有势力做负功时，对应的势能增加。

若质点系在运动过程中只有有势力做功，由式（11-39）和动能定理微分形式［式（11-30）］可得

$$\mathrm{d}T=-\mathrm{d}V \tag{11-40}$$

改写为

$$d(T+V)=0 \tag{11-41}$$

于是有

$$T+V=C(\text{常量}) \tag{11-42}$$

该式表明，质点系在运动过程中，若只有有势力做功，则质点系的机械能（动能和势能之和）保持不变，称为机械能守恒定律。

机械能守恒定律是普遍的能量守恒定律的一种特殊情况，它表明质点系在势力场（保守力场）中运动时，动能和势能可以相互转换，动能的减少（或增加）必然伴随着势能的增加（或减小），且减少和增加的量相等，总机械能保持不变。这样的系统称为**保守系统**。

例 11-4　图 11-7（a）所示铅垂面内系统由两根质量都为 m、长度都为 l 的均质细直杆 AD 和 DB 在 D 端光滑铰接而成，杆端 A，B 与光滑水平地面接触。如果初始时铰链 D 距离水平地面的高度为 h，然后无初速释放，试求铰链 D 即将着地时的速度。

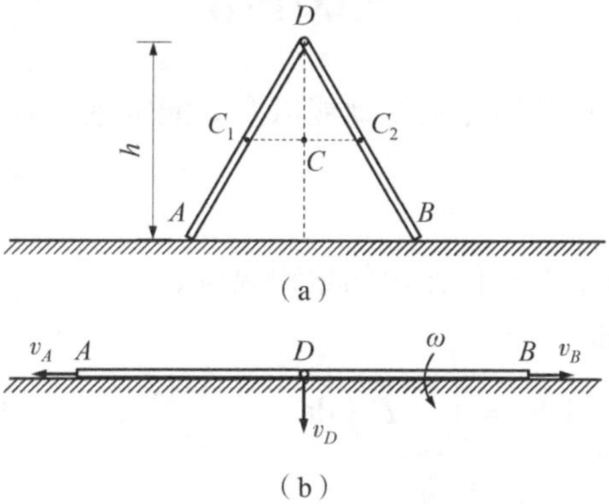

图 11-7　例 11-4 图

解：系统所受的约束力不做功，只有重力做功，因此系统的机械能守恒。取水平地面为重力零势能面，则初始时系统的势能为

$$V_1=2\left(mg\cdot\frac{h}{2}\right)=mgh$$

初始时系统由静止进入运动，故

$$T_1=0$$

系统开始运动后，直杆 AD 和直杆 BD 的运动都是平面运动，由于 $F_{Rx}^{(e)}\equiv 0$，且初始静止，所以由对称性知，直杆 AD 的质心 C_1 和直杆 BD 的质心 C_2 连线中点 C 的 x 坐标保持不变，即点 C 做铅垂向下的直线运动，故铰链 D 也做沿铅垂向下的直线运动，而点 A 和 B 具有相同大小的速度，分别向左、右运动。

当铰链 D 即将着地时，设其速度为 v_D，如图 11-7（b）所示。分析直杆 BD 可知，点 B 为其速度瞬心，则直杆 BD 的角速度为

$$\omega_{BD}=\frac{v_D}{l}$$

同理，点 A 为此时直杆 AD 的速度瞬心，直杆 AD 的角速度与直杆 BD 的角速度大小相同，转向相反，设 $\omega_{AD}=\omega_{BD}=\omega$，两直杆具有相同的动能，此时系统的动能为

$$T_2 = 2\left(\frac{1}{2}J_B\omega^2\right) = J_B\omega^2 = \frac{1}{3}ml^2\omega^2 = \frac{1}{3}mv_D^2$$

此时，系统的势能为

$$V_2 = 0$$

由机械能守恒定律，有

$$T_1 + V_1 = T_2 + V_2$$

$$0 + mgh = \frac{1}{3}mv_D^2 + 0$$

由此解得

$$v_D = \sqrt{3gh}$$

此即铰链 D 即将着地时的速度的大小，其方向铅垂向下。

本章小结

本章介绍了力的功、质点和质点系的动能以及动能定理、有势力的势能和机械能守恒定律，包括以下内容。

（1）力的功。

力的功是力在一段路程上对物体作用的累积效应。

力的元功为 $\mathrm{d}'W = \boldsymbol{F} \cdot \mathrm{d}\boldsymbol{r}$。

力的有限功为 $W = \int_{L_{D_1D_2}} \mathrm{d}'W = \int_{L_{D_1D_2}} \boldsymbol{F} \cdot \mathrm{d}\boldsymbol{r}$。

重力的有限功为 $W_g = mg(z_{C1} - z_{C2})$。

弹簧力的有限功为 $W_k = \frac{1}{2}k(\lambda_1^2 - \lambda_2^2)$。

作用于平面运动刚体上力系的元功为 $\mathrm{d}'W = \boldsymbol{F}_{\mathrm{R}} \cdot \mathrm{d}\boldsymbol{r}_C + M_{Cz}\mathrm{d}\varphi$。

理想约束的约束力所做功之和为零。

（2）动能。

质点的动能为 $T = \frac{1}{2}mv^2$。

质点系的动能为 $T = \sum \frac{1}{2}m_iv_i^2$。

平移刚体的动能为 $T = \frac{1}{2}mv_C^2$。

定轴转动刚体的动能为 $T = \frac{1}{2}J_z\omega^2$。

一般平面运动刚体的动能为 $T = \frac{1}{2}J_P\omega^2 = \frac{1}{2}mv_C^2 + \frac{1}{2}J_C\omega^2$。

（3）动能定理。

质点的动能定理的微分形式为 $\mathrm{d}T = \mathrm{d}'W$。

质点系的动能定理的微分形式为 $\mathrm{d}T = \sum \mathrm{d}'W_i$。

质点的动能定理的积分形式为 $T_2 - T_1 = W_{12}$。

质点系的动能定理的积分形式为 $T_2 - T_1 = \sum W_{i,12}$。

（4）机械能守恒定律。

若质点系在运动过程中，只有有势力做功，则质点系的总机械能保持不变，即

$$T + V = C(\text{常量})$$

习　题

11－1　铅垂平面系统如图 11－8 所示，摆锤质量为 m，摆长 $OA = l$。试求摆锤由图示 A 位置运动至 B 位置，以及由 A 位置经过 B 位置再到 C 位置的过程中摆锤重力所做的功。

11－2　如图 11－9 所示，弹簧原长为 l_0，刚度系数为 $k = 2\ 000$ N/m，一端固定，另一端与滑块的中心 A 连接。试计算下列过程中，弹簧力所做的功。（1）滑块中心由 A_1 运动至 A_2；（2）滑块中心由 A_1 运动至 A_3；（3）滑块中心由 A_3 运动至 A_1。

11－3　如图 11－10 所示，质量为 m、长度为 $l = 3r$ 的均质细直杆 AB，可绕水平轴 A 做定轴转动，刚度系数为 $k = mg/(4r)$、原长为 $l_0 = 2r$ 的弹簧，一端与直杆 AB 的 B 端相连，另一端固定于轴 A 正下方离轴 A 距离为 $h = 4r$ 的不动点 D，在直杆 AB 上作用一逆时针转向的主动力偶，其矩为 $M = 8mgr/\pi$，试计算直杆 AB 从 $\theta = 0°$ 转到 $\theta = 90°$ 的过程中，主动力偶、弹簧力和重力所做的功分别为多少。

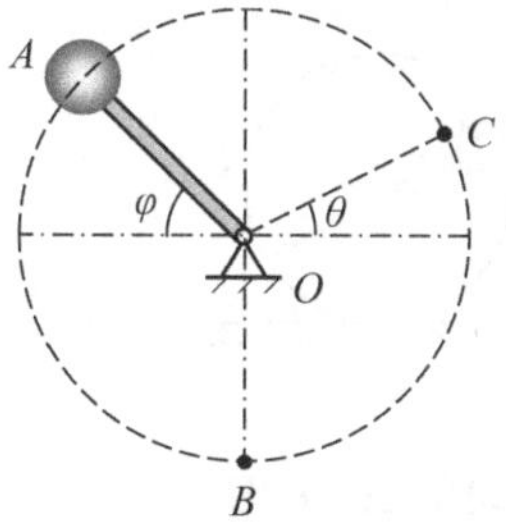

图 11－8　习题 11－1 图

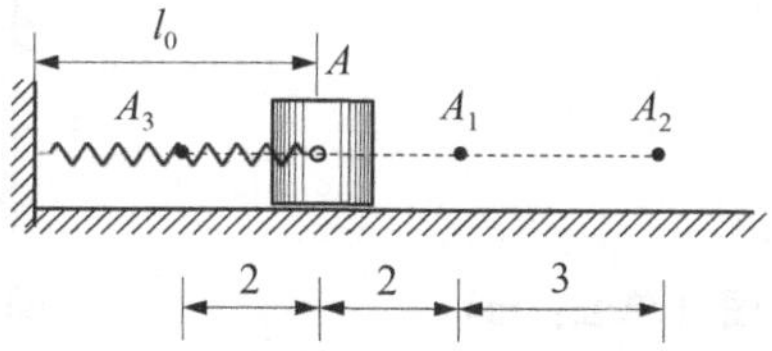

图 11－9　习题 11－2 图（单位：cm）

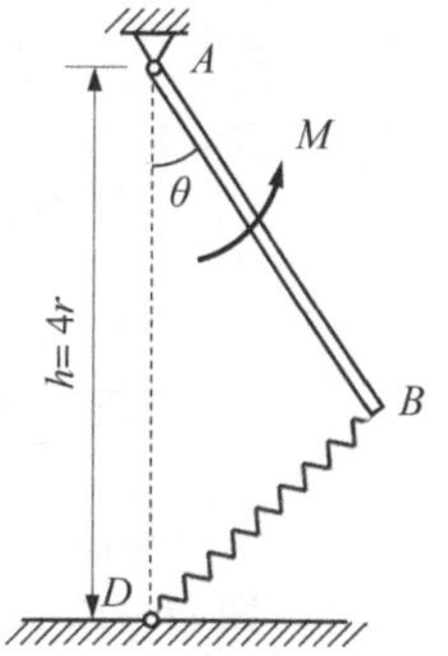

图 11－10　习题 11－3 图

11－4　试写出下列铅垂面内各系统在图 11－11 所示位置的动能。

（1）质量为 m、长度为 l 的均质细直杆 AB 绕水平轴 O 以匀角速度 ω 做定轴转动［图 11－11（a）］。

（2）均质细直杆 OA，BD 的质量分别为 m_1，m_2，长度均为 l。两杆在中点 C 用一销钉相连，直杆 OA 绕水平轴 O 以匀角速度 ω 转动，直杆 BD 的 B 端与沿铅垂滑道滑动的滑块 B 铰接，滑块 B 和销钉 C 的质量不计［图 11－11（b）］。

（3）鼓轮 O 由两个质量均为 m 的均质圆盘固连在一起，并以角速度 $\boldsymbol{\omega}$ 绕水平轴 O 做定轴转动，通过不计质量的细绳分别与质量均为 m 的重物 A，B 相连，细绳与圆盘之间无相对滑动［图 11－11（c）］。

（4）坦克履带的重量力 P，两个车轮的重量均为 W。车轮对其中心的回转半径为 $r/2$，两车轮轴间距离为 πr，坦克前进速度为 $\boldsymbol{v}$［图 11－11（d）］。

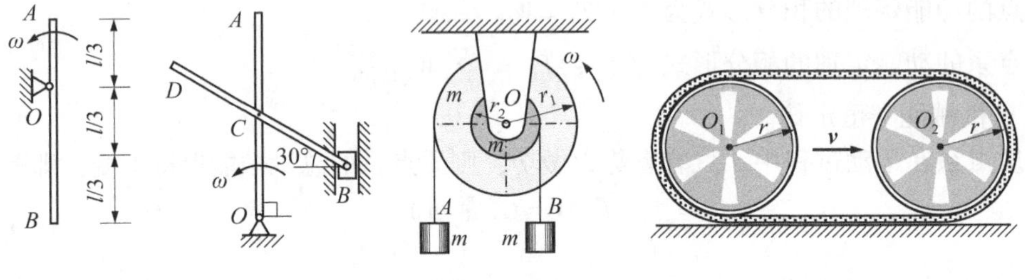

（a）　（b）　（c）　（d）

图 11－11　习题 11－4 图

11－5　图 11－12 所示系统由 $x=0$ 位置静止释放，设定滑轮、动滑轮及绳的质量均不计。重物 A，B 的质量均为 m。试求：（1）当 $x=0.9$ m 时，重物 B 的速度；（2）重物 B 能发生的最大位移 x_{max}。

11－6　铅垂平面系统如图 11－13 所示，均质细长直杆 AB 的重量为 $G_1=40$ N，长度为 $l=60$ cm；均质圆盘 B 的重量为 $G_2=60$ N，半径 $r=20$ cm，直杆 AB 的两端分别与沿光滑固定不动的铅垂杆滑动的套筒 A 光滑铰接和与圆盘中心 B 光滑铰接。系统于图示位置无初速释放，在运动过程中圆盘在水平地面上做纯滚动。试求：（1）当套筒碰到弹簧时（此时直杆 AB 处于水平位置）直杆 AB 的角速度；（2）弹簧的最大变形量 δ_{max}，设弹簧的刚度系数为 $k=2$ kN/m。

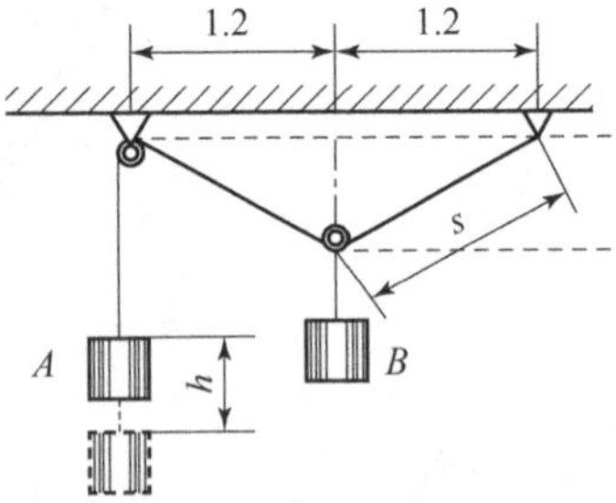

图 11－12　习题 11－5 图（单位：m）

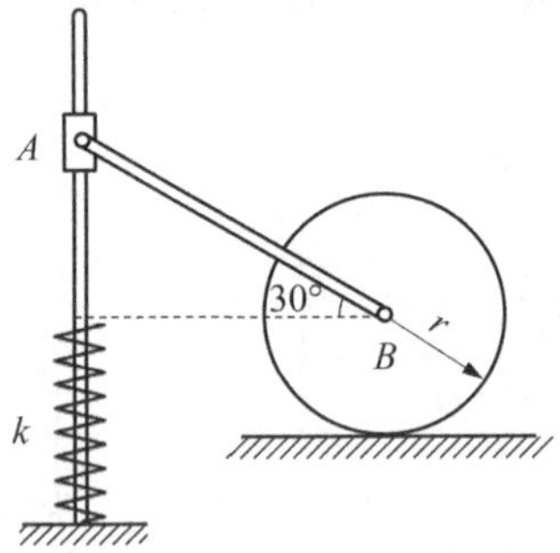

图 11－13　习题 11－6 图

11－7　如图 11－14 所示，提升机构的转轮半径为 R，质量为 m_1，被视为匀质圆柱体，若在转轮上加一常力偶 M，吊起一质量为 m_2 的重物由静止上升。若不计摩擦，试求重物上升 h 高度时所具有的速度和加速度。

11－8　如图 11－15 所示，放置于倾角为 β 的固定斜面上的质量为 m、半径为 r 的均质圆盘，其中心 A 系有一根一端固定，并与斜面平行的弹簧，同时与一根绕在质量为 m、半径为 r 的鼓轮上不可伸长的张紧绳索相连，直线段绳索与斜面平行。现在鼓轮上作用一力偶矩为 M 的常力偶，使系统由静止开始运动，且斜面与圆盘之间的摩擦因数足够大，使圆盘 A 沿斜面向上做纯滚动。已知鼓轮对轮心 B 的回转半径为 $\rho=r/2$，弹簧的刚度系数为 k，且初始时弹簧为原长。若不计弹簧、绳索的质量及轮心 B 处的摩擦，试求鼓轮转过 $\pi/2$ 时，圆盘的角速度和角加速度的大小。

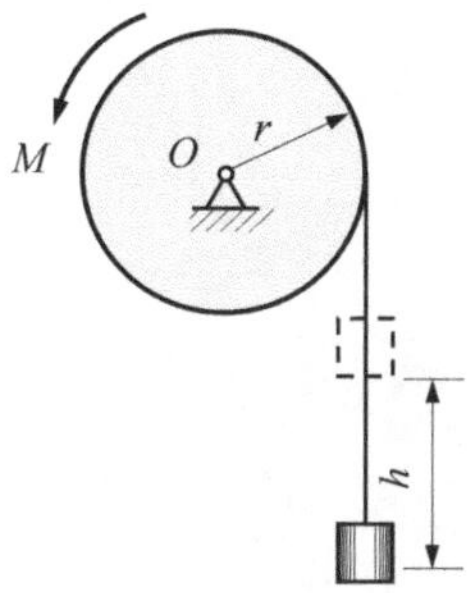

图 11-14　习题 11-7 图

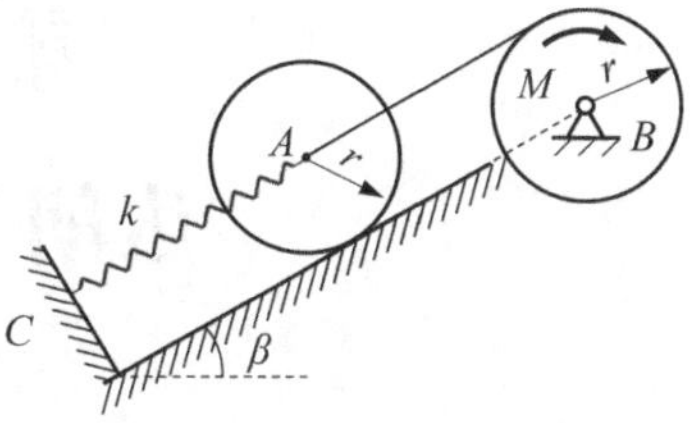

图 11-15　习题 11-8 图

11-9　铅垂平面系统如图 11-16 所示，半径为 r 的均质滑轮 O 绕其光滑中心轴 O 做定轴转动，张紧不可伸长的绳子绕过滑轮 O 与重物 A 和半径为 r 的均质圆盘 B 的中心相连，滑轮 O、重物 A、圆盘 B 的重量均为 W，绳子的质量不计且与滑轮无相对滑动。圆盘 B 相对于倾角为 $\theta = \arctan\dfrac{3}{4}$ 的固定斜面做纯滚动。若系统无初速释放，试求重物 A 下降 h 时重物 A 的速度和加速度。

11-10　如图 11-17 所示，质量为 m、长度为 l 的均质细直杆 AB 的 A 端与光滑水平地面接触，直杆初始静止并且处于铅垂位置。今直杆受到微小扰动杆而在自重作用下自由倒下。试求直杆即将倒地时：(1) 直杆的角速度和质心的速度；(2) 直杆的角加速度和质心的加速度。

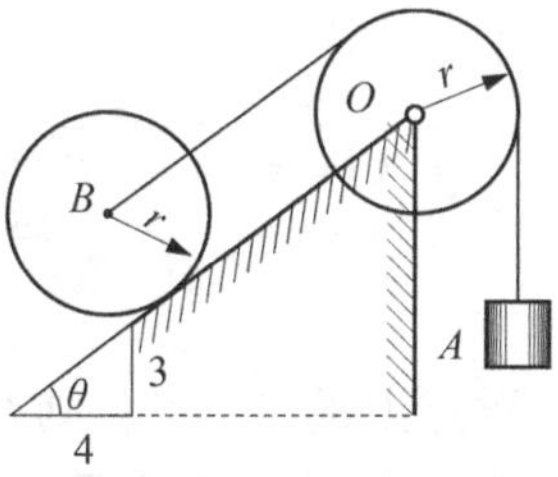

图 11-16　习题 11-9 图

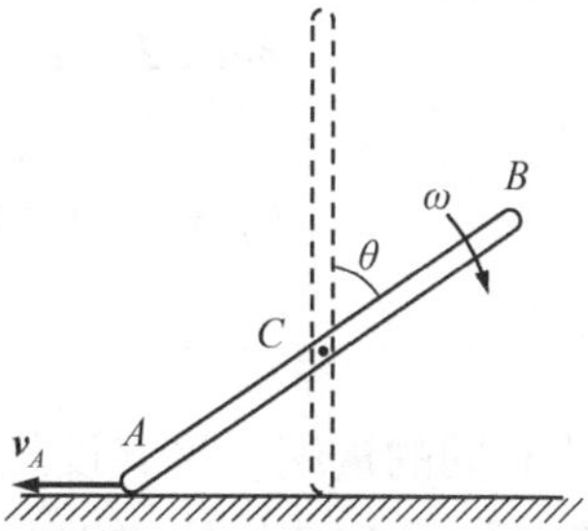

图 11-17　习题 11-10 图

第 12 章

达朗贝尔原理

达朗贝尔原理为研究质点和质点系的动力学问题提供了一个新的普遍方法。在引入达朗贝尔惯性力之后，可用研究形式上的静力学平衡问题的方法来研究动力学问题。运用达朗贝尔原理解决动力学问题的方法，称为**动静法**。

12.1 达朗贝尔惯性力和达朗贝尔原理

12.1.1 质点的达朗贝尔惯性力和质点的达朗贝尔原理

如图 12－1 所示，质点的质量为 m，在主动力 $\boldsymbol{F}$ 和约束力 $\boldsymbol{F}_R$ 的作用下，具有加速度。根据牛顿第二定律，有

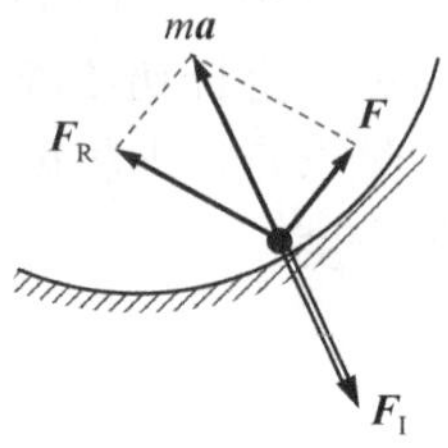

图 12－1 质点的达朗贝尔原理

$$m\boldsymbol{a}=\boldsymbol{F}+\boldsymbol{F}_R$$

移项后得

$$\boldsymbol{F}+\boldsymbol{F}_R+(-m\boldsymbol{a})=\boldsymbol{0} \qquad (12-1)$$

令

$$\boldsymbol{F}_I=-m\boldsymbol{a} \qquad (12-2)$$

显然 $\boldsymbol{F}_I$ 具有与力相同的量纲。将其设想为一个作用于质点上的“力”，则在质点运动的每一时刻，这个“力”和主动力 $\boldsymbol{F}$，约束力 $\boldsymbol{F}_R$ 构成为一个平衡的汇交力系。称 $\boldsymbol{F}_I$ 为质点的**达朗贝尔惯性力**，简称惯性力。于是，**质点的惯性力 $\boldsymbol{F}_I$ 和质点所受到的主动力 $\boldsymbol{F}$、约束力 $\boldsymbol{F}_R$ 构成为一个平衡汇交力系**，称为**质点的达朗贝尔原理**。其数学表达式为

$$\boldsymbol{F}+\boldsymbol{F}_R+\boldsymbol{F}_I=\boldsymbol{0} \qquad (12-3)$$

根据质点的惯性力 $\boldsymbol{F}_I$ 的定义，在此说明其性质。

将惯性力 $\boldsymbol{F}_I$ 改写为

$$\boldsymbol{F}_I=(-m\boldsymbol{a})=-\boldsymbol{F}-\boldsymbol{F}_R$$

根据作用力与反作用力定律，当质点受到主动力、约束力的作用时，质点对这些力的施力体会产生相应的等值、反向的反作用力，而这些反作用力的合力恰为 $\boldsymbol{F}'=(-\boldsymbol{F})+(-\boldsymbol{F}_R)$，则有惯性力 $\boldsymbol{F}_I=\boldsymbol{F}'$，即可以认为质点的惯性力是质点对外界施力物体的反作用力之合力。从这个意义来说，质点的惯性力是存在于物体之间的一种真实的力，是质点反作用于对其作用的所有其他物体上，并非作用于质点。作为反作用力的惯性力，是质点因具有惯性（质量）而对使其改变运动状态的物体产生的一种反抗力。若质点没有惯性（质量），则外界物体无法对质点产生作用力，相应地，也不存在质点对外界物体的反作用力。正因为如此，这

种反作用力被称为惯性力。必须指出的是，在质点的达朗贝尔原理中出现的“平衡力系”中的惯性力是为了使非平衡质点所受的力系成为“平衡力系”而虚构的一种力，是虚加在质点上的。

例 12－1　如图 12－2（a）所示，小球的重量为 G，以两绳悬挂。在某一瞬时，绳 AB 突然断开，由于重力作用小球开始运动，试求在开始运动的瞬时小球的加速度和绳 AC 的拉力。

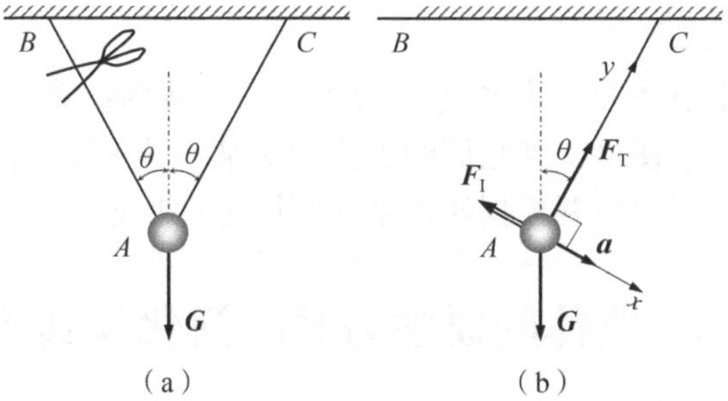

图 12－2　例 12－1 图

解：（1）断开绳 AB 后，以小球为研究对象，将其视为质点。

（2）进行运动分析。在开始运动瞬时，小球的速度为零，只具有切向加速度，即垂直于 AC 方向的加速度，如图 12－2（b）所示。

（3）进行受力分析。如图 12－2（b）所示，小球受到的作用力包括重力 $\boldsymbol{G}$、绳 AC 的拉力 $\boldsymbol{F}_{\mathrm{T}}$ 以及惯性力 $\boldsymbol{F}_{\mathrm{I}}$，其中

$$\boldsymbol{F}_{\mathrm{I}}=m\boldsymbol{a}$$

（4）建立图 12－2（b）所示直角坐标系，应用质点的达朗贝尔原理并求解。

$$\sum F_x=0 \Rightarrow G\sin\theta-F_{\mathrm{I}}=0 \Rightarrow ma=G\sin\theta \Rightarrow a=\frac{G\sin\theta}{m}=g\sin\theta$$

$$\sum F_y=0 \Rightarrow G\cos\theta-F_{\mathrm{T}}=0 \Rightarrow F_{\mathrm{T}}=G\cos\theta$$

其中，g 为重力加速度的大小。

注意惯性力的矢量表达式为 $\boldsymbol{F}_{\mathrm{I}}=-m\boldsymbol{a}$，其中的负号表示 $\boldsymbol{F}_{\mathrm{I}}$ 与 $\boldsymbol{a}$ 方向相反，而其大小为 $F_{\mathrm{I}}=ma$，在列写平衡方程时是根据受力图所示方向进行投影的。

12.1.2　质点系的达朗贝尔原理

由 n 个质点组成的质点系中的每个质点上均虚加上该质点的惯性力，则质点系就存在 n 个平衡的汇交力系，根据加减平衡力系原理，这 n 个平衡汇交力系必然构成一个任意的平衡力系。该平衡力系包含作用于质点系的外力系、内力系以及各质点的惯性力组成的惯性力系。质点系的内力系是由各质点间的作用力和反作用力组成的，这些力两两成对满足二力平衡条件，因此内力系是一个自平衡力系，可以将其从上述任意的平衡力系中减去。这样得到：**质点系在运动过程中的任一瞬时，各质点的惯性力与作用于质点系的全部外力构成为一个平衡力系**。这称为**质点系的达朗贝尔原理**。

若质点系中第 i 个质点所受外力的合力用 $\boldsymbol{F}_i^{(\mathrm{e})}(i=1,2,\cdots,n)$ 表示，其惯性力用 $\boldsymbol{F}_{\mathrm{I}i}$ 表示，则根据平衡力系的主矢和对任意一点 A 之主矩都为零，得到

$$\sum \boldsymbol{F}_i^{(\mathrm{e})}+\sum \boldsymbol{F}_{\mathrm{I}i}=\boldsymbol{0} \tag{12－4}$$

$$\sum \boldsymbol{M}_A(\boldsymbol{F}_i^{(e)}) + \sum \boldsymbol{M}_A(\boldsymbol{F}_{\mathrm{I}i}) = \boldsymbol{0} \tag{12-5}$$

即作用于质点系的外力系的主矢 $\boldsymbol{F}_{\mathrm{R}}^{(e)} = \sum \boldsymbol{F}_i^{(e)}$ 与质点系的惯性力系的主矢 $\boldsymbol{F}_{\mathrm{IR}} = \sum \boldsymbol{F}_{\mathrm{I}i}$ 之和为零；作用于质点系的外力系的对某点 A 之主矩 $\boldsymbol{M}_A^{(e)} = \sum \boldsymbol{M}_A(\boldsymbol{F}_i^{(e)})$ 与质点系的惯性力系对同一点的主矢 $\boldsymbol{M}_{\mathrm{I}A} = \sum \boldsymbol{M}_A(\boldsymbol{F}_{\mathrm{I}i})$ 之和为零。和求解静力学平衡问题一样，常利用式（12－4）、式（12－5）的投影式进行求解。

一般来说，作用于质点系的外力系（或为主动力，或为约束力）中的力的数量是有限的，只需逐一计算后求和，便可得到它们的主矢和对某点的主矩。但是，质点系的质点可能很多，不可能逐一考虑，因此需要根据质点系的不同运动状态对其惯性力系做必要的简化。

12.2 刚体的惯性力系的简化及其应用

将质点系的惯性力系用一个简单的、与之等效的力系来代替的过程称为质点系的惯性力系的简化。根据力系简化理论可知，在一般情况下，任意力系向某点（称为简化中心）简化可得到一个力和一个力偶，其中这个力的矢量取决于力系的主矢，而这个力偶的力偶矩取决于力系对简化中心之主矩。本节首先给出一般质点系的惯性力系的简化结果，然后讨论常见的、做不同运动的刚体的惯性力系的简化结果。为了描述方便，将惯性力系向某点简化得到的力称为惯性力，得到的力偶称为惯性力偶。

设总质量为 m 的质点系由 n 个质点组成，第 i 个质点的质量为 m_i，相对于固定点 O 的矢径为 $\boldsymbol{r}_i$，加速度为 $\boldsymbol{a}_i$，则其惯性力为

$$\boldsymbol{F}_{\mathrm{I}i} = -m_i\boldsymbol{a}_i \tag{12-6}$$

惯性力系的主矢为（其中用到了交换求和与求导顺序的方法）

$$\boldsymbol{F}_{\mathrm{IR}} = \sum \boldsymbol{F}_{\mathrm{I}i} = \sum(-m_i\boldsymbol{a}_i) = \sum\left(-m_i\frac{\mathrm{d}^2\boldsymbol{r}_i}{\mathrm{d}t^2}\right) = -\frac{\mathrm{d}^2}{\mathrm{d}t}\sum m_i\boldsymbol{r}_i = -\frac{\mathrm{d}^2}{\mathrm{d}t^2}(m\boldsymbol{r}_C)$$

其中，$\boldsymbol{r}_C$ 为质点系质心 C 相对于定点 O 的矢径，而 $\dfrac{\mathrm{d}^2\boldsymbol{r}_C}{\mathrm{d}t^2} = \boldsymbol{a}_C$，设为质量不变的质点系，则得到

$$\boldsymbol{F}_{\mathrm{IR}} = -m\boldsymbol{a}_C \tag{12-7}$$

即**质点系的惯性力系的主矢等于质点系的总质量与其质心的加速度的乘积的负值**。因此，质点系的惯性力系向任一点简化时得到的力的力矢均为 $\boldsymbol{F}_{\mathrm{IR}} = -m\boldsymbol{a}_C$。

质点系的惯性力系向任一点简化时得到的力偶的力偶矩取决于惯性力系对该点之主矩，因此其结果与简化中心的选择有关，同时也与其运动形式有关，需要结合质点系——特别是刚体——的运动形式，选择合适的简化中心分别进行讨论。

12.2.1 刚体的惯性力系的简化

刚体上各点的加速度分布较为复杂，且其特点也随着刚体的运动形式的不同而不同。因此，下面根据刚体的运动形式分类，分析一些具有特殊质量分布的刚体的惯性力系的分布规律，得到相应的简化结果。

1. 平移刚体

设刚体做平移，其内质点 i 的质量为 m_i，相对于刚体质心 C 的矢径为 $\boldsymbol{r}_i'$，其加速度 $\boldsymbol{a}_i=\boldsymbol{a}_C$，取刚体的质心为惯性力系的简化中心，则

$$\boldsymbol{M}_{\mathrm{I}C}=\sum \boldsymbol{M}_C(\boldsymbol{F}_{\mathrm{I}i})=\sum \boldsymbol{r}_i'\times(-m\boldsymbol{a}_i)=-\left(\sum m_i\boldsymbol{r}_i'\right)\times \boldsymbol{a}_C$$

根据质心公式有 $\sum m_i\boldsymbol{r}_i'=m\boldsymbol{r}_C'$，$\boldsymbol{r}_C'$ 为质心相对于质心的矢径，为零矢量，于是得到

$$\boldsymbol{M}_{\mathrm{I}C}=\boldsymbol{0} \tag{12-8}$$

即平移刚体的惯性力系对其质心的主矩为零。平移刚体的惯性力系可简化为作用于其质心处的一个惯性力 $\boldsymbol{F}_{\mathrm{I}C}$，该力的力矢为 $\boldsymbol{F}_{\mathrm{I}C}=-m\boldsymbol{a}_C$，大小等于 $F_{\mathrm{I}C}=ma_C$，方向与质心加速度方向相反，无惯性力偶，如图 12-3 所示。

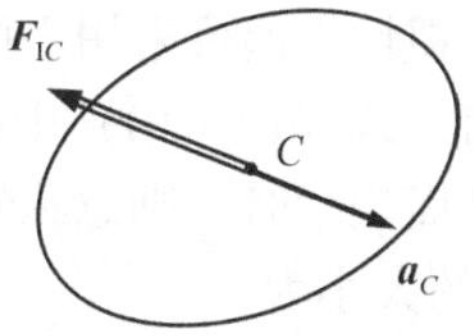

图 12-3　平移刚体的惯性力系的简化

2. 定轴转动刚体

设刚体绕 Oz 轴做定轴转动，并建立坐标系 $Oxyz$，其角速度为 $\boldsymbol{\omega}=\omega\boldsymbol{k}$，角加速度为 $\boldsymbol{\alpha}=\alpha\boldsymbol{k}$，其上质点 i 的质量为 m_i，相对于固定点 O 的矢径为 $\boldsymbol{r}_i=x_i\boldsymbol{i}+y_i\boldsymbol{j}+z_i\boldsymbol{k}$，则质点 i 的加速度为

$$\boldsymbol{a}_i=\boldsymbol{\alpha}\times\boldsymbol{r}_i+\boldsymbol{\omega}\times(\boldsymbol{\omega}\times\boldsymbol{r}_i)$$

其中

$$\boldsymbol{\omega}\times\boldsymbol{r}_i=\omega\boldsymbol{k}\times(x_i\boldsymbol{i}+y_i\boldsymbol{j}+z_i\boldsymbol{k})=-\omega y_i\boldsymbol{i}+\omega x_i\boldsymbol{j}$$

于是

$$\begin{aligned}\boldsymbol{a}_i&=\alpha\boldsymbol{k}\times(x_i\boldsymbol{i}+y_i\boldsymbol{j}+z_i\boldsymbol{k})+\omega\boldsymbol{k}\times(-\omega y_i\boldsymbol{i}+\omega x_i\boldsymbol{j})\\&=(-\alpha y_i-\omega^2x_i)\boldsymbol{i}+(\alpha x_i-\omega^2y_i)\boldsymbol{j}\end{aligned}$$

取转轴上固定的点 O 为简化中心，则

$$\begin{aligned}\boldsymbol{M}_{\mathrm{I}O}&=\sum\boldsymbol{r}_i\times\boldsymbol{F}_{\mathrm{I}i}=\sum\boldsymbol{r}_i\times(-m_i\boldsymbol{a}_i)=-\sum m_i\begin{vmatrix}\boldsymbol{i}&\boldsymbol{j}&\boldsymbol{k}\\x_i&y_i&z_i\\-\alpha y_i-\omega^2x_i&\alpha x_i-\omega^2y_i&0\end{vmatrix}\\&=\sum m_iz_i(\alpha x_i-\omega^2y_i)\boldsymbol{i}+\sum m_iz_i(_i-\alpha y_i-\omega^2x_i)\boldsymbol{j}-\\&\quad\sum m_i[y_i(\alpha y_i+\omega^2x_i)+x_i(\alpha x_i-\omega^2y_i)]\boldsymbol{k}\\&=\left[\left(\sum m_ix_iz_i\right)\alpha-\left(\sum m_iy_iz_i\right)\omega^2\right]\boldsymbol{i}+\left[\left(\sum m_iy_iz_i\right)\alpha+\left(\sum m_ix_iz_i\right)\omega^2\right]\boldsymbol{j}-\\&\quad\sum m_i(x_i^2+y_i^2)\boldsymbol{k}\\&=(J_{xz}\alpha-J_{yz}\omega^2)\boldsymbol{i}+(J_{yz}\alpha+J_{xz}\omega^2)\boldsymbol{j}-J_z\alpha\boldsymbol{k}\end{aligned}\tag{12-9}$$

工程中常见的定轴转动刚体一般具有质量对称面，且转轴与质量对称面垂直。设转轴与质量对称面的交点为 O，则转轴 Oz 为刚体对点 O 的一根惯量主轴，刚体关于与转轴相关的两个轴的惯性积为零，即 $J_{xz}=0$，$J_{yz}=0$，于是有

$$\boldsymbol{M}_{\mathrm{I}O}=-J_z\alpha\boldsymbol{k} \tag{12-10}$$

该式表明，当定轴转动刚体具有质量对称面，且转轴（z 轴）垂直于该质量对称面时，该刚体的惯性力系向转轴与质量对称面的交点 O 简化，得到一个作用于该点的惯性力 $\boldsymbol{F}_{\mathrm{I}O}$ 和一个惯性力偶 $\boldsymbol{M}_{\mathrm{I}O}$，且 $\boldsymbol{F}_{\mathrm{I}O}=-m\boldsymbol{a}_C$，$\boldsymbol{M}_{\mathrm{I}O}=-J_z\alpha\boldsymbol{k}$。

具有质量对称面的定轴转动刚体的质心 C 和转轴与质量对称面的交点 O 均在该质量对

称面内，质心 C 与点 O 的距离记为 ρ。一般地，质心 C 的加速度可表示为 $\boldsymbol{a}_C=\boldsymbol{a}_C^{\mathrm{t}}+\boldsymbol{a}_C^{\mathrm{n}}$，因此 $\boldsymbol{F}_{\mathrm{I}O}$ 可相应地正交分解，即

$$\boldsymbol{F}_{\mathrm{I}O}^{\mathrm{t}}=-m\boldsymbol{a}_C^{\mathrm{t}},\quad \boldsymbol{F}_{\mathrm{I}O}^{\mathrm{n}}=-m\boldsymbol{a}_C^{\mathrm{n}} \tag{12-11}$$

其中，$\boldsymbol{F}_{\mathrm{I}O}^{\mathrm{t}}$ 与 $\boldsymbol{a}_C^{\mathrm{t}}$ 方向相反，$\boldsymbol{F}_{\mathrm{I}O}^{\mathrm{n}}$ 与 $\boldsymbol{a}_C^{\mathrm{n}}$ 方向相反，它们的大小为

$$\begin{cases}F_{\mathrm{I}O}^{\mathrm{t}}=ma_C^{\mathrm{t}}=m\alpha\rho\\ F_{\mathrm{I}O}^{\mathrm{n}}=ma_C^{\mathrm{n}}=m\omega^2\rho\end{cases} \tag{12-12}$$

惯性力偶可采用平面表示，即 $\boldsymbol{M}_{\mathrm{I}O}$，同时用刚体的质量对称面内带箭头的弧线段表示其转向。式（12－10）中的负号表示惯性力偶 $\boldsymbol{M}_{\mathrm{I}O}$ 与刚体的角加速度 $\boldsymbol{\alpha}=\alpha\boldsymbol{k}$ 的方向相反，采用平面表示时，则意味着惯性力偶 $\boldsymbol{M}_{\mathrm{I}O}$ 的转向与刚体的角加速度 $\boldsymbol{\alpha}$ 的转向相反，而惯性力偶 $\boldsymbol{M}_{\mathrm{I}O}$ 的大小为

$$M_{\mathrm{I}O}=J_z\alpha\quad 或\quad M_{\mathrm{I}O}=J_O\alpha \tag{12-13}$$

结论：刚体绕垂直于其质量对称面的轴做定轴转动时，其惯性力系可向转轴与质量对称面的交点 O 简化，得到作用于点 O 的两个正交分解的力 $\boldsymbol{F}_{\mathrm{I}O}^{\mathrm{t}}$ 和 $\boldsymbol{F}_{\mathrm{I}O}^{\mathrm{n}}$（其方向分别与刚体质心的切向和法向加速度方向相反），以及力偶矩为 $M_{\mathrm{I}O}$ 的惯性力偶（其转向与刚体的角加速度转向相反），如图 12－4（a）所示，它们的大小分别为

$$\begin{cases}F_{\mathrm{I}O}^{\mathrm{t}}=m\alpha\rho\\ F_{\mathrm{I}O}^{\mathrm{n}}=m\omega^2\rho\\ M_{\mathrm{I}O}=J_O\alpha\end{cases} \tag{12-14}$$

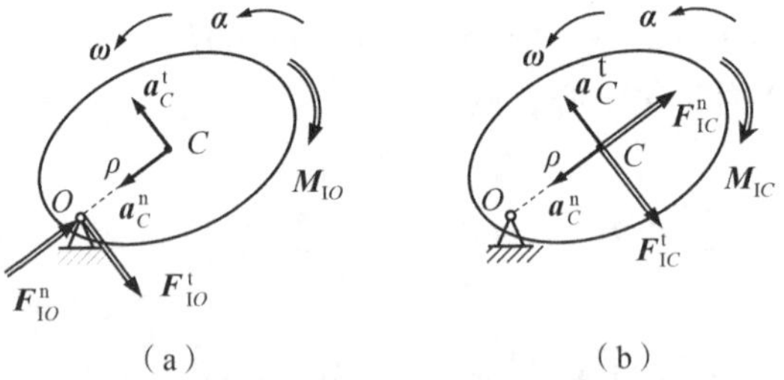

图 12－4　定轴转动刚体的惯性力系的简化

3. 一般平面运动刚体

设刚体做平面运动，建立随其质心的平移坐标系 $Cx'y'z'$，其中 z' 轴垂直于质心运动平面，其角速度为 $\boldsymbol{\omega}=\omega\boldsymbol{k}'$，角加速度为 $\boldsymbol{\alpha}=\alpha\boldsymbol{k}'$，其上质点 i 的质量为 m_i，相对于质心的的矢径为 $\boldsymbol{r}'_i=x_i\boldsymbol{i}'+y_i\boldsymbol{j}'+z_i\boldsymbol{k}'$，则质点 i 的加速度为

$$\boldsymbol{a}_i=\boldsymbol{a}_C+\boldsymbol{\alpha}\times\boldsymbol{r}'_i+\boldsymbol{\omega}\times(\boldsymbol{\omega}\times\boldsymbol{r}'_i)$$

取一般平面运动刚体的质心 C 为简化中心，则

$$\begin{aligned}\boldsymbol{M}_{\mathrm{I}C}&=\sum\boldsymbol{r}'_i\times\boldsymbol{F}_{\mathrm{I}i}=\sum\boldsymbol{r}'_i\times(-m_i\boldsymbol{a}_i)\\&=\sum\boldsymbol{r}'_i\times m_i[-\boldsymbol{a}_C-\boldsymbol{\alpha}\times\boldsymbol{r}'_i-\boldsymbol{\omega}\times(\boldsymbol{\omega}\times\boldsymbol{r}'_i)]\\&=\sum\boldsymbol{r}'_i\times(-m_i\boldsymbol{a}_C)-\sum\boldsymbol{r}'_i\times m_i[\boldsymbol{\alpha}\times\boldsymbol{r}'_i+\boldsymbol{\omega}\times(\boldsymbol{\omega}\times\boldsymbol{r}'_i)]\end{aligned} \tag{12-15}$$

其中右边第一项，参照平移刚体情形中式（12－8）所示的处理过程，可以得到

$$\sum\boldsymbol{r}'_i\times(-m_i\boldsymbol{a}_C)=\left(\sum m_i\boldsymbol{r}'_i\right)\times(-\boldsymbol{a}_C)=-m\boldsymbol{r}'_C\times\boldsymbol{a}_C=\boldsymbol{0}$$

而右边第二项，参照定轴转动刚体情形中式（12－9）所示的处理过程，可以得到

$$-\sum \boldsymbol{r}'_i\times m_i[\boldsymbol{\alpha}\times\boldsymbol{r}'_i+\boldsymbol{\omega}\times(\boldsymbol{\omega}\times\boldsymbol{r}'_i)]=(J_{x'z'}\alpha-J_{y'z'}\omega^2)\boldsymbol{i}'+(J_{y'z'}\alpha+J_{x'z'}\omega^2)\boldsymbol{j}'-J_{z'}\alpha\boldsymbol{k}'$$

于是，式（12－15）最终表示为

$$\boldsymbol{M}_{\mathrm{IC}}=(J_{x'z'}\alpha-J_{y'z'}\omega^2)\boldsymbol{i}'+(J_{y'z'}\alpha+J_{x'z'}\omega^2)\boldsymbol{j}'-J_{z'}\alpha\boldsymbol{k}' \quad (12-16)$$

当平面运动刚体具有质量对称面，且质心在该质量对称面内运动时，则上述 Cz' 轴为刚体对质心 C 的一根惯量主轴，刚体关于与 Cz' 轴相关的两个轴的惯性积为零，即 $J_{x'z'}=0$，$J_{y'z'}=0$，于是有

$$\boldsymbol{M}_{\mathrm{IC}}=-J_{z'}\alpha\boldsymbol{k}' \quad (12-17)$$

该式表明，当平面运动刚体具有质量对称面，且质心在该质量对称面内运动时，该刚体的惯性力系向质心 C 简化，得到一个作用于质心的惯性力 $\boldsymbol{F}_{\mathrm{IC}}$ 和一个惯性力偶 $\boldsymbol{M}_{\mathrm{IC}}$，且 $\boldsymbol{F}_{\mathrm{IC}}=-m\boldsymbol{a}_C$，$\boldsymbol{M}_{\mathrm{IC}}=-J_{z'}\alpha\boldsymbol{k}$。

惯性力偶可采用平面表示，即 $\boldsymbol{M}_{\mathrm{IC}}$，同时用刚体的质量对称面内带箭头的弧线段表示其转向，式（12－17）中的负号表示惯性力偶 $\boldsymbol{M}_{\mathrm{IC}}$ 的转向与刚体的角加速度 $\boldsymbol{\alpha}$ 的转向相反，其大小为

$$M_{\mathrm{IC}}=J_C\alpha \quad (12-18)$$

其中，J_C 为对过刚体质心且垂直于运动平面的轴（简称质心轴）的转动惯量，是 $\boldsymbol{J}_{z'}$ 的简便表示。

结论：刚体具有质量对称面，且该质量对称面在自身所在平面内运动，则该平面运动刚体的惯性力系可向其质心 C 简化，得到作用于质心 C 的一个惯性力 $\boldsymbol{F}_{\mathrm{IC}}$（其方向与质心加速度方向相反），以及一个力偶矩为 $\boldsymbol{M}_{\mathrm{IC}}$ 的惯性力偶（其转向与刚体的角加速度转向相反），如图12－5 所示，它们的大小分别为

$$\begin{cases}F_{\mathrm{IC}}=ma_C\\ M_{\mathrm{IC}}=J_C\alpha\end{cases} \quad (12-19)$$

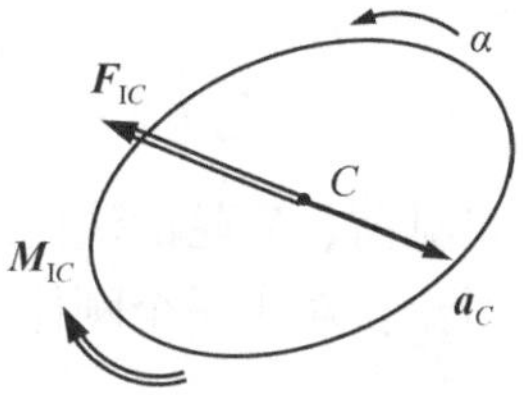

图 12－5　平面运动刚体的惯性力系的简化

必须指出的是，在通常情况下，一般平面运动刚体的质心加速度需要以某点 A 为基点，用两点加速度关系写出，如 $\boldsymbol{a}_C=\boldsymbol{a}_A+\boldsymbol{a}^{\mathrm{t}}_{CA}+\boldsymbol{a}^{\mathrm{n}}_{CA}$。相应地，惯性力分解为 $\boldsymbol{F}_{\mathrm{IC}}=-m\boldsymbol{a}_C=-m\boldsymbol{a}_A+(-m\boldsymbol{a}^{\mathrm{t}}_{CA})+(-m\boldsymbol{a}^{\mathrm{n}}_{CA})$。

刚体绕垂直于其质量对称面的轴做定轴转动时，定轴转动作为平面运动的一种特殊情况，其惯性力系也可以向其质心简化，得到作用于质心 C 的两个正交分解的惯性力 $\boldsymbol{F}^{\mathrm{t}}_{\mathrm{IC}}$ 和 $\boldsymbol{F}^{\mathrm{n}}_{\mathrm{IC}}$（其方向分别与刚体质心的切向和法向加速度方向相反），以及力偶矩为 $\boldsymbol{M}_{\mathrm{IC}}$ 的惯性力偶（其转向与刚体的角加速度转向相反），如图 12－4（b）所示，它们的大小分别为

$$\begin{cases}F^{\mathrm{t}}_{\mathrm{IC}}=m\alpha\rho\\ F^{\mathrm{n}}_{\mathrm{IC}}=m\omega^2\rho\\ M_{\mathrm{IC}}=J_C\alpha\end{cases} \quad (12-20)$$

掌握各种运动形式的刚体的惯性力系的简化结果是用动静法求解动力学问题的关键。

12.2.2　刚体的惯性力系简化结果的应用

用动静法求解系统的动力学问题的一般步骤如下：①明确研究对象；②进行运动分析，确定刚体的质心加速度与其角加速度或角速度的关系；③正确地进行受力分析，画出研究对象

上的所有主动力和外约束力，并根据刚体的运动形式画出其惯性力系的等效力系；④根据刚化公理，把研究对象刚化在该瞬时位置上，应用静力学平衡条件列写研究对象在此位置上的“平衡方程”（并非真正的平衡方程，而是考虑了动力学特征的假想平衡方程）；⑤求解“平衡方程”。

例 12-2 图 12-6 所示汽车的总质量为 m，重心离地面的高度为 h，到前、后轴的距离分别为 l_1，l_2。汽车在向前行驶过程中急刹车，加速度为 $\boldsymbol{a}$，假设刹车过程为匀减速且车轮不转，试求地面对前、后轮的法向约束力。

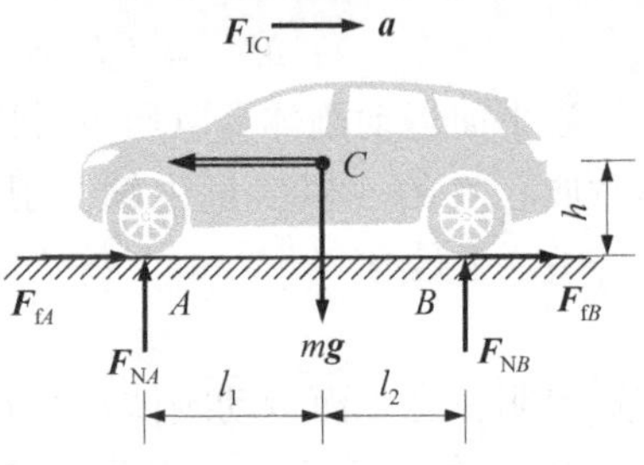

图 12-6 例 12-2 图

解：（1）以汽车为研究对象。

（2）进行运动分析。由题意知，在这种刹车模式下，汽车做直线减速平移。

（3）进行受力分析。汽车受力图如图 12-6 所示，汽车受到重力，前、后轮胎的法向约束力和摩擦力。汽车做平移，故其惯性力系的简化结果为作用于质心处的一个力。其中

$$F_{IC}=ma$$

（4）列写“平衡方程”并求解。

$$\sum M_A=0 \quad \Rightarrow F_{IC}h+F_{NB}(l_1+l_2)-mgl_1=0 \quad \Rightarrow F_{NB}=\frac{m}{l_1+l_2}(gl_1-ah)$$

$$\sum F_y=0 \quad \Rightarrow mg-F_{NA}-F_{NB}=0 \quad \Rightarrow F_{NA}=\frac{m}{l_1+l_2}(gl_2+ah)$$

可见前、后轮的法向约束力与加速度大小有关。

讨论：对于一个刚体，平面问题中有三个平衡方程，除了上述两个方程，还可以列出

$$\sum F_x=0 \quad \Rightarrow F_{IC}-F_{fA}-F_{fB}=0$$

请问是否可以通过此方程确定前、后轮所受摩擦力？此时摩擦力是哪种摩擦力？在实际情况下，题目中的加速度 $\boldsymbol{a}$ 的大小如何确定？

例 12-3 如图 12-7（a）所示，质量为 m、长度为 l 的均质细直杆 OA 绕水平轴 O 做定轴转动，初始时，直杆 OA 处于铅垂向上的位置（图中虚线位置），由于微小扰动，直杆在重力作用下开始逆时针转动，若不计摩擦，试求当直杆 OA 转过 120°时，直杆的角速度、角加速度以及转轴处的约束力。

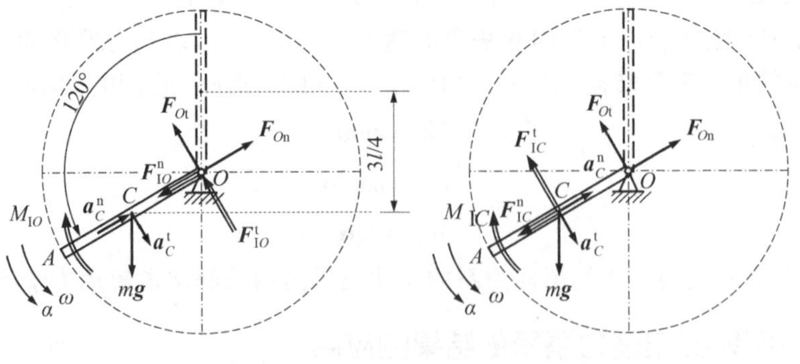

（a）　　（b）

图 12-7 例 12-3 图

解：（1）以直杆 OA 为研究对象。由题意知，在直杆 OA 从铅垂位置转过 120°的过程中，其重力做功导致其动能改变，由动能定理可求得末位置的角速度，而角加速度和转轴处的约束力则需采用动静法求解。

（2）使用动能定理。初始时，直杆静止，故 $T_1=0$。直杆转过 120°后，设其角速度为 ω，如图 12－7（a）所示，则此时的动能为

$$T_2=\frac{1}{2}J_O\omega^2=\frac{1}{2}\cdot\frac{1}{3}ml^2\cdot\omega^2=\frac{1}{6}ml^2\omega^2$$

在该转动过程中，只有重力做功，即

$$\sum W_i=\frac{3}{4}mgl$$

由动能定理，可得末位置的角速度，即

$$T_2-T_1=\sum W_i$$

$$\Rightarrow\quad \frac{1}{6}ml^2\omega^2-0=\frac{3}{4}mgl$$

$$\Rightarrow\quad \omega=3\sqrt{\frac{g}{2l}}(\circlearrowleft)$$

（3）进行末位置的直杆的运动分析。设此时直杆的角加速度为 α，如图 12－7（a）所示，则直杆 OA 的质心 C 的加速度分解为 $\boldsymbol{a}_C^{\mathrm{n}}$ 和 $\boldsymbol{a}_C^{\mathrm{t}}$，且

$$a_C^{\mathrm{n}}=\omega^2\cdot\frac{l}{2}=\frac{9}{4}g,\quad a_C^{\mathrm{t}}=\alpha\frac{l}{2}$$

（4）进行受力分析。在末位置时，直杆 OA 受到重力 $m\boldsymbol{g}$、转轴处的正交分解的约束力 $\boldsymbol{F}_{O\mathrm{n}}$和 $\boldsymbol{F}_{O\mathrm{t}}$作用；直杆 OA 做定轴转动，将其惯性力系向转轴 O 处简化，得到两个力 $\boldsymbol{F}_{\mathrm{I}O}^{\mathrm{n}}$，$\boldsymbol{F}_{\mathrm{I}O}^{\mathrm{t}}$和一个力偶 $M_{\mathrm{I}O}$，如图 12－7（a）所示，其中

$$F_{\mathrm{I}O}^{\mathrm{n}}=ma_C^{\mathrm{n}}=\frac{9}{4}mg,\quad F_{\mathrm{I}O}^{\mathrm{t}}=ma_C^{\mathrm{t}}=\frac{1}{2}m\alpha l,\quad M_{\mathrm{I}O}=J_O\alpha=\frac{1}{3}ml^2\alpha$$

（5）列写“平衡方程”并求解。

$$\sum M_O=0\quad\Rightarrow\quad mg\frac{l}{2}\cos 30°-M_{\mathrm{I}O}=0$$

$$\Rightarrow\quad \frac{\sqrt{3}}{4}mgl-\frac{1}{3}ml^2\alpha=0$$

$$\Rightarrow\quad \alpha=\frac{3\sqrt{3}g}{4l}(\circlearrowleft)$$

$$\sum F_{\mathrm{n}}=0\quad\Rightarrow\quad mg\cos 60°+F_{\mathrm{I}O}^{\mathrm{n}}-F_{O\mathrm{n}}=0$$

$$\Rightarrow\quad F_{O\mathrm{n}}=\frac{1}{2}mg+\frac{9}{4}mg=\frac{11}{4}mg$$

$$\sum F_{\mathrm{t}}=0\quad\Rightarrow\quad mg\cos 30°-F_{\mathrm{I}O}^{\mathrm{t}}-F_{O\mathrm{t}}=0$$

$$\Rightarrow\quad F_{O\mathrm{t}}=\frac{\sqrt{3}}{2}mg-\frac{3\sqrt{3}}{8}mg=\frac{\sqrt{3}}{8}mg$$

$\boldsymbol{F}_{O\mathrm{n}}$，$\boldsymbol{F}_{O\mathrm{t}}$的方向如图 12－7（a）所示。

讨论：在本例中，直杆 OA 做定轴转动，其惯性力系亦可向质心 C 处简化，如图 12－7

(b) 所示，请读者尝试求解，并与上述求解过程比较。

例 12-4 如图 12-8 (a) 所示，铅垂面内均质细直杆 AB 的质量为 m，长度为 l，由无重、不可伸长的柔索 DA，OA 悬挂。如此时将柔索 DA 剪断，试求在剪断瞬间直杆 AB 的角加速度和柔索 OA 的拉力。

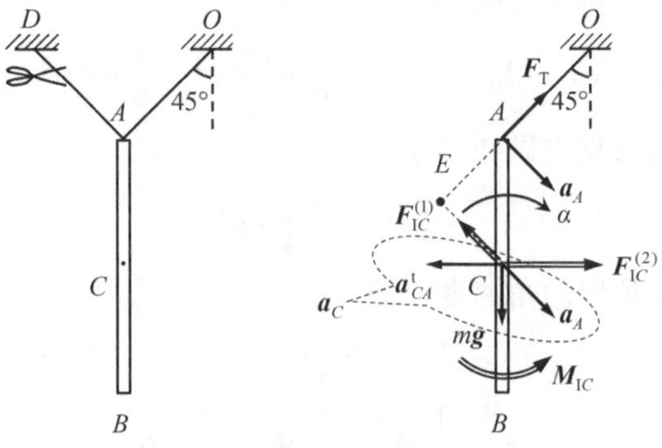

图 12-8 例 12-4 图

解：(1) 以直杆 AB 为研究对象。

(2) 进行运动分析。剪断柔索 DA 后，直杆在重力作用下开始做一般平面运动，角速度等于零，角加速度不为零，即 $\omega=0$，$\alpha\neq0$。柔索 OA 绕轴 O 做定轴转动，此时，点 A 只具有切向加速度，记为 $\boldsymbol{a}_A$。以点 A 为基点，可得直杆 AB 的质心 C 的加速度，如图 12-8 (b) 所示，即

$$\boldsymbol{a}_C=\boldsymbol{a}_A+\boldsymbol{a}_{CA}^{\mathrm{t}} \tag{12-21}$$

其中

$$a_{CA}^{\mathrm{t}}=\alpha\frac{l}{2}$$

(3) 进行受力分析。直杆 AB 的受力图如图 12-8 (b) 所示，所受力包括重力 $m\boldsymbol{g}$、柔索 OA 的拉力 $\boldsymbol{F}_{\mathrm{T}}$；直杆 AB 做一般平面运动，根据式 (12-21)，其惯性力系向其质心处简化，得到力 $\boldsymbol{F}_{\mathrm{IC}}^{(1)}=-m\boldsymbol{a}_A$，$\boldsymbol{F}_{\mathrm{IC}}^{(2)}=-m\boldsymbol{a}_{CA}^{\mathrm{t}}$以及力偶 M_{IC}，它们的大小分别为

$$F_{\mathrm{IC}}^{(1)}=ma_A,\quad F_{\mathrm{IC}}^{(2)}=ma_{CA}^{\mathrm{t}}=\frac{1}{2}m\alpha l,\quad M_{\mathrm{IC}}=\frac{1}{12}ml^2\alpha$$

(4) 列写“平衡方程”并求解。在本例中，未知量为 α，a_A 和 F_{T}，对于平面刚体，独立的平衡方程有 3 个，恰好可以完全求解。

根据求解目标，列写如下有效平衡方程并求解。

$$\sum M_E=0\ \Rightarrow\ M_{\mathrm{IC}}+F_{\mathrm{I}CA}^{\mathrm{t}}\frac{l}{4}-mg\frac{l}{4}=0$$

$$\Rightarrow\ \frac{1}{12}ml^2\alpha+m\alpha\frac{l}{2}\frac{l}{4}-mg\frac{l}{4}=0\ \Rightarrow\alpha=\frac{6g}{5l}$$

$$\sum M_C=0\ \Rightarrow\ M_{\mathrm{IC}}-F_{\mathrm{T}}\cos45^\circ\frac{l}{2}=0$$

$$\Rightarrow\ \frac{1}{12}ml^2\frac{6g}{5l}-F_{\mathrm{T}}\cos45^\circ\frac{l}{2}=0\ \Rightarrow F_{\mathrm{T}}=\frac{\sqrt{2}}{5}mg$$

讨论：若在本例中，将柔索 OA 换成线性弹簧 OA，如图 12-9（a）所示，则剪断柔索 AD 后，点 A 的加速度无法确定方向，即有 $\boldsymbol{a}_A$ 的大小和方向两个未知量。但此时，由未剪断柔索 AD 前的平衡状态可求得弹簧的作用力［图 12-9（b）］。由于弹簧的作用力与其形变成正比，在剪断柔索 AD 的瞬间，弹簧的形变并未发生改变，于是直杆 AB 上的作用力仅为其自重和弹簧作用力，全部为已知量。此时直杆 AB 的角加速度以及质心加速度的大小和方向未知，将质心加速度正交分解处理后，共 3 个未知量，可用动静法全部解出，如图 12-9（c）所示。下面给出简要求解过程，以供参考。

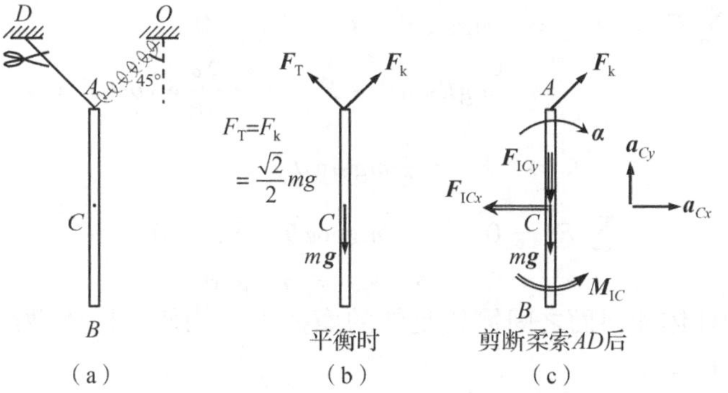

图 12-9　将柔索 OA 更改为线性弹簧的情形

其中 $F_{ICx}=ma_{Cx}$，$F_{ICy}=ma_{Cy}$，$M_{IC}=J_C\alpha=\frac{1}{12}ml^2\alpha$。列如下方程并求解。

$$\begin{cases}\sum F_x=0 \Rightarrow -F_{ICx}+F_k\frac{\sqrt{2}}{2}=0 \Rightarrow F_{ICx}=\frac{1}{2}mg \Rightarrow a_{Cx}=\frac{1}{2}g\\ \sum F_y=0 \Rightarrow -F_{ICy}-mg+F_k\frac{\sqrt{2}}{2}=0 \Rightarrow F_{ICy}=-\frac{1}{2}mg \Rightarrow a_{Cy}=-\frac{1}{2}g\\ \sum M_C=0 \Rightarrow M_{IC}-F_k\frac{\sqrt{2}}{2}\cdot\frac{l}{2}=0 \Rightarrow M_{IC}=\frac{l}{4}mg \Rightarrow \alpha=\frac{3g}{l}\end{cases}$$

例 12-5　如图 12-10 所示，在铅垂面内，匀质圆柱体的质量为 m，半径为 R，沿倾角为 θ 的斜面无初速释放，在其自重作用下开始运动。假设摩擦力足够大，使圆柱体做纯滚动，且不计滚动摩阻，试求圆柱体质心 C 的加速度和圆柱体的角加速度。

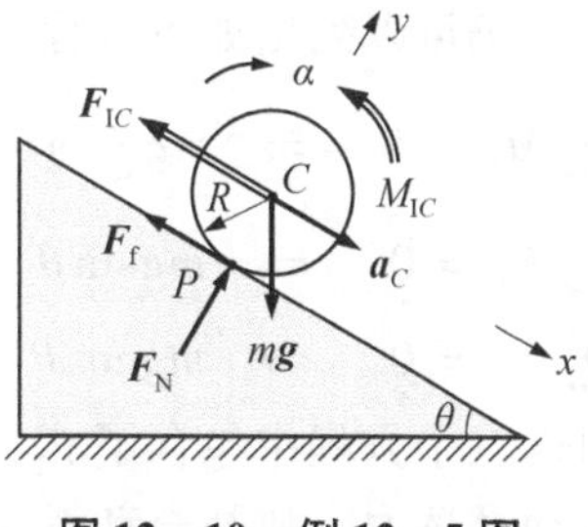

图 12-10　例 12-5 图

解：（1）以圆柱体为研究对象。

（2）进行运动分析。圆柱体沿斜面做纯滚动，设释放瞬间，其角速度的大小为 α，则其质心加速度的大小为

$$a_C=\alpha R$$

（3）进行受力分析。圆柱体的受力图如图 12-10 所示，其所受力包括自重 $m\boldsymbol{g}$，斜面的法向约束力 $\boldsymbol{F}_N$ 和静滑动摩擦力 $\boldsymbol{F}_f$，以及惯性力系向质心 C 处简化的结果，即一个力 $\boldsymbol{F}_{IC}$ 和一个力偶 M_{IC}，其中

$$F_{IC}=ma_C=m\alpha R,\ M_{IC}=J_C\alpha=\frac{1}{2}mR^2\alpha$$

（4）列写如下方程并求解。

$$\sum M_P = 0 \quad \Rightarrow \quad mgR\sin\theta - F_{IC}R - M_{IC} = 0$$
$$\Rightarrow \quad mgR\sin\theta - m\alpha R^2 - \frac{1}{2}mR^2\alpha = 0$$
$$\Rightarrow \quad \alpha = \frac{2g}{3R}\sin\theta$$

故

$$a_C = \alpha R = \frac{2}{3}g\sin\theta\text{（沿斜面向下）}$$

$$\sum F_x = 0 \quad \Rightarrow \quad mg\sin\theta - F_f - F_{IC} = 0$$
$$\Rightarrow \quad mgR\sin\theta - F_f - m \cdot \frac{2g}{3R}\sin\theta \cdot R = 0$$
$$\Rightarrow \quad F_f = \frac{1}{3}mg\sin\theta$$

$$\sum F_x = 0 \quad \Rightarrow \quad mg\cos\theta - F_N = 0$$
$$\Rightarrow \quad F_N = mg\cos\theta$$

讨论：(1) 圆柱体和斜面之间需要足够的摩擦力才能使圆柱体做纯滚动。条件是二者之间的静摩擦因数 f_s 满足

$$F_f \leqslant f_s F_N$$

将上述计算结果代入可得

$$f_s \geqslant \frac{F_f}{F_N} = \frac{1}{3}\tan\theta \tag{12-22}$$

(2) 若 $0 < f_s < \frac{1}{3}\tan\theta$，此时圆柱体不能做纯滚动，处于又滚又滑的状态，摩擦力变为动滑动摩擦力，且 $a_C \neq \alpha R$，即 a_C 和 α 为独立的未知量。圆柱体的受力图仍如图 12－10 所示，但其中

$$F_{IC} = ma_C, \quad M_{IC} = J_C\alpha = \frac{1}{2}mR^2\alpha$$

仍可以列出如下方程：

$$\sum M_P = 0 \quad \Rightarrow \quad mgR\sin\theta - F_{IC}R - M_{IC} = 0 \quad \Rightarrow \quad mgR\sin\theta - ma_C - \frac{1}{2}mR^2\alpha = 0 \tag{12-23}$$

$$\sum F_x = 0 \quad \Rightarrow \quad mg\sin\theta - F_f - F_{IC} = 0 \quad \Rightarrow \quad mgR\sin\theta - F_f - ma_C = 0 \tag{12-24}$$

$$\sum F_x = 0 \quad \Rightarrow \quad mg\cos\theta - F_N = 0 \quad \Rightarrow \quad F_N = mg\cos\theta \tag{12-25}$$

但这三个方程中包含了 F_f，F_N，a_C，α 四个未知量，不足以求解。注意到此时的摩擦力为动滑动摩擦力，故补充动滑动摩擦力的物理关系

$$F_f = f' F_N \tag{12-26}$$

其中 f' 为动滑动摩擦因数。联立式 (12－23) ～式 (12－26) 可得

$$\begin{cases} a_C = g(\sin\theta - f'\cos\theta) \\ \alpha = 2f'\dfrac{g}{R}\cos\theta \\ F_f = f' mg\cos\theta \\ F_N = mg\cos\theta \end{cases}$$

（3）若圆柱体与斜面为光滑接触，无摩擦力，则在前述方程中将 F_f 去掉并求解，得到

$$\begin{cases} a_C = g\sin\theta \\ F_N = mg\cos\theta \\ \alpha = 0 \end{cases}$$

即圆柱体沿着斜面平移。可见，本例中摩擦力是圆柱体能够转动的必要因素。

对于多个刚体组成的机构的动力问题，往往与多刚体结构的平衡问题的求解类似，需要选择不同部分为研究对象逐步求解。

例 12－6　如图 12－11（a）所示，两个相同的均质细直杆 OA 与 AB 铰接于 A 处，并固定于铰支座 O 处。两直杆的质量均为 m，长度均为 l。若不计摩擦，试求在从图示水平位置将两直杆无初速释放的瞬间，两直杆的角加速度与铰支座 O 的约束力。

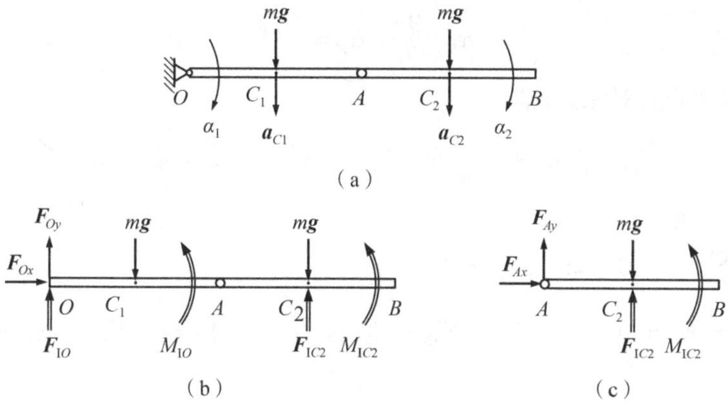

图 12－11　例 12－6 图

解：（1）进行运动分析。在无初速释放的瞬间，两直杆的角速度均为零。直杆 OA 开始做定轴转动，设其角加速度的大小为 α_1，直杆 AB 做平面运动，设其角加速度的大小为 α_2，则

$$a_{C_1} = \alpha_1 \frac{l}{2}$$

$$\boldsymbol{a}_{C_2} = \boldsymbol{a}_A + \boldsymbol{a}_{C_2A} \quad \Rightarrow a_{C_2} = \alpha_1 l + \alpha_2 \frac{l}{2}$$

两直杆的角加速度的转向及其质心加速度的方向如图 12－11（a）所示。

（2）以整体为研究对象。其受力图如图 12－11（b）所示，其中定轴转动的直杆 OA 的惯性力系向转轴处简化，平面运动的直杆 AB 的惯性力系向其质心简化，其中

$$F_{IO} = ma_{C_1} = \frac{1}{2}m\alpha_1 l, \quad M_{IO} = J_O^{OA}\alpha_1 = \frac{1}{3}ml^2\alpha_1$$

$$F_{IC_2} = ma_{C_2} = ml\left(\alpha_1 + \frac{1}{2}\alpha_2\right), \quad M_{IC_2} = J_{C_2}^{AB}\alpha_2 = \frac{1}{12}ml^2\alpha_2$$

列写如下平衡方程：

$$\sum M_O = 0 \quad \Rightarrow \quad M_{IO} + M_{IC_2} + F_{IC_2} \cdot \frac{3}{2}l - mg \cdot \frac{l}{2} - mg \cdot \frac{3}{2}l = 0$$

$$\Rightarrow \quad \frac{1}{3}ml^2\alpha_1 + \frac{1}{12}ml^2\alpha_2 + ml\left(\alpha_1 + \frac{1}{2}\alpha_2\right) \cdot \frac{3}{2}l - mg \cdot \frac{l}{2} - mg \cdot \frac{3}{2}l = 0$$

整理得

$$-12g+11l\alpha_1+5l\alpha_2=0 \tag{12-27}$$

式（12－27）包含 α_1 和 α_2 两个未知量，还需要一个关于它们的方程方可求解。

（3）以直杆 AB 为研究对象。其受力图如图 12－11（c）所示。列写如下平衡方程：

$$\sum M_A=0 \Rightarrow M_{IC_2}+F_{IC_2}\cdot\frac{1}{2}l-mg\cdot\frac{l}{2}=0$$

$$\Rightarrow \frac{1}{12}ml^2\alpha_2+ml\left(\alpha_1+\frac{1}{2}\alpha_2\right)\cdot\frac{1}{2}l-mg\cdot\frac{l}{2}=0$$

整理得

$$-3g+3l\alpha_1+2l\alpha_2=0 \tag{12-28}$$

联立式（12－27）、式（12－28）解得

$$\alpha_1=\frac{9g}{7l},\ \alpha_2=-\frac{3g}{7l}$$

（4）以整体为研究对象。此时

$$F_{IO}=\frac{1}{2}m\alpha_1 l=\frac{9}{14}mg,\ F_{IC_2}=ml\left(\alpha_1+\frac{1}{2}\alpha_2\right)=\frac{15}{14}mg$$

列写方程并求解，得

$$\sum F_x=0 \Rightarrow F_{Ox}=0$$

$$\sum F_y=0 \Rightarrow F_{Oy}+F_{IO}+F_{IC_2}-2mg=0 \Rightarrow F_{Oy}=\frac{2}{7}mg$$

本章小结

本章介绍了质点和质点系的达朗贝尔原理及相关的内容，包括以下内容。

（1）质点和质点系的达朗贝尔原理。

（2）平面运动刚体的惯性力系的简化结果。

①平移刚体的惯性力系的简化结果。

平移刚体的惯性力系可简化为作用于其质心处的一个惯性力，该惯性力的矢量为 $\boldsymbol{F}_{IC}=-m\boldsymbol{a}_C$，大小为 $F_{IC}=ma_C$，方向与质心加速度方向相反，无惯性力偶。

②绕与质量对称面垂直的轴的进行定轴转动刚体的惯性力系的简化结果。

这种定轴转动刚体的惯性力系可向转轴与质量对称面的交点 O 简化，得到作用于点 O 的两个正交分解的力 $\boldsymbol{F}_{IO}^{t}$ 和 $\boldsymbol{F}_{IO}^{n}$（其方向分别与刚体质心的切向和法向加速度方向相反），以及力偶矩为 $\boldsymbol{M}_{IO}$ 的力偶（其转向与刚体的角加速度转向相反），它们的大小分别为

$$\begin{cases} F_{IO}^{t}=m\alpha\rho \\ F_{IO}^{n}=m\omega^2\rho \\ M_{IO}=J_O\alpha \end{cases}$$

其惯性力系也可以向其质心简化，得到作用于质心 C 的两个正交分解的力 $\boldsymbol{F}_{IC}^{t}$ 和 $\boldsymbol{F}_{IC}^{n}$（其方向分别与刚体质心的切向和法向加速度方向相反），以及力偶矩为 $\boldsymbol{M}_{IC}$ 的力偶（其转向与刚体的角加速度转向相反），它们的大小分别为

$$\begin{cases} F_{\mathrm{IC}}^{\mathrm{t}} = m\alpha\rho \\ F_{\mathrm{IC}}^{\mathrm{n}} = m\omega^2\rho \\ M_{\mathrm{IC}} = J_C\alpha \end{cases}$$

③有质量对称面且该质量对称面沿自身所在平面运动的平面运动刚体的惯性力系的简化结果。

这种平面运动刚体的惯性力系可向其质心 C 简化，得到作用于质心 C 的一个惯性力 $\boldsymbol{F}_{\mathrm{IC}}$（其方向与质心加速度方向相反），以及一个力偶矩为 $\boldsymbol{M}_{\mathrm{IC}}$ 的力偶（其转向与刚体的角加速度转向相反），它们的大小分别为

$$\begin{cases} F_{\mathrm{IC}} = ma_C \\ M_{\mathrm{IC}} = J_C\alpha \end{cases}$$

（3）平面运动刚体的达朗贝尔原理的应用。

用动静法求解系统的动力学问题的一般步骤如下：①明确研究对象；②进行运动分析，确定刚体的质心加速度与其角加速度或角速度的关系；③正确地进行受力分析，画出研究对象上的所有主动力和外约束力，并根据刚体运动的形式画出其惯性力系的等效力系；④根据刚化公理，把研究对象刚化在该瞬时位置上，应用静力学平衡条件列写研究对象在此位置上的“平衡方程”；⑤求解“平衡方程”。

习　题

12－1　如图 12－12 所示，小球用一软绳悬挂起来，若软绳的悬挂点按正弦规律 $x(t)=25\sin(\omega t)$(mm)上下运动，其中 t 以 s 计。试问 ω 满足何条件，软绳才不至于变弯曲。

12－2　如图 12－13 所示，均质滑动门的质量为 60 kg，由两个滚轮置于水平轨道上。忽略摩擦和滚动摩阻，欲使滑动门具有 $a=0.5\ \mathrm{m/s^2}$ 的加速度，试求水平作用力 $\boldsymbol{F}$ 的大小以及两个滚轮处的约束力。

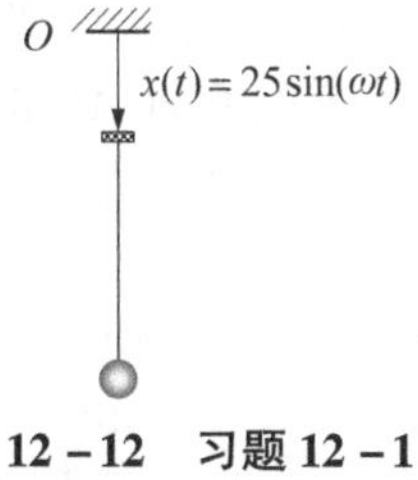

图 12－12　习题 12－1 图

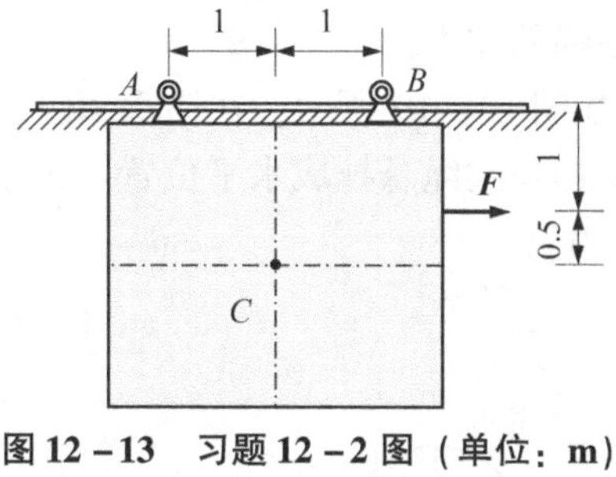

图 12－13　习题 12－2 图（单位：m）

12－3　如图 12－14 所示，匀质长方形薄板的重量 $G=1$ kN，以两根等长的柔绳悬于铅垂平面内。若薄板在重力的作用下，由图示位置无初速地释放，试求释放瞬时薄板所具有的加速度和两柔绳的拉力。

12－4　如图 12－15 所示，长方形均质平板的质量为 27 kg，由图示约束悬挂而处于平衡状态。如果突然撤去 B 处的链杆约束，试求在该瞬间平板的角加速度以及 A 处的约束力。

12－5　如图 12－16 所示，质量为 m、半径为 r 的均质圆盘可绕通过边缘点 O 且垂直于

盘面的光滑水平轴转动。设圆盘从最高的平衡位置因受微小扰动而开始绕轴 O 发生顺时针转动。试求在圆盘中心 C 转至与轴 O 同一水平位置的瞬间，圆盘的角速度和角加速度以及轴 O 对圆盘的约束力。

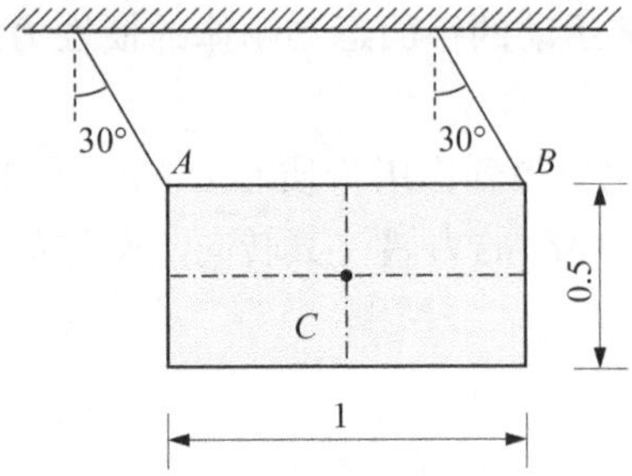

图 12－14　习题 12－3 图（单位：m）

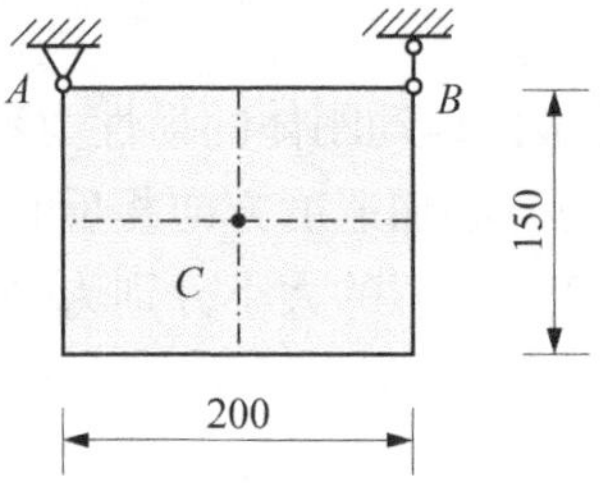

图 12－15　习题 12－4 图（单位：mm）

12－6　铅垂面内系统如图 12－17 所示，均质细直杆 AB 的长度为$\sqrt{2}R$，质量为 m，沿半径为 R 的光滑圆弧运动。开始时 B 端于圆弧的水平直径处，并将直杆无初速地释放，试求在释放的瞬间直杆 AB 的角加速度和 A，B 两处受到的约束力。

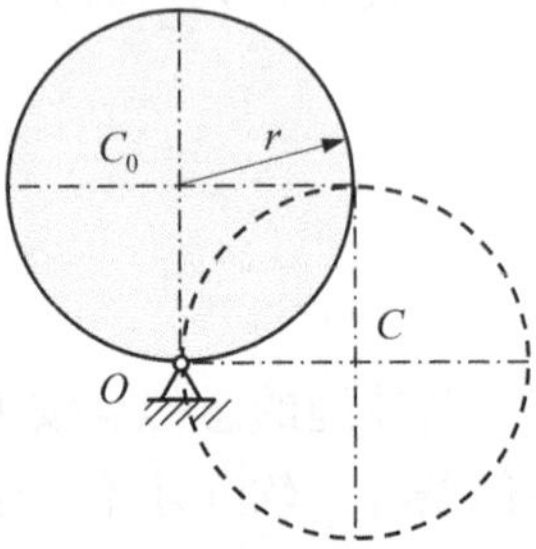

图 12－16　习题 12－5 图

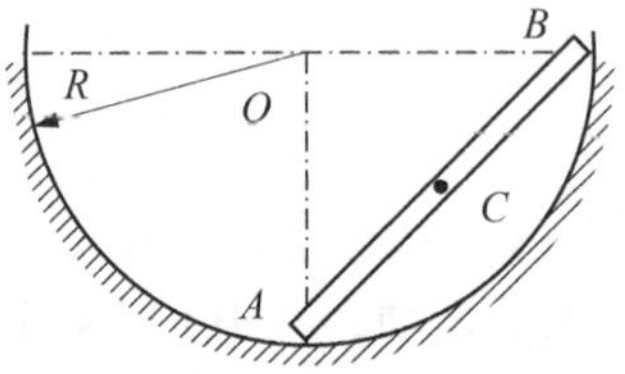

图 12－17　习题 12－6 图

12－7　如图 12－18 所示，匀质圆柱体 A 的质量为 m，在外圆上绕以细绳。细绳的一端 B 固定不动。圆柱体因解开细绳而下降，质心 A 做铅垂直线运动。试求圆柱体质心 A 的加速度及直线段细绳的拉力。

12－8　如图 12－19 所示，在铅垂面内，均质细直杆 AB 的质量为 m，长度为 l，用两根无重张紧不可伸长柔绳悬挂成水平位置。试求在断开柔绳 BD 的瞬间直杆 AB 的角加速度和柔绳 AE 的张力。

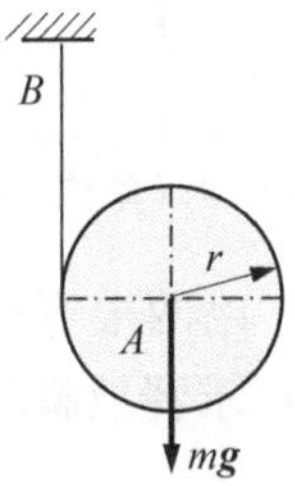

图 12－18　习题 12－7 图

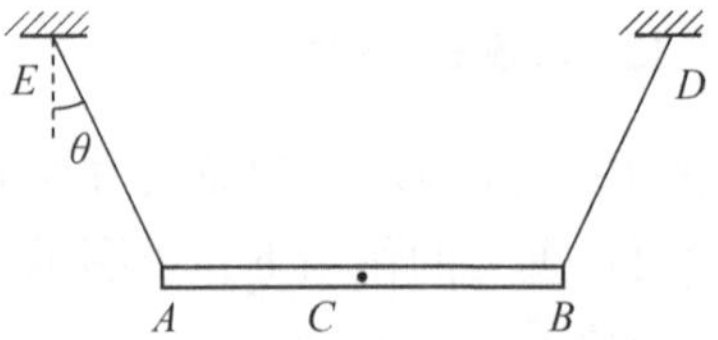

图 12－19　习题 12－8 图

12－9　如图 12－20 所示，在铅垂面内，质量为 m、长度为 l 的均质细直杆 AB 的左端 A 与质量不计的直杆 OA 铰接，右端 B 与质量不计的滑块 B 铰接，滑块可在水平滑道中滑动。

若在图示的初始位置（直杆 OA、直杆 AB 与水平线的夹角均为 30°）将系统无初速释放，且不计各接触处的摩擦，试求在释放的瞬间：(1) 直杆 AB 的角加速度；(2) 直杆 OA 的内力和水平滑道对系统的约束力。

12－10　在图 12－21 所示质量为 m、半径为 r 的均质圆盘上沿径向焊接一根质量也为 m、长度为 r 的均质细直杆，运动时圆盘可沿足够粗糙的水平地面做纯滚动，若系统于图示位置无初速释放，试求在释放的瞬间圆盘的角加速度和地面对圆盘的约束力。

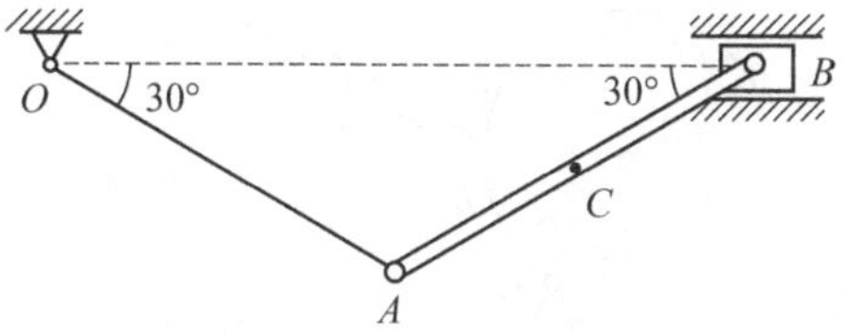

图 12－20　习题 12－9 图

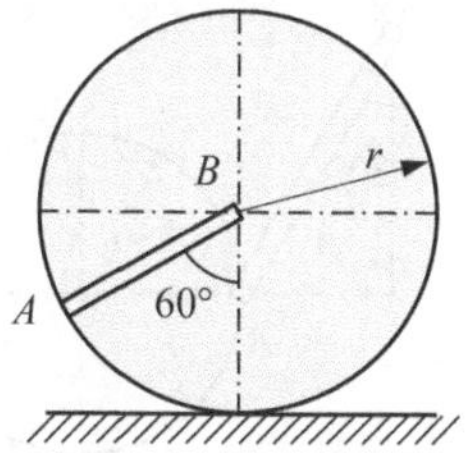

图 12－21　习题 12－10 图

12－11　图 12－22 所示为同一铅垂平面内的曲柄—连杆—滑块机构，均质曲柄 OA 和均质连杆 AB 的质量都为 m，长度都为 l；滑块 B 上作用一水平向左的主动力，其大小为 $F=\sqrt{3}mg$；若不计摩擦和滑块 B 的质量，系统于图示位置无初速释放，试求在释放的瞬间曲柄 OA 的角加速度和水平滑道对滑块 B 的约束力。

12－12　图 12－23 所示系统处于同一铅垂平面内，均质圆盘的质量为 m，半径为 r；直杆 OD 的质量也为 m，质心 C 离转轴 O 的距离为 $3r/2$，对转轴 O 的回转半径为 $\rho=\sqrt{3}r$；不计质量的销钉 A 固连于圆盘 B 的盘缘上，并放置于直杆的直槽内，直槽和轴承皆光滑。已知运动时圆盘能沿水平地面做纯滚动。若系统于图示位置无初速释放，试求在释放的瞬间：(1) 圆盘的角加速度；(2) 地面对圆盘的摩擦力。

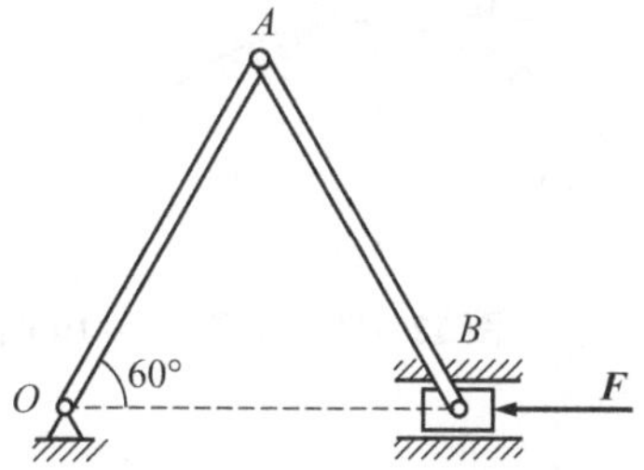

图 12－22　习题 12－11 图

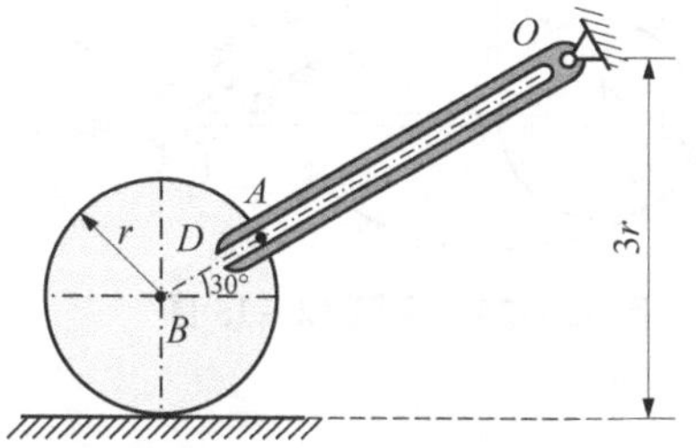

图 12－23　习题 12－12 图

12－13　图 12－24 所示系统处于同一铅垂平面内，均质细直杆 OA 的质量为 m，长度为 $l=2r$；均质圆盘 D 的质量为 m，半径为 r；若不计铰链 O，A 处的摩擦，系统于图示位置无初速释放，试求在释放的瞬间两刚体的角加速度。

12－14　图 12－25 所示系统处于同一铅垂平面内，均质圆盘 A 的质量为 $m_1=2m$，半径为 r；均质细直杆 BD 的质量为 m，长度为 $l=2\sqrt{3}r$。系统于图示位置（圆盘半径 OA 与铅垂直线的夹角为 30°，直杆 BD 与水平线的夹角为 30°）无初速释放，且不计摩擦，试求在释放的瞬间：(1) 圆盘 A 的角加速度；(2) 直杆 BD 的角加速度。

12－15　图 12－26 所示系统处于同一铅垂平面内，质量为 m、半径为 r 的均质圆盘在

其矩为 $\boldsymbol{M}(t)$ 的主动力偶的作用下，在半径为 $R=3r$ 的固定凹轮上做纯滚动，并通过质量为 m、长度为 $l=2\sqrt{3}r$ 的连杆 AB 带动不计质量的滑块 A 沿倾角为 30°的倾斜面以匀速 $\boldsymbol{v}_A$ 滑动，不计铰链 A，B 处和滑道的摩擦，试求在图示位置（圆盘中心 B 和凹面圆心 O 的连线与铅垂线的夹角为 30°，直杆 AB 处于水平位置）凹轮对圆盘的约束力以及主动力偶矩 $\boldsymbol{M}$ 应取的值。

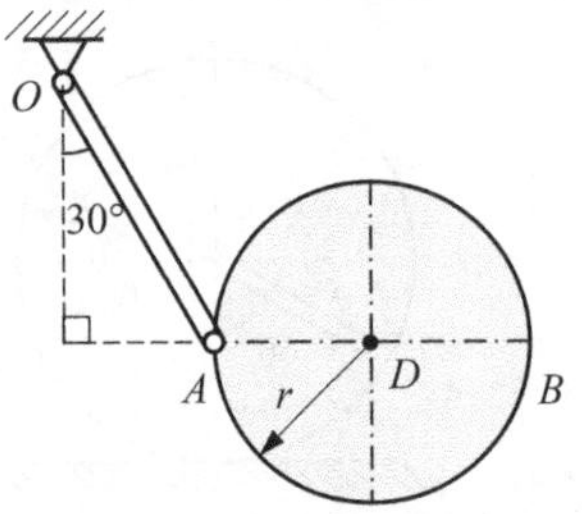

图 12－24　习题 12－13 图

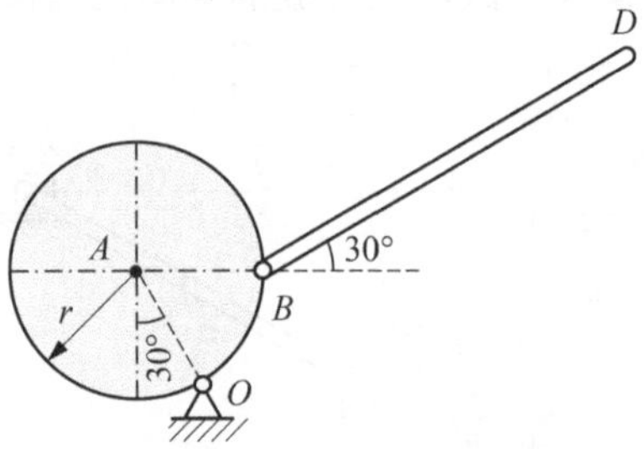

图 12－25　习题 12－14 图

12－16　图 12－27 所示系统处于同一铅垂平面内，三均质刚体的质量都为 m，在其矩 $\boldsymbol{M}$ 随位置变化的主动力偶的作用下，使半径为 r 的圆盘在半径为 $R=3r$ 的固定凸轮上以匀角速度 ω 做纯滚动，转向为顺时针。已知 $AB=4r$，不计铰链 A，B 处及水平滑道的摩擦，试求在图示位置：（1）滑道对滑块的约束力；（2）凸轮对圆盘的摩擦力；（3）主动力偶矩 $\boldsymbol{M}$ 的值。

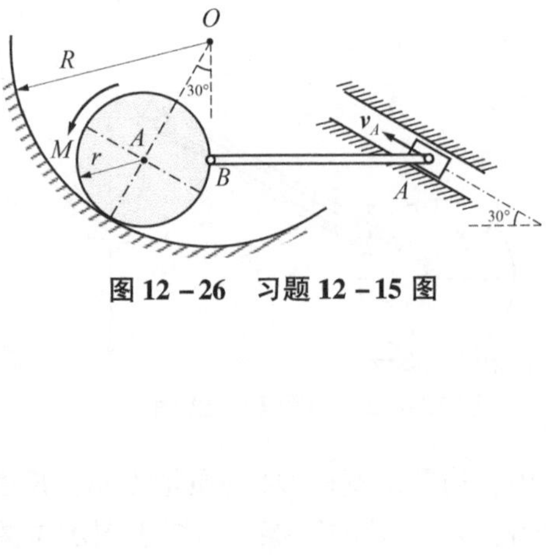

图 12－26　习题 12－15 图

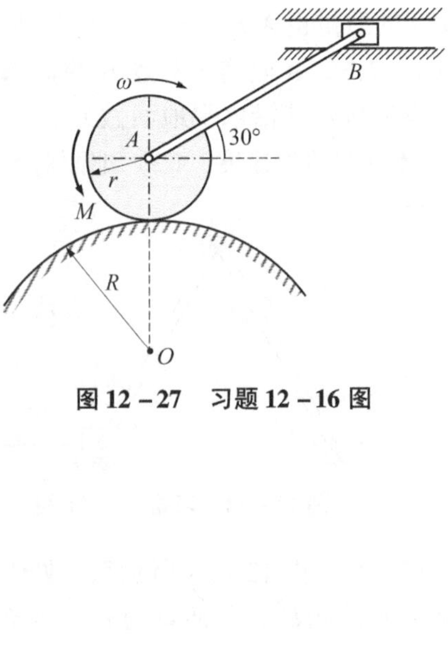

图 12－27　习题 12－16 图

附录　简单图形的均质物体的质心和对质心主轴的转动惯量

物体	简图	质心位置	转动惯量与惯性矩
细直杆	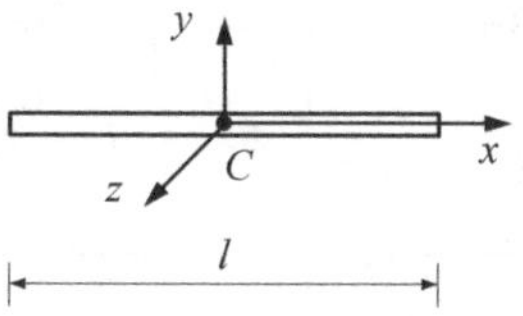	C 为杆的中点	$J_x=0$ $J_y=J_z=\frac{1}{12}ml^2$
任意三角板	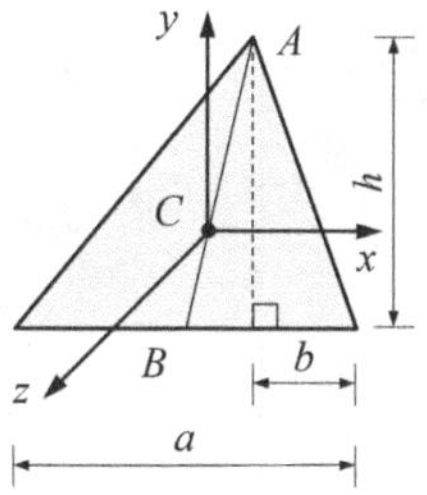	AC 为中线 AB 的 2/3	$J_x=\frac{1}{18}mh^2$ $J_y=\frac{1}{18}m(a^2+b^2-ab)$ $J_z=\frac{1}{18}m(a^2+b^2+h^2-ab)$
直角三角板	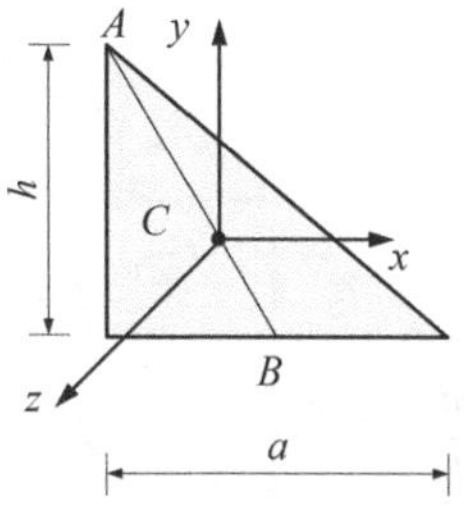	AC 为中线 AB 的 2/3	$J_x=\frac{1}{18}mh^2$ $J_x=\frac{1}{18}ma^2$ $J_z=\frac{1}{18}m(a^2+h^2)$
矩形板	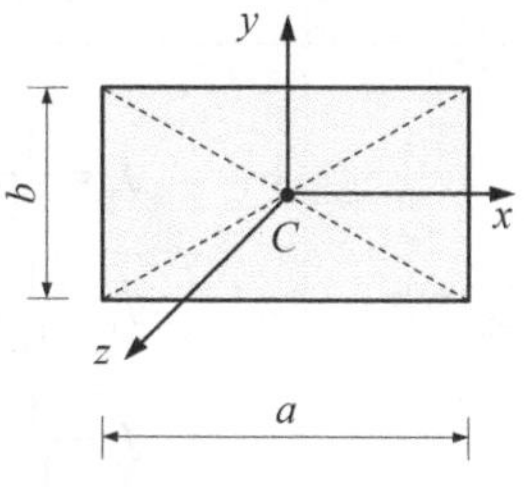	C 为对角线的中点	$J_x=\frac{1}{12}mb^2$ $J_y=\frac{1}{12}ma^2$ $J_z=\frac{1}{12}m(a^2+b^2)$

续表

物体	简图	质心位置	转动惯量与惯性矩
圆板	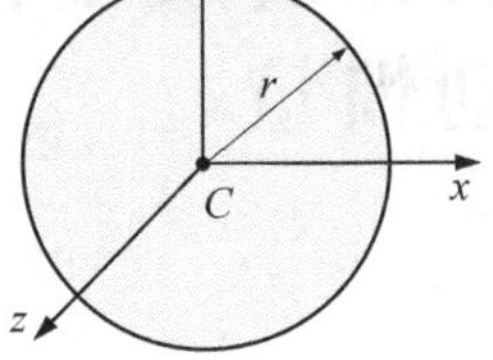	C 为圆心	$J_x = J_y = \frac{1}{4}mr^2$ $J_z = \frac{1}{2}mr^2$
半圆板	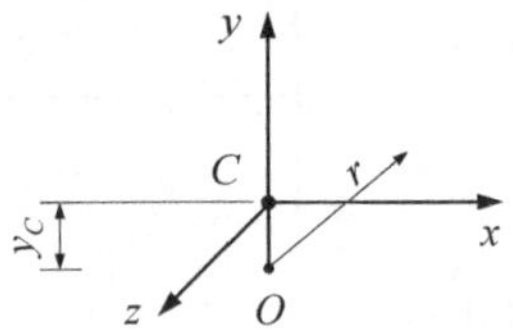	$y_C = \frac{4r}{3\pi}$	$J_x = \frac{9\pi^2 - 64}{36\pi^2}mr^2$ $J_y = \frac{1}{4}mr^2$ $J_z = \frac{9\pi^2 - 32}{18\pi^2}mr^2$
四分之一圆板	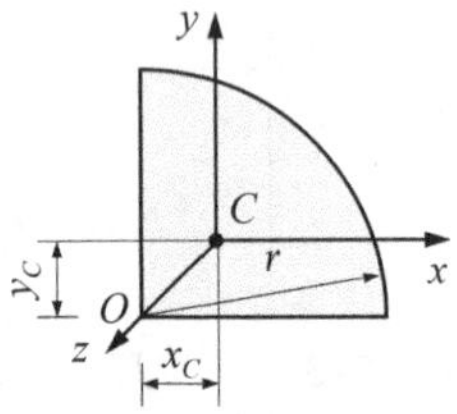	$y_C = x_C = \frac{4r}{3\pi}$	$J_x = \frac{9\pi^2 - 64}{36\pi^2}mr^2$ $J_y = \frac{9\pi^2 - 64}{36\pi^2}mr^2$ $J_z = \frac{9\pi^2 - 64}{18\pi^2}mr^2$
椭圆板	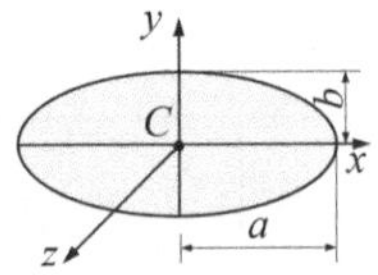	C 为椭圆中心	$J_x = \frac{1}{4}mb^2$ $J_y = \frac{1}{4}ma^2$ $J_z = \frac{1}{4}m(a^2 + b^2)$
四分之一椭圆板	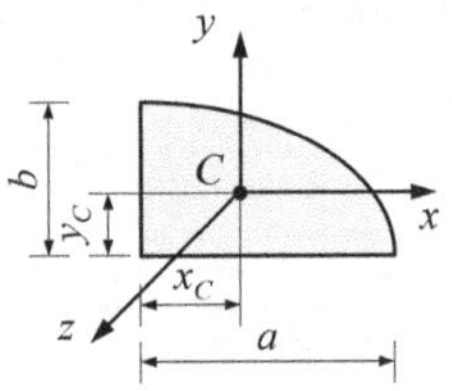	$x_C = \frac{4a}{3\pi}$ $x_C = \frac{4b}{3\pi}$	$J_x = \frac{9\pi^2 - 64}{36\pi^2}mb^2$ $J_y = \frac{9\pi^2 - 64}{36\pi^2}ma^2$ $J_y = \frac{9\pi^2 - 64}{36\pi^2}m(a^2 + b^2)$
长方体	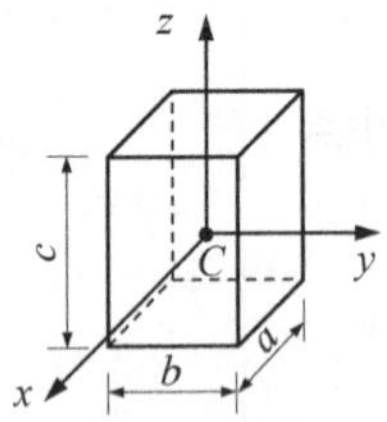	C 为对角线交点	$J_x = \frac{1}{12}m(b^2 + c^2)$ $J_y = \frac{1}{12}m(a^2 + c^2)$ $J_z = \frac{1}{12}m(a^2 + b^2)$

续表

物体	简图	质心位置	转动惯量与惯性矩
圆柱体	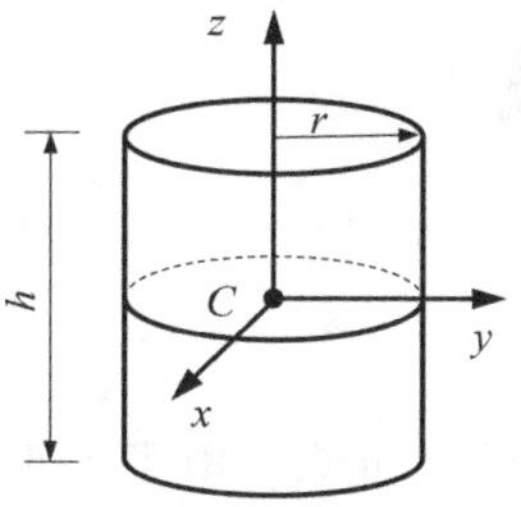	C 为上、下底圆的圆心连线的中点	$J_x=J_y=\frac{1}{12}m(3r^2+h^2)$ $J_z=\frac{1}{2}mr^2$
细圆环 ($r\gg a$)	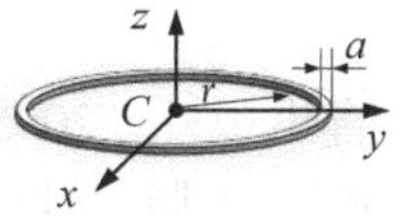	C 为圆环中心线的圆心	$J_x=J_y=\frac{1}{2}mr^2$ $J_z=mr^2$
球体	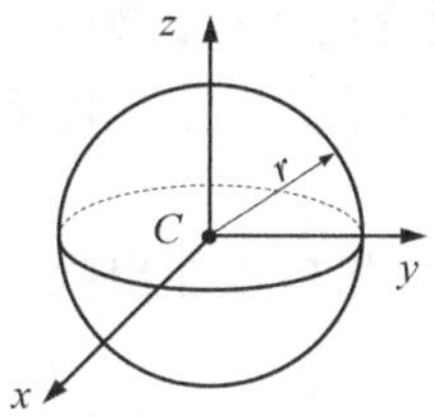	C 为球心	$J_x=J_y=J_z=\frac{2}{5}mr^2$
半圆柱体	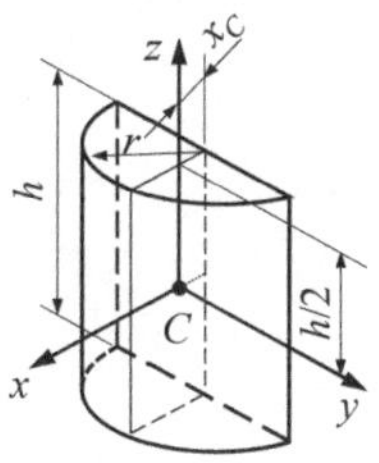	$x_C=\frac{4r}{3\pi}$	$J_x=\frac{1}{12}m(3r^2+h^2)$ $J_y=\frac{9\pi^2-64}{36\pi^2}mr^2+\frac{1}{12}mh^2$ $J_y=\frac{9\pi^2-32}{18\pi^2}mr^2+\frac{1}{12}mh^2$
半球体	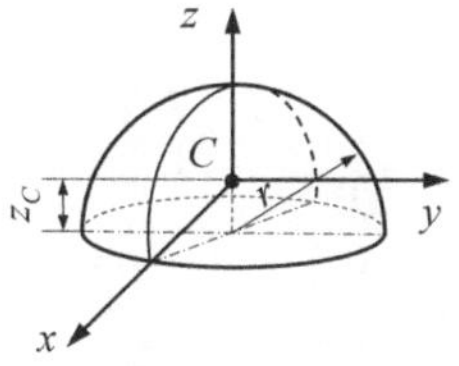	$z_C=\frac{3}{8}r$	$J_x=J_y=\frac{83}{320}mr^2$ $J_z=\frac{2}{5}mr^2$

参 考 文 献

［1］水小平，白若阳，刘海燕．理论力学教程［M］．北京：电子工业出版社，2013.

［2］戴泽墩．工程力学基础Ⅰ——理论力学［M］．北京：北京理工大学出版社，2009.

［3］谢传锋，王琪．理论力学［M］．北京：高等教育出版社，2005.

［4］王铎，程靳．理论力学解题指导及习题集［M］.3 版．北京：高等教育出版社，2005.

［5］武清玺，冯奇．理论力学［M］．北京：高等教育出版社，2003.

［6］沈火明，张明，古滨．理论力学基本训练［M］.2 版．北京：国防工业出版社，2008.

［7］蔡怀崇，张克猛．工程力学（一）［M］．北京：机械工业出版社，2008.